铝管棒型线材生产技术问答

王国军　高新宇　康　瑾　主编

U0331883

中南大学出版社
www.csupress.com.cn

图书在版编目（CIP）数据

铝管棒型线材生产技术问答/王国军,高新宇,康瑾主编.
—长沙:中南大学出版社,2015.7
ISBN 978 - 7 - 5487 - 1768 - 3

Ⅰ.铝... Ⅱ.①王...②高...③康... Ⅲ.①铝 - 管材 - 生产
工艺 - 问题解答②铝合金 - 管材 - 生产工艺 - 问题解答③铝 - 棒材 -
生产工艺 - 问题解答④铝合金 - 棒材 - 生产工艺 - 问题解答
Ⅳ.①TB331 - 44②TG146.2 - 44

中国版本图书馆 CIP 数据核字（2015）第 174725 号

铝管棒型线材生产技术问答

王国军　高新宇　康　瑾　主编

□责任编辑	刘颖维	
□责任印制	易红卫	
□出版发行	中南大学出版社	
	社址:长沙市麓山南路	邮编:410083
	发行科电话:0731-88876770	传真:0731-88710482
□印　　装	长沙市宏发印刷有限公司	

□开　　本	880×1230 1/16 □印张 11.25 □字数 340 千字□插页 1	
□版　　次	2015 年 7 月第 1 版 □印次 2015 年 7 月第 1 次印刷	
□书　　号	**ISBN 978 - 7 - 5487 - 1768 - 3**	
□定　　价	**38.00 元**	

前　言

　　铝及铝合金管、棒、型、线材被广泛用于电力、交通、建筑、机械、航空航天和国防军工等领域，在保障国民经济建设和社会发展等方面发挥了非常重要的作用，已经成为发展国民经济与提高人民物质生活和文化生活水平的重要基础材料。

　　铝及铝合金挤压产品已经成为当今世界最主要的铝加工材料之一，在生产能力、产量规模和产品品种方面仅次于铝压延产品而居第二位，在中国已经居首位，我国虽然是铝及铝合金挤压生产大国，但却不是生产强国，与国外先进技术水平相比，仍然存在较大的差距。主要表现在：挤压机数量虽多，但绝大多数为装备水平低下的中、小型挤压机；产量虽大，但大多数为中、低档民用建材等产品，高端、高精密、高性能要求的材料仍需进口。究其根本原因，主要在于我国技术进步和科技创新能力不强。铝加工挤压企业的管理人员、技术人员和操作人员迫切需要系统掌握专业基础知识和拥有一本合适的案头工具书。

　　本书精选了铝及铝合金挤压产品生产过程中涉及的设备、工艺、操作要点、常见问题解决等全过程的技术问题，本书作为《铝板带箔材生产技术问答》书籍的姐妹篇和延续，继续秉承其编制结构和整体布局，同时综合考虑铝及铝合金产品技术理论和热处理相关理论的相同性，在本书编写过程中未涉及变形铝及铝合金基础知识和变形铝及铝合金热处理的相关内容，如有读者需要可以参考《铝板带箔材生产技术问答》相关章节内容。本书共分6章内容，包括铝及铝合金挤压基础及基本原理，铝及铝合金线(杆)材生产技术，铝及铝合金管材生产技术，铝及铝合金线(杆)材生产技术，铝及铝合金管、棒、型、线(杆)材常见缺陷及产生原因，铝及铝合金挤压工具和模具。附录为铝及铝合金挤压产品常用标准介绍等。本书从问题选择和结构安排上，力求理论联系实际、深入浅出，结合生产实际进行问题解答，同时突出了先进技术特点与行业发展前沿介绍，力争为读者提供一本实用的技术读物。

王国军负责全书的策划、统筹审核和校对工作。本书第 1 章由王强编写，第 2 章、第 3 章、第 4 章由高新宇、谭树栋、陈雷编写，第 5 章由王海彬编写，第 6 章由高新宇、王志超、刘世雷编写，附录由王志超、陈雷编写。全书由高新宇、王强进行统稿与初步校核。本书中涉及铝合金轧制电工圆铝杆相关的部分，均由教授级高工康瑾编写，同时，康瑾同志也参与了本书的整体策划和整理工作。

本书在编写过程中，邹京滨、张燕飞、秦丽艳、高宝亭、杨晓禹等同志协助做了大量的工作，同时得到了不少专家和一线工人师傅的指导，并参阅了《铝加工技术实用手册》《铝加工生产技术 500 问》《铝合金管、棒、线材生产技术》《铝合金型材生产技术》等国内外文献资料，借鉴了一些企业的生产实例、图表和数据等，在此一并表示衷心的感谢。

由于作者水平有限，书中不妥之处，敬请广大读者批评指正。

编　者

2014 年 9 月

目　录

第 1 章　铝及铝合金挤压基础及基本原理 ·························· （1）

1　常规铝合金挤压如何分类？ ························· （1）

2　铝合金挤压的优缺点各是什么？ ····················· （3）

3　铝合金挤压技术的发展趋势如何？ ··················· （5）

4　挤压变形过程中金属流动与挤压力的关系是怎样的？

·· （5）

5　挤压填充阶段的控制要点有哪些？ ················· （6）

6　挤压基本阶段的控制要点是什么？ ················· （7）

7　终了挤压阶段的控制要点有哪些？ ················· （9）

8　制品形状与尺寸对金属流动性的影响如何？ ········· （10）

9　挤压方法对金属流动性的影响如何？ ··············· （10）

10　金属与合金种类对金属流动性的影响如何？ ········· （10）

11　摩擦条件对金属流动性的影响如何？ ··············· （11）

12　变形程度对金属流动性的影响如何？ ··············· （12）

13　工模具结构与形状对金属流动性的影响如何？ ········ （12）

14　挤压过程中挤压应力及变形状态是怎样的？ ········· （14）

15　挤压力及计算方法是什么？ ······················· （15）

16　影响挤压力的主要因素有哪些？ ··················· （15）

17　如何确定一种合金的挤压温度？ ··················· （17）

18　挤压死区及影响挤压死区大小的主要因素有哪些？

··· （18）

19　挤压速度、流出速度及挤压速度与流出速度的关系如何？

··· （20）

20　挤压速度怎样影响产品质量？ ····················· （20）

21　挤压变形系数如何计算？ ························· （21）

22　挤压比与变形程度的关系如何？……………………（22）
23　挤压填充系数如何计算？……………………………（22）
24　挤压筒比压如何计算？………………………………（22）
25　挤压分流比如何计算？………………………………（23）
26　挤压用铸锭坯料长度如何计算？……………………（23）
27　挤压长度如何计算？…………………………………（23）
28　什么是挤压效应？……………………………………（24）
29　什么叫挤压焊合？……………………………………（24）
30　挤压焊合如何检测？…………………………………（26）
31　挤压残料及预留挤压残料的作用是什么？…………（28）

第 2 章　铝及铝合金型、棒材生产技术 ………………（29）

1　铝及铝合金型、棒材的生产方法有哪些？…………（29）
2　挤压法生产铝及铝合金型、棒材的主要优点有哪些？
　………………………………………………………（29）
3　挤压法生产铝及铝合金型、棒材的主要缺点有哪些？
　………………………………………………………（30）
4　铝及铝合金棒材的主要品种如何分类？……………（30）
5　常用铝及铝合金棒材的规格范围有哪些？…………（30）
6　铝及铝合金棒材的基本生产工艺流程是什么？……（32）
7　铝及铝合金型材的主要品种如何分类？……………（33）
8　铝及铝合金型材的规格范围怎样？…………………（34）
9　什么是铝及铝合金型材生产工艺流程？……………（37）
10　铝及铝合金型、棒材挤压工艺的编制原则是什么？
　………………………………………………………（38）
11　铝及铝合金型、棒材挤压工艺编制的程序怎样？…（38）
12　如何确定挤压系数？…………………………………（40）
13　型、棒材挤压铸锭直径的确定方法是什么？………（41）
14　型、棒材挤压铸锭长度如何确定？…………………（43）
15　铝及铝合金型、棒挤压制品对铸锭质量如何要求？
　………………………………………………………（48）
16　铝合金型、棒材挤压温度的选择原则是什么？……（49）
17　铝合金型、棒材铸锭的加热方式如何选择？………（56）

18　铝合金型、棒材挤压筒温度的确定方法是什么？……（57）
19　铝合金型、棒材挤压速度如何选择？……………（58）
20　影响金属流出速度的主要因素有哪些？…………（59）
21　铝合金型、棒材挤压模孔数如何选择？…………（63）
22　挤压工具对挤压工艺过程和制品表面质量如何影响？
　　………………………………………………（63）
23　挤压工具加热和在挤压机上怎样装配？…………（65）
24　试模和修模的主要程序是什么？…………………（65）
25　型、棒材挤压的工艺润滑如何要求？……………（66）
26　型、棒材挤压润滑剂的主要组成是什么？………（67）
27　型、棒材挤压公差编制原则是什么？……………（68）
28　常见铝合金型、棒材挤压公差是多少？…………（69）
29　典型铝合金棒材正向挤压工艺是什么？…………（69）
30　铝合金棒材反向挤压与正向挤压的工艺的对比优缺点
　　各是什么？…………………………………………（74）
31　软、硬合金型材工艺对比优缺点有哪些？………（75）
32　铝合金型材工艺编织原则是什么？………………（75）
33　一般铝合金型材典型工艺是什么？………………（76）
34　什么是铝合金型、棒材拉伸矫直方法？…………（78）
35　拉伸设备如何选择？………………………………（79）
36　拉伸率如何控制？…………………………………（79）
37　拉伸矫直机的控制要点有哪些？…………………（80）
38　什么是铝合金型、棒材辊压矫直方法？…………（81）
39　举例说明铝合金型材如何辊压矫直工艺编制？…（83）
40　什么是铝合金型、棒材压力矫直方法？…………（87）
41　什么是铝合金型、棒材压力手工矫直方法？……（87）
42　什么是铝合金型材表面预处理技术？……………（88）
43　铝合金挤压材阳极氧化着色工艺是什么？………（88）
44　什么是铝合金型材电泳涂漆工艺？………………（90）
45　什么是铝合金型材静电粉末喷涂工艺？…………（91）
46　什么是铝合金型材氟碳喷涂工艺？………………（92）

第3章　铝及铝合金管材生产技术·····················（94）

　1　管材的品种、分类及用途有哪些？·············（94）

　2　管材的表示方法有哪些？·····················（94）

　3　实心铸锭生产管材的方式及特点是什么？·······（95）

　4　空心铸锭生产管材的方式及特点有哪些？·······（95）

　5　管材的主要生产方法有哪些？·················（96）

　6　挤压管材生产工艺流程是什么？···············（97）

　7　管材拉伸生产工艺流程是什么？···············（97）

　8　管材轧制生产工艺流程是什么？···············（97）

　9　固定针正向挤压法及其优缺点有哪些？·········（99）

　10　随动针正向挤压法及其优缺点有哪些？·········（100）

　11　穿孔挤压法及其优缺点有哪些？···············（101）

　12　分流模挤压法及其主要特点是什么？···········（102）

　13　反向挤压法及其优缺点有哪些？···············（103）

　14　冷挤压法及其特点有哪些？···················（104）

　15　Conform 挤压法及其特点是什么？·············（105）

　16　什么叫侧向挤压？···························（105）

　17　液体静压挤压法及其特点有哪些？·············（105）

　18　铝合金管材冷轧及其特点有哪些？·············（106）

　19　二辊冷轧管法及轧机的工作原理是什么？·······（107）

　20　二辊冷轧管法主要优缺点有哪些？·············（108）

　21　多辊式冷轧管法及轧机工作原理是什么？·······（109）

　22　三辊冷轧管法主要优缺点有哪些？·············（110）

　23　冷轧时金属的变形过程如何？·················（110）

　24　前轧过程的 4 个阶段及各阶段主要特点有哪些？···（113）

　25　减少孔型摩擦的不均匀性的方法有哪些？·······（114）

　26　送料量对轧制力有什么影响？·················（116）

　27　轧制力与总延伸系数有什么关系？·············（116）

　28　轧制力与金属材料的抗拉强度的关系怎样？·····（117）

　29　冷轧管材轧制半径及计算方法是什么？·········（117）

　30　冷轧过程中的轴向力有什么影响？·············（118）

　31　多辊轧机轧制力如何计算？···················（118）

32　管坯规格如何确定？ ……………………………………（119）

33　常见铝合金管坯的退火制度是什么？ …………………（121）

34　管坯的刮皮和蚀洗处理的目的是什么？ ………………（122）

35　管坯蚀洗的工艺是什么？ ………………………………（122）

36　冷轧管轧制壁厚的调整方法有哪些？ …………………（123）

37　冷轧管孔型间隙的调整方法有哪些？ …………………（123）

38　冷轧管轧制芯头的选择原则是什么？ …………………（124）

39　冷轧管轧制壁厚如何确定？ ……………………………（127）

40　冷轧管轧制过程送料量如何确定？ ……………………（127）

41　冷轧过程中的工艺润滑的要求有哪些？ ………………（128）

42　管材轧制工艺是什么？ …………………………………（128）

43　何谓铝合金管材拉伸？ …………………………………（130）

44　管材拉伸方法有哪些？ …………………………………（130）

45　何谓管材无芯头拉伸？ …………………………………（130）

46　何谓短芯头拉伸？ ………………………………………（131）

47　何谓游动芯头拉伸？ ……………………………………（131）

48　何谓长芯头拉伸？ ………………………………………（133）

49　铝合金管材扩径拉伸方法有哪些？ ……………………（133）

50　管材空拉拉伸时的变形与应力关系如何？ ……………（134）

51　管材短芯头拉伸时的变形与应力的关系如何？ ………（135）

52　管材游动芯头拉伸时的变形与应力的关系如何？ …（136）

53　管材长芯杆拉伸时的变形与应力关系如何？ …………（137）

54　管材扩径拉伸时的变形与应力的关系如何？ …………（138）

55　影响拉伸力的主要因素有哪些？ ………………………（138）

56　拉伸变形的主要参数有哪些？ …………………………（139）

57　无芯头拉伸（空拉）模具配置原则是什么？ …………（140）

58　短芯头拉伸配模原则是什么？ …………………………（144）

59　游动芯头拉伸配模原则是什么？ ………………………（147）

60　异型管材拉伸配模原则是什么？ ………………………（149）

61　管材辊压矫直方法及原理是什么？ ……………………（150）

62　辊数配置与摆放方式有哪些？ …………………………（151）

63　管材直径与矫直辊倾斜角关系如何？ …………………（153）

64　如何控制矫直速度？ ……………………………………（153）

65　如何控制张力矫直?·····················（154）

66　如何控制型辊矫直?·····················（155）

67　如何控制扭拧矫直?·····················（156）

68　管材矫直品质如何控制?·················（156）

第4章　铝及铝合金线（杆）材生产技术·············（158）

1　铝合金线材的特点及分类方法是什么?·······（158）

2　铝合金线材拉伸有哪些主要方法和特点?·······（158）

3　铝合金线材拉伸的必要条件及其主要参数是什么?···（159）

4　铝合金线材拉伸前毛坯料有哪些控制要点?·······（161）

5　铝合金线材拉伸配模的主要原则及其计算方法是怎样的?
···············（163）

6　1050A纯铝和工业纯铝导线拉伸配模工艺如何?·····（167）

7　5系合金焊条线的拉伸配模工艺如何?·······（168）

8　焊丝以外的5系合金线材的拉伸配模工艺如何?···（170）

9　4系合金焊条线材的拉伸配模工艺如何?·······（171）

10　3003合金线材的拉伸配模工艺如何?·········（172）

11　2系合金铆钉线材的拉伸配模工艺如何?·······（173）

12　特种用途2B11、2B12合金铆钉线材的拉伸配模工艺如何?
···············（174）

13　线材拉伸润滑的目的及其对润滑剂的要求是什么?···（175）

14　怎样预防铝熔体的"爆炸"事故?···········（175）

15　热轧有什么特点?热轧温度有哪些确定原则?·····（176）

16　热轧冷却润滑的目的和乳化液系统是怎样的?·····（179）

17　连轧的特点及其基本理论是什么?···········（182）

18　什么是型辊轧制?型辊轧制有何特点?·········（184）

19　什么是轧制中心、轧辊名义直径和轧辊的平均工作直径?
···············（188）

20　型辊轧制压力及道次电机功率是怎样计算?·····（189）

21　孔型的设计要求和孔型的组成及分类?·········（192）

22　铝合金线（杆）连轧孔型设计的主要参数及其选择原则?
···············（196）

23　铝合金线（杆）连轧"Y"形孔型的种类及其特点?···（200）

24　铝合金线(杆)连轧"Y"形孔型的设计要素及其计算公式？
…………………………………………………………（207）
25　铝合金线(杆)连轧 ϕ9.5 mm"Y"形孔型的设计实例？ …（217）
26　铝合金线(杆)连轧 ϕ9.5 mm"Y"形孔型塞规如何设计？
…………………………………………………………（227）
27　铝合金线(杆)连轧的轧制力、轧制力矩、轧制功率的计算？
…………………………………………………………（230）
28　如何合理的选择铝合金线(杆)材连轧主要工艺参数？
…………………………………………………………（233）
29　铝合金线(杆)材轧制工艺综合自动控制原理及方法？
…………………………………………………………（235）
30　电工用铝合金线(杆)材电阻率的检验规则及方法？
…………………………………………………………（236）

第5章　铝及铝合金管、棒、型、线(杆)材常见缺陷及产生原因
…………………………………………………………（240）
1　气泡定义及产生原因是什么？…………………（240）
2　起皮定义及产生原因是什么？…………………（240）
3　划伤、磕碰伤、擦伤的定义及产生原因是什么？……（241）
4　内表面擦伤定义及产生原因是什么？…………（242）
5　挤压裂纹、模痕定义及产生原因是什么？…………（242）
6　扭拧、弯曲、波浪、硬弯的定义及产生原因是什么？ …（243）
7　麻面定义及产生原因是什么？…………………（244）
8　金属和非金属压入定义及产生原因是什么？…………（244）
9　表面腐蚀定义及产生原因是什么？……………（245）
10　停车痕、咬痕、水痕、跳环定义及产生原因是什么？……（245）
11　橘皮定义及产生原因是什么？…………………（246）
12　振纹定义及产生原因是什么？…………………（246）
13　制品壁厚不均定义及产生原因是什么？…………（246）
14　扩口、并口定义及产生原因是什么？…………（247）
15　粗晶环定义及产生原因是什么？………………（248）
16　成层定义及产生原因是什么？…………………（248）
17　过烧定义及产生原因是什么？…………………（249）

18　焊合不良定义及产生原因是什么？…………………（249）

19　淬火裂纹定义及产生原因是什么？…………………（249）

20　拉拔制品跳环定义及产生原因是什么？……………（250）

21　油斑定义及产生原因是什么？………………………（250）

22　拉拔制品三角口定义及产生原因是什么？…………（251）

23　拉拔制品灰道定义及产生原因是什么？……………（251）

24　矫直痕定义及产生原因是什么？……………………（252）

25　轧制空心型材内表面波浪定义及产生原因是什么？
　　………………………………………………………（252）

26　铝杆连续铸锭中断锭和裂纹产生的原因是什么？…（253）

27　铝杆锭坯表面不光滑，有片状冷隔、疤痕或气泡产生
　　的原因是什么？……………………………………（253）

28　铝杆锭坯组织疏松、气孔、夹渣等缺陷产生的原因是什么？
　　………………………………………………………（253）

29　铝杆连铸机结晶轮早期损坏报废的原因是什么？…（254）

30　铝杆连轧中断轧堆料事故频发产生的原因是什么？
　　………………………………………………………（254）

31　铝杆表面有夹渣、裂纹、裂口产生的原因是什么？……（254）

32　铝杆飞边（耳子）、错圆或椭圆产生的原因是什么？…（255）

33　铝杆连轧中开倒车时退料困难、尾锭连续把出线管损坏
　　产生的原因是什么？………………………………（256）

34　铝杆断面呈明显三角形、几何尺寸不合格产生的原因
　　是什么？……………………………………………（256）

35　铝杆摇头落地式收线装置易堵管产生的原因是什么？
　　………………………………………………………（256）

36　铝杆摇头收线后同一捆中质量差异过大产生的原因是什么？
　　………………………………………………………（256）

37　铝杆力学性能不合格产生的原因是什么？…………（257）

38　铝杆电阻率不合格产生的原因是什么？……………（257）

第6章　铝及铝合金挤压工具和模具…………………（258）

1　铝合金挤压的主要工具有哪些？……………………（258）

2　典型铝合金挤压机的工具组装形式有哪些？………（258）

3　挤压筒中各层衬套的配合结构是什么？……………（262）

4　挤压筒的加热方法有哪些？…………………………（262）

5　挤压筒工作内套的种类有哪些？……………………（263）

6　挤压筒与模具主要配合方式及优缺点有哪些？………（264）

7　圆挤压筒内套的设计及常用规格有哪些？…………（265）

8　扁挤压筒内套的设计及常用规格有哪些？…………（267）

9　如何设计挤压筒的长度？……………………………（268）

10　如何设计挤压筒各层衬套的厚度？………………（269）

11　挤压筒各层套之间的合理直径比是什么？………（270）

12　常用两层挤压筒结构尺寸有哪些？………………（271）

13　常用多层挤压筒结构尺寸有哪些？………………（271）

14　常见挤压筒最佳过盈配合有哪些？………………（273）

15　挤压轴的分类有哪些？……………………………（273）

16　如何确定挤压轴长度及常用的挤压轴尺寸？……（275）

17　穿孔系统的结构是什么？…………………………（277）

18　穿孔针的结构是怎样的？…………………………（277）

19　常见挤压机的挤压针如何选配？…………………（278）

20　铝合金挤压垫片的主要结构是什么？……………（280）

21　挤压模具如何分类？………………………………（282）

22　挤压模具的组装方式有哪些？……………………（283）

23　模角的定义及作用是什么？………………………（285）

24　模具工作带的定义及设计原则是什么？…………（285）

25　模具入口圆角的定义及确定方法是什么？………（286）

26　模具外形尺寸的确定原则是什么？………………（286）

27　常用的模具外形及特点是什么？…………………（287）

28　外形尺寸的标准化的意义及可参考的外形标准化尺寸
有哪些？……………………………………………（288）

29　挤压模具设计时要考虑哪些工艺因素？…………（289）

30　模孔布置的原则是什么？…………………………（290）

31　模孔尺寸如何计算？………………………………（290）

32　模具设计调整流速的方法有哪些？………………（291）

33　模具加工品质及使用条件的基本要求有哪些？…（291）

34　多孔棒材挤压模具设计模孔数原则是什么？………（292）

35　多孔挤压棒材模具模孔如何平面布置？　⋯⋯⋯⋯⋯（293）

36　棒材模具模孔尺寸的确定方法及常见铝合金圆棒的模孔
　　尺寸有哪些？　⋯⋯⋯⋯⋯⋯⋯⋯⋯⋯⋯⋯⋯⋯⋯（293）

37　无缝管挤压磨具的特点是什么？　⋯⋯⋯⋯⋯⋯⋯⋯（297）

38　管材模具的尺寸设计及常用模具的尺寸如何搭配？
　　⋯⋯⋯⋯⋯⋯⋯⋯⋯⋯⋯⋯⋯⋯⋯⋯⋯⋯⋯⋯⋯（297）

39　实心型材模具设计的要点有哪些？　⋯⋯⋯⋯⋯⋯⋯（299）

40　单孔挤压型材时的模孔如何配置？　⋯⋯⋯⋯⋯⋯⋯（299）

41　多孔挤压型材时的模孔如何配置？　⋯⋯⋯⋯⋯⋯⋯（301）

42　如何确定型材模孔工作带？　⋯⋯⋯⋯⋯⋯⋯⋯⋯⋯（303）

43　阻碍角对金属流速的影响有哪些？　⋯⋯⋯⋯⋯⋯⋯（304）

44　分流组合模的结构及特点是什么？　⋯⋯⋯⋯⋯⋯⋯（304）

45　分流组合模如何分类？　⋯⋯⋯⋯⋯⋯⋯⋯⋯⋯⋯⋯（305）

46　平面分流组合模的优缺点有哪些？　⋯⋯⋯⋯⋯⋯⋯（306）

47　平面分流组合模的主要结构是什么？　⋯⋯⋯⋯⋯⋯（307）

48　平面分流模分流比、孔形状、断面尺寸、数目如何分布？
　　⋯⋯⋯⋯⋯⋯⋯⋯⋯⋯⋯⋯⋯⋯⋯⋯⋯⋯⋯⋯⋯（308）

49　阶段变断面型材模设计特点有哪些？　⋯⋯⋯⋯⋯⋯（310）

50　如何设计大型扁宽壁板型材挤压模具？　⋯⋯⋯⋯⋯（315）

51　如何设计宽展模具？　⋯⋯⋯⋯⋯⋯⋯⋯⋯⋯⋯⋯⋯（318）

52　导流模的主要特点及设计原则是什么？　⋯⋯⋯⋯⋯（320）

53　异形穿孔挤压型材模具设计特点有哪些？　⋯⋯⋯⋯（324）

54　变宽度宽展导流模设计特点是什么？　⋯⋯⋯⋯⋯⋯（326）

55　半空心型材模如何设计？　⋯⋯⋯⋯⋯⋯⋯⋯⋯⋯⋯（329）

56　铝合金散热器用模具如何设计？　⋯⋯⋯⋯⋯⋯⋯⋯（331）

57　子母模设计特点有哪些？　⋯⋯⋯⋯⋯⋯⋯⋯⋯⋯⋯（334）

58　水冷冷却模的设计特点有哪些？　⋯⋯⋯⋯⋯⋯⋯⋯（336）

59　液氮冷却模的设计特点是什么？　⋯⋯⋯⋯⋯⋯⋯⋯（338）

附录　铝及铝合金管、棒、型、线材主要生产技术标准⋯⋯⋯⋯（341）

参考文献　⋯⋯⋯⋯⋯⋯⋯⋯⋯⋯⋯⋯⋯⋯⋯⋯⋯⋯⋯⋯（345）

第 1 章　铝及铝合金挤压基础及基本原理

1　常规铝合金挤压如何分类？

　　按成形时的温度，铝挤压可分为热挤压、温挤压和冷挤压三种。其中热挤压主要用于大型坯锭，以获得具有相当长度的棒材或各种型材的半成品；温挤压和冷挤压则主要用于小型坯锭，以获得成品零件或只需进行少量机械加工的半成品件。

　　根据金属的流动方向与挤压轴运动方向的关系，铝挤压又可分为正挤压、反挤压、Conform 连续挤压等，如图 1－1 所示。

　　正挤压时，如图 1－1(a)所示，金属的流动方向与挤压轴的运动方向相同，其最主要的特征是金属与挤压筒内壁件有相对滑动，故存在很大的外摩擦，摩擦力的作用方向与金属的运动方向相反。正挤压与反挤压相比有以下优点：更换工具简单、迅速；辅助时间少；制品表面品质好；对铸锭表面品质没有严格要求；设备简单，投资费用少；制品外接圆直径大。由于正挤压具有上述许多优点，因而目前绝大多数型、棒材都是采用正挤压法生产。但正挤压也有缺点：因铸锭表面和挤压筒内衬内壁发生激烈摩擦，因摩擦作用机械能转换为热能，使铸锭升温，因而影响制品头、尾温度，导致头端温度低，尾端温度高，致使尺寸不均匀，精度下降；因摩擦作用，铸锭表层金属发生激烈的剪切变形，这层金属流入制品表层，热处理后形成粗大晶粒层——粗晶环，粗晶环区力学性能差；因摩擦作用，使金属流动不均匀，中心流速较边部快，为避免挤压表层裂纹必须降低挤压速度。

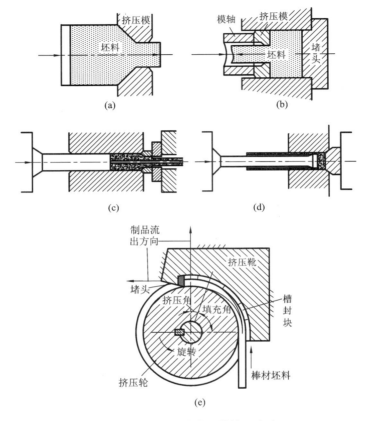

图1-1 铝加工中常用的挤压方法

(a)正挤压法；(b)型、棒材反挤压法；(c)管材反挤压法；

(d)管材正挤压法；(e)Conform连续挤压法

反挤压时的金属流动方向与挤压轴的运动方向相反，如图1-1(b)所示，反挤压可分为挤压轴动反挤压和挤压筒动反挤压。其特点是除靠近模孔附近处之外，金属与挤压筒内壁间无相对滑动，故无摩擦。反挤压的这一特点使之与正挤压相比具有挤压力小(小30%~40%)、制品尺寸精度高、力学性能均匀、组织均匀、挤压速度高、成品率和生产率高等优点。因反挤压具备以上许多优点，所以特别适用于挤压硬合金型、棒、管材以及要求尺寸精度高、组织细密无粗晶环的制品。反挤压法的缺点是，由于长期以来受空心挤压轴强度的限制，使反挤压制品的最大外接圆尺寸比正挤压的小30%，铸锭表面品质要求严，设备一次投资费用比正向挤压机的高20%～30%，辅助时间长。

挤压法也可用于生产空心制品。所用锭坯有空心的和实心的，选择何种取决于所用设备结构和金属的性质以及其他方面的要求。挤压时，穿孔针与模套之间形成环形间隙，在挤压轴压力的作用下，金属由此间隙中流出挤成管材，如图 1-1(c)、图 1-1(d)所示。

反挤压法生产管材一般有两种方式：①采用空心锭坯与不动的芯棒进行反挤压。挤压时，压力加于可动的挤压筒上，金属则由芯棒与安装在不动的挤压杆端部的模子所形成的环形孔中流出形成管材。②采用实心锭坯与可动的挤压杆进行反挤压。挤压时，金属由挤压垫片与挤压筒构成的间隙挤出，形成大型管材。

Conform 连续挤压法，如图 1-1(e)所示，是利用变形金属与工具之间的摩擦力而实现挤压的。由旋转槽轮上的矩形断面槽和固定模座所组成的环行通道起到普通挤压法中挤压筒的作用，当槽轮旋转时，借助于槽壁上的摩擦力不断地将杆状坯料送入而实现连续挤压。Conform 连续挤压时坯料与工具表面的摩擦发热较为显著，因此，对于熔点较低的铝及铝合金，不需进行外部加热即可使变形区的温度上升至400℃～500℃而实现热挤压。Conform 连续挤压适合于铝包钢电线等包覆材料、小断面尺寸的铝及铝合金线材、管材、型材的成形。

2　铝合金挤压的优缺点各是什么？

挤压是一种常见的压力加工方法，金属挤压的基本原理如图 1-2所示。

挤压加工有下列优点：

（1）在挤压过程中，被挤压金属在变形区能获得比轧制、锻造更为强烈和均匀的三向压缩应力状态，可充分发挥被加工金属本身的塑性。因此，用挤压法可加工用轧制法或锻造法加工有困难甚至无法加工的低塑性、难变形金属或合金。对于某些必须用轧制或锻造法进行加工的材料，如7075、7085、7055等合金的锻件等，也常用挤压法先对铸锭进行开坯，以改善其组织，提高其塑性。

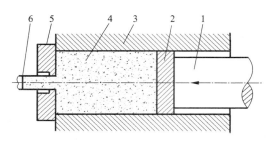

图 1-2　金属挤压的基本原理

1—挤压轴；2—挤压垫片；3—挤压筒；4—坯料；5—挤压模；6—挤压制品

（2）挤压法不但可以生产断面形状较简单的管、棒、型、线材产品，而且可生产断面变化、形状复杂的型材和管材，如阶段变断面型材、逐渐变断面型材、带异型加强筋的整体壁板型材、形状极其复杂的空心型材和变断面管材、多孔管材等。这类产品用轧制法或其他压力加工方法生产是很困难的，甚至是不可能的。

（3）挤压加工灵活性很大，只需要更换模子等挤压工具即可在一台设备上生产形状、规格和品种不同的制品，更换挤压工具的操作简单易行、费时少、工效高。这种加工方法对订货批量小、品种规格多的铝合金材料加工生产厂最为经济适用。

（4）挤压制品的精度比热轧、锻造产品的高，制品表面品质也较好。随着工艺水平的提高和模具品质的改进，现已能生产壁厚为0.15 mm、表面粗糙度达 Ra 0.8～1.8 μm 的超薄、超高精度、高品质表面的型材。

（5）对某些具有挤压效应的铝合金来说，其挤压制品在淬火时效后，纵向强度性能远比其他方法加工的同类产品要高。

（6）工艺流程简短、生产操作方便，一次挤压即可获得比热模锻或成形轧制等方法面积更大的整体结构部件，而且设备投资少、模具费用低、经济效益高。

综上所述，用挤压法生产铝合金制品具有突出的优点，但仍存在几何废料损失较大、挤压速度远低于轧制速度、生产效率低、沿长度和断面上组织和性能的不均匀程度较大、挤压力大、工模具消耗量较大等尚待改进的缺点。随着现代科技迅猛发展，新挤压工艺、设备和新结构模具的出现，上述问题逐渐得到解决，尤其对铝合金来说，挤压加工方法仍不失为一种确保产品品质、综合效益最好的先进塑性加工方法。

3　铝合金挤压技术的发展趋势如何？

铝合金挤压材正在朝大型化、扁宽化、薄壁化、高精化、复杂化、多品种、多用途、多功能、高效率、高质量方向发展。挤压方法可生产 ϕ1500 mm 以上的管材、2500 mm 宽的整体壁板。目前，全世界共有 40 余台 80 MN 以上的挤压机，其中，中国、俄罗斯、美国各拥有 10 台以上，主要生产大型、薄壁、扁宽的空心与实心型材，以及精密大径薄壁管材。各种形式的反挤压机、静液挤压机、Conform 连续挤压机等获得了高速发展。扁挤压、组合模挤压、宽展挤压、高速挤压、等温挤压、高效反挤压等新工艺不断涌现，工模具结构不断创新，设备、工艺技术、生产管理的全线自动化程度不断提高。高速轧管、双线拉拔技术将得到进一步发展，多坯料挤压、半固态挤压、连续挤压、连铸连挤等新技术会进一步完善。此外，挤压过程的物理模拟、数字模拟以及 CAD/CAM/CAE 技术得到迅速发展与应用。

4　挤压变形过程中金属流动与挤压力的关系是怎样的？

挤压时金属的流动情况一般可分为三个阶段。

（1）第一阶段为开始挤压阶段，又称为填充挤压阶段。金属受挤压轴向压力后，首先充满挤压筒和模孔，挤压力直线上升直至最大。

（2）第二阶段为基本挤压阶段，也叫平流挤压阶段。当挤压力达到突破压力（高峰压力），金属开始从模孔流出瞬间即进入此阶段。

（3）第三阶段为终了挤压阶段，或称紊流挤压阶段。在此阶段中，随着挤压垫片（已进入变形区内）与模子间距离的缩小，迫使变形区内的金属向着挤压轴线方向由周围向中心发生剧烈的横向流动，同时，两个死区中的金属也向模孔流动，形成挤压加工所特有的"挤压缩尾"等缺陷。在此阶段中，挤压力有重新回升的现象。此时应结束挤压操作过程。

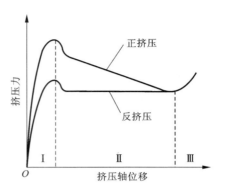

图 1-3　挤压过程的挤压力变化曲线

Ⅰ—开始挤压阶段；Ⅱ—基本挤压阶段；
Ⅲ—终了挤压阶段

三个阶段分别对应于挤压力行程曲线上的Ⅰ、Ⅱ、Ⅲ区，如图 1-3 所示。

5　挤压填充阶段的控制要点有哪些？

挤压时，为了便于把锭坯顺利送入挤压筒，坯料直径应比挤压筒内径小 0.5～10 mm。由于挤压坯料直径小于挤压筒内径，在挤压轴压力作用下，根据最小阻力定律，金属首先向间隙流动，产生镦粗，直至充满挤压筒和模孔。随着坯料直径的增大，单位压力逐渐上升，当一部分金属与挤压筒壁接触后，接触摩擦及静水压力增大，使挤压力急剧直线上升。这一过程一般称为填充挤压过程或填充挤压阶段。

当锭坯的长度与直径之比为中等（3～4）时，填充过程会出现和锻造一样的鼓形，如图 1-4（a）所示，其表面首先与挤压筒壁接触。于是，在模子附近有可能形成封闭的空间。其中的空气或未完全燃烧的润滑剂产物，在继续填充过程中被剧烈压缩（压力高达 1000 MPa）并显著地发热。高压气体有可能进入锭坯侧表面微裂纹中。这些含有气体的微裂纹在通过模孔时若被焊合，则制品表面内存在气泡缺陷；若未能焊合，制品表面上则会出现起皮缺陷。间隙愈大，这些缺陷产生的可能性愈大。

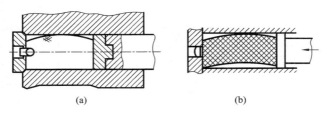

图 1 - 4　在卧式挤压机上挤压时形成的鼓形与封闭空间

(a)铸坯较短；(b)铸坯较长

　　为防止上述缺陷，在一般情况下希望填充系数尽可能小，以坯料能顺利装入挤压筒为原则。另一措施是采用坯料梯温加热法，即使坯料头部温度高、尾部温度低，填充时头部先变形，而筒内的气体通过垫片与挤压筒之间的间隙逐渐排出，如图 1 - 4(b)所示。

　　由于填充挤压时坯料头部的一部分金属未经过变形或变形很小便流入模孔，导致挤压制品头部的组织性能差，一般挤压制品均需切除头部。填充系数越大或挤压比越小，所需切头量就越大。

6　挤压基本阶段的控制要点是什么？

　　挤压基本阶段是从金属开始流出模孔到正常挤压过程即将结束为止。在此阶段，当挤压工艺参数与边界条件(如坯料的温度、挤压速度、坯料与挤压筒壁之间的摩擦条件)无变化时，随着挤压的进行，正挤压的挤压力逐渐减少，而反挤压的挤压力则基本保持不变。这是因为正挤压时坯料与挤压筒壁之间存在摩擦阻力，随着挤压过程的进行，坯料长度减小，与挤压筒壁之间的接触摩擦面积减小，因而挤压力下降；而反挤压时，由于坯料与挤压筒之间无相对滑动，因而摩擦阻力无变化。

　　金属在基本挤压阶段的流动特点因挤压条件不同而异。图 1 - 5 所示为一般情况下圆棒正挤压时金属的流动特征示意图。由图 1 - 5(a)可知，平行于挤压轴线的纵向网格线在进出模孔时发生了方向相反

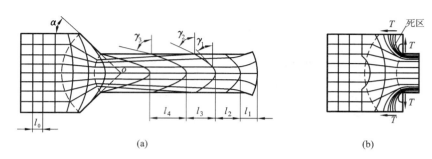

图 1 - 5   一般情况下圆棒正挤压时金属的流动特征示意图

(a)锥模挤压；(b)平模挤压

的两次弯曲，其弯曲角度由中心层向外层逐渐增加，表明金属内外层变形具有不均匀性。将每一纵向线两次弯曲的弯折点分别连接起来可得两个曲面，这两个曲面所包围的体积称为变形区。在理想情况下，这两个曲面为同心球面，球心位于变形区锥面构成的圆锥体之顶点，如图 1 - 5(a)所示。

横向网格线在进入变形区后发生弯曲，变形前位于同一网格线上的金属质点，变形后靠近中心部位的质点比边部的质点超前许多，即在挤压变形过程中，金属质点的流动速度是不均匀的。产生这种流动不均匀的主要原因有两个方面：第一，中心部位正对着模孔，其流动阻力比边部要小；第二，金属坯料的外表面受到挤压筒壁和挤压模表面的摩擦作用，使外层金属的流动进一步受到阻碍而滞后。

以上是锥模挤压时的流动情况。当采用平模挤压，或者虽是锥模，但模角 α 较大时，位于模子与挤压筒交界处的金属受到模面和筒壁上的外摩擦作用，使得金属沿接触表面流动需要较大的外力。根据最小阻力定律，金属将选择一条较易流动的路径流动，从而形成了图 1 - 6 所示的死区。理论上认为死区的边界为直线，如图 1 - 6 中虚线所示，且死区不参与流动和变形，死区形成后构成一个锥形腔，相当于锥模的作用。因此认为在基本挤压阶段，金属的流动特征与锥模挤压基本相同。

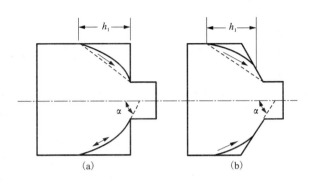

图 1-6　挤压死区形状示意图

(a)平模挤压；(b)锥模挤压

　　而实际挤压时，死区的边界形状并非为直线，一般呈圆弧状，如图 1-6 中实线所示。而且由于在死区和塑性区的边界存在着剧烈滑移区，导致死区也缓慢地参与流动，死区的体积逐渐减小。

　　影响死区的因素如下：模角 α、摩擦状态、挤压比 λ、挤压温度 T_1、挤压速度 $v_{挤}$、金属的强度特性，以及模孔位置等。增大模角和接触摩擦都促使死区增大。增大挤压比将使 α_{max} 增大，死区体积减小。热挤压时的死区一般比冷挤压时的大，这是由于大多数金属材料在热态时的表面摩擦较大，同时金属与工具存在温度差，受工具冷却作用的部分金属变形抗力较高而难于流动。冷挤压时金属材料不用加热，大多采用润滑挤压。挤压速度越高，流动金属对死区的"冲刷"越厉害，死区越小。采用多孔模挤压或型材挤压时，死区大小有变化，离挤压筒壁较近的模孔处，死区较小。

7　终了挤压阶段的控制要点有哪些？

　　终了挤压阶段是指在挤压筒内的锭坯长度减小到变形区压缩锥高度时的金属流动阶段。图 1-7 是终了挤压阶段金属流动示意图。

　　基本挤压阶段流动不均匀是靠未变形的锭坯供应体积的补充，才使金属得以连续流动。而到了终了挤压阶段，这种纵向上的金属

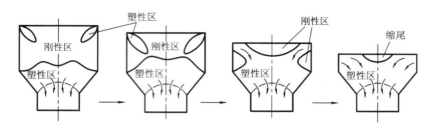

图 1 −7   终了挤压阶段金属流动示意图

供应体积大大减小，锭坯后端金属迅速改变应力状态，克服挤压垫片的摩擦作用，产生径向流动提前进入制品。

8   制品形状与尺寸对金属流动性的影响如何？

一般而言，当其他条件相同时，棒材挤压比型材挤压时的金属流动均匀，而采用穿孔针挤压管材时的金属流动比挤压棒材时的金属流动均匀。对称度越低、宽高比越大、壁厚越不均匀、比周长越大（断面越复杂）的型材，挤压时金属流动的均匀性越差。

9   挤压方法对金属流动性的影响如何？

挤压方法对金属流动均匀性的影响，有的通过外摩擦的大小不同而产生影响，有的则是不同挤压方法的金属流动方式不同所致。例如，静液挤压是所有挤压方法中金属流动最均匀的，冷挤压比热挤压时的金属流动均匀，反挤压比正挤压时的金属流动均匀等，都是因为挤压筒内坯料表面上所受摩擦作用的大小不同所致；脱皮挤压比普通挤压时的金属流动均匀。

10   金属与合金种类对金属流动性的影响如何？

金属与合金种类对金属流动性的影响主要体现在两个方面：一是金属或合金的强度；二是变形条件下坯料的表面状态，其实质都是通过坯料所受外摩擦影响的大小来起作用的。

一般来说，强度高的金属比强度低的金属流动均匀，合金比纯金属挤压流动均匀。这是因为在其他条件相同的情况下，强度较高（变形抗力较大）的合金，与工模具之间的摩擦系数降低，摩擦的不利影响相对减少。在热挤压条件下，不同金属坯料的表面状态不同，金属流动均匀性不同。

11   摩擦条件对金属流动性的影响如何？

挤压方法、合金的种类对金属流动均匀性的影响，主要是通过外摩擦的变化而产生的。平模挤压时金属的流动可以分为如图 1 - 8 所示的四种类型，它们主要取决于坯料与工模具之间的摩擦力的大小。

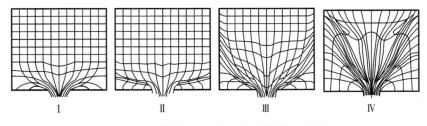

图 1 - 8   平模挤压时金属的典型流动类型

Ⅰ 型流动是一种理想的流动类型，几乎不存在金属流动死区。这类只有坯料与挤压筒壁、与模面之间完全不存在摩擦（理想润滑状态）的时候才能获得，实际生产中很难实现。模面处于良好润滑状态的反挤压、钢的玻璃润滑挤压接近这一流动类型。

Ⅱ 型流动为处于良好润滑状态挤压时的流动类型，金属流动比较均匀。处于较好润滑状态的热挤压、各种金属与合金的冷挤压属于这一流动类型。实际的有色金属热反挤压时的金属流动类型，接近于 Ⅱ 型流动，或者介于 Ⅰ 型和 Ⅱ 型之间。

Ⅲ 型流动主要为发生在低熔点合金无润滑热挤压时的流动类型，例如铝及铝合金的热挤压。此时金属与挤压筒壁之间的摩擦接近于黏着摩擦状态，随着挤压的进行，塑性区逐渐扩展到整个坯料体积，挤压后期易形成缩尾缺陷。

Ⅳ型流动为最不均匀的流动类型，当坯料与挤压筒壁之间为完全黏着摩擦状态，且坯料内外温差较大时出现。此时坯料表面存在较大摩擦，且由于挤压筒温度远低于坯料的加热温度，使得坯料表面温度大幅度降低，表层金属沿筒壁流动更为困难，从而向中心流动，导致在挤压的较早阶段便产生缩尾现象。

12   变形程度对金属流动性的影响如何?

一般来说，当挤压比(变形程度)增加时，坯料中心与表层金属流动速度差增加，金属流动均匀性下降。但是，如前所述，金属流动均匀性与变形均匀性并不是一个等同的概念。由于挤压过程中剪切变形主要存在于坯料(或制品)的外周层，使得挤压制品表层部与中心部的实际变形程度(或称等效变形程度)相差较远。只有当挤压比大到一定程度时，剪切变形才可能深入到制品中心部，使制品横断面上的力学性能趋于均匀。

13   工模具结构与形状对金属流动性的影响如何?

1)挤压模

挤压模的类型、结构、形状与尺寸是影响金属流动的显著因素。从挤压筒内金属流动的角度来看，分流模挤压比普通的实心型材模挤压金属流动均匀，多孔模挤压比单孔模挤压金属流动均匀。挤压模角(模面与挤压轴线的夹角)是影响金属流动均匀性的一个很重要的因素。需要指出的是，图1-9的规律只对挤压比较小或润滑状态良好时的情形成立。对于大变形无润滑热挤压的情形，实验结果表明，获得较为均匀流动的最佳模角随挤压比的大小而变化。

型材挤压时，模孔定径带长度对金属流动均匀性(尤其是模孔各位置金属流速均匀性)具有重要影响，以致实际生产中不等长定径带

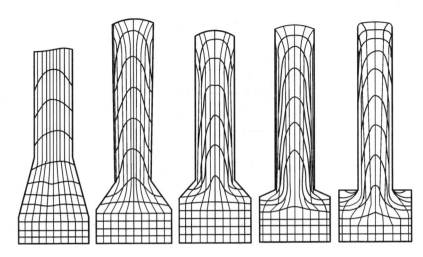

图 1 - 9　挤压比较小时(或润滑状态良好时)模角对金属流动的影响示意图

设计成为调节金属流动的十分重要而常用的手段，也成为型材模具设计的重要技术诀窍之一。

2) 挤压筒

实际生产中除采用圆形挤压筒外，还可根据需要采用内孔为椭圆等异型形状的扁挤压筒。在挤压宽厚比很大的铝合金整体壁板一类型材时，采用扁挤压筒挤压，如图 1 - 10 所示，由于断面形状较为相似，有利于金属的均匀流动，同时由于挤压筒面积比相应圆挤压筒(图 1 - 10 中虚线)面积小得多，挤压所需设备吨位大为减小。

3) 挤压垫片

挤压垫片与坯料接触的工作面可以是平面、凸面或凹面。凸面垫片可以减少压余体积，提高成材率；凹面垫片可以防止过早产生缩尾缺陷。凸面垫片促进金属的不均匀流动，凹面垫片可以减少不均匀流动，平面垫片介于二者之间。由于凹面垫片加工较困难，且使压余体积增加，因而普通挤压中几乎都使用平面垫片。

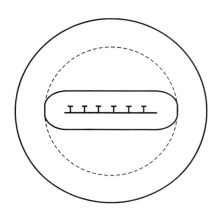

图 1 – 10　铝合金整体壁板用扁挤压筒内孔形状

（虚线表示挤压同一型材所需圆挤压筒的内孔大小）

14　挤压过程中挤压应力及变形状态是怎样的？

挤压时，金属的应力和变形是十分复杂的，并随着挤压方法和工艺条件的变化而变化。简单的挤压过程，即单孔平模正挤压圆棒材时的外力、应力和变形状态如图 1 – 11 所示。

挤压金属所受外力有：挤压轴的正压力 p；挤压筒壁和模孔壁的作用力 p'；在金属与垫片挤压筒及模孔接触面上的摩擦力 r，其作用方向与金属的流动方向相反。这些外力的作用解决了挤压时基本应力状态是三向压应力状态。这种应力状态对利用和发挥金属的塑性是极其有利的。轴向压应力为 σ_e，径向压应力为 σ_r，周向或环形压应力为 σ_θ。挤压时的变形状态为：一维延伸变形，即轴向变形 ε_e；二维压缩变形，即径向变形 ε_r 及周向变形 ε_θ。如图 1 – 11 所示。

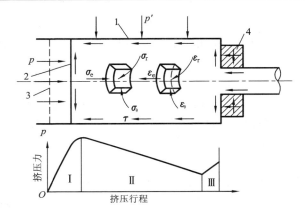

图 1 - 11　挤压时的外力、应力和变形状态图

1—挤压筒；2—挤压垫片；3—填充挤压前垫片的原始位置；4—模子

p—挤压力；Ⅰ—填充剂压阶段；Ⅱ—平流阶段；Ⅲ—紊流阶段

15　挤压力及计算方法是什么?

挤压杆通过挤压垫片作用在锭坯上使之依次流出模孔的压力，称为挤压力。挤压过程中，挤压力随挤压杆的移动而变化。通常所说的挤压力是指挤压过程中的突破压力 p_{max}。挤压力是制订挤压工艺、选择与校核挤压机能力以检验零部件强度与工模具强度的重要依据。单位挤压力 σ_j 用下式计算：

$$\sigma_j = \frac{p_{max}}{F_d} \qquad (1-1)$$

式中：F_d 为挤压垫片面积。

16　影响挤压力的主要因素有哪些?

1）合金的变形抗力

一般来说，挤压力与挤压时合金的变形抗力成正比关系。

2）坯料的状态

坯料内部组织性能均匀时，所需的挤压力较小；经充分均匀化退火的铸锭比不进行均匀化退火的挤压力小；经一次挤压后的材料作为二次挤压的坯料时，在相同工艺条件下，二次挤压时所需的单位挤压力比一次挤压的大。

3）坯料的形状与规格

坯料的形状与规格对挤压力的影响实际上是通过挤压筒内坯料与筒壁之间的摩擦阻力而产生的。坯料的表面积越大，与筒壁的摩擦阻力就越大，因而挤压力也就越大。

4）工艺参数的影响

变形程度：挤压力与变形程度的对数值成正比例关系。

变形温度：变形温度对挤压力的影响是通过变形抗力的大小反映出来的。一般来说，随变形温度升高，变形抗力下降，所需挤压力减小，但一般为非线性关系。

变形速度：变形速度也是通过变形抗力的变化影响挤压力的。热挤压时，当挤压过程无温度、外摩擦等变化的条件下，挤压力与挤压速度（对数比例）之间呈线性关系。

5）外摩擦条件的影响

随外摩擦的增加，金属流动不均匀程度增加，因而所需的挤压力增加。同时，由于金属和挤压筒、挤压模、挤压垫片之间的摩擦阻力增加，而大大增加挤压力。一般来说，正向热挤压铝合金时，因坯料与挤压筒之间的摩擦阻力而比反向热挤压时的挤压力高25%～35%。

6）模子形状与尺寸的影响

模角的影响：模角对挤压力的影响，主要表现在变形区及变形区锥表面。挤压最佳模角一般在45°～60°的范围内。

模面形状：采用合适的模面形状能大大改善金属流动的均匀性，降低挤压力。对于铝及铝合金，由于大多数情况下为无润滑挤压，一般采用平面模或大角度锥模挤压。

定径带长度的影响：随着定径带长度的增加，克服定径带摩擦阻力所需的挤压力增加。消耗在定径带上的挤压力为总挤压力的5%～10%。

7）制品断面形状的影响

在挤压变形条件一定的情况下，制品断面形状越复杂，所需的挤压力越大。

8）挤压方法

不同的挤压方法所需的挤压力不同。反挤压比同等条件下正挤压所需的挤压力低 30% ~ 40% 。

17　如何确定一种合金的挤压温度？

确定挤压温度的原则是在所选择的温度范围内，保证金属具有最好的塑性及较低的变形抗力，同时要保证制品获得均匀良好的组织性能等。合理的挤压温度范围，应该是根据合金的状态图、合金的塑性图来确定的。

1）合金的状态图

它能够初步给出加热温度范围，挤压温度上限低于固相线的温度 t_0，为了防止铸锭加热时过热和过烧，通常热挤压温度上限取 $(0.85 \sim 0.95)t_0$，而下限对单相合金为 $(0.65 \sim 0.70)t_0$。

对于有两相以上的合金，如图 1 - 12 所示，挤压温度要高于相变温度 50℃ ~ 70℃，以防止在挤压过程中产生相变。因为相变不但造成了合金的组织不均匀，而且由于性质不同的二相的存在，在挤压时将产生较大的变形和应力的不均匀性，结果增加了晶间的副应力和降低了合金的加工性能。

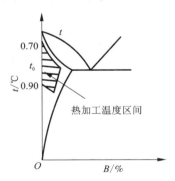

图 1 - 12　合金状态图

2）合金的塑性图

塑性图是金属和合金的塑性在高温下随变形状态以及加载方式的变化而变化的综合曲线图，这些曲线可以是冲击韧性 α_k、断面收缩率 ψ、延伸率 δ、扭转角 θ 以及镦粗出现第一个裂纹时的压缩率 ε_{max} 等。

通常利用塑性图中拉伸破裂时断面收缩率 ψ 与镦粗出现第一个裂纹时的最大压缩率 ε_{max} 这两个塑性指标来衡量热挤压时的塑性，塑性图能给出具体的温度范围。塑性图能够给出合金的最高塑性的温度范围，它是确定热挤压温度的主要依据。

为了降低金属的变形抗力，减小挤压力，需要提高挤压温度。但挤压温度提高到一定范围时，容易出现热脆现象，产生裂纹等缺陷。为避免这种现象，为提高挤压速度，需要降低挤压温度。这两个条件是相互矛盾的，为了既能降低变形抗力，又能采用较大的挤压速度，必须选择一个金属塑性最好的温度范围。

但是在挤压过程中由于金属与挤压筒内衬、模具、垫片产生摩擦，以及金属本身产生变形等原因，会使金属的温度升高，往往会突破事先选好的挤压温度范围。实践证明：在整个挤压过程中挤压温度是逐渐升高的，挤压速度随着铸锭金属的减少而逐渐加快。因而经常出现制品由于挤压温度提高了、挤压速度加快了而产生裂纹现象。挤压过程中挤压温度的升高量与合金的本性及挤压条件有关。对于铝合金而言，金属在模子出口处前后温度差在10℃~60℃之间。

为了使挤压温度恒定在金属塑性最好的范围内，最好实行等温挤压。要实现等温挤压需要具备很多条件，在挤压过程中各个环节都能自动调节，如铸锭温度、挤压筒温度都能梯度升高，模具进行冷却且可以调节温度，挤压速度能自动变化或采用等速挤压。另外更换模具后，由于挤压系数改变，上述各项条件也能作相应调整。可见等温挤压是个很复杂的工艺。目前多采用对铸锭进行梯度加热的方法，做到近似的等温挤压，也可大大提高挤压速度和改善产品品质。

18 挤压死区及影响挤压死区大小的主要因素有哪些？

在挤压过程中位于挤压筒与挤压模交界处金属不发生塑性变形的区域，也称前端弹性变形区。在无润滑正向挤压条件下，死区的形状如图1-13所示。金属沿着 adc 曲面流动比沿 abc 曲面所需的变形能量小，故金属在变形区内沿 adc 曲面流动，那么 abc 与 adc 两曲面所包围的体积就形成了死区。另外，挤压工具对死区内金属的冷却、

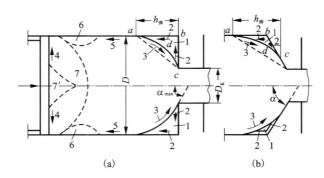

图 1 – 13　正向挤压时死区形状示意图

(a) 用平模挤压时；(b) 用锥形模挤压时

1—死区；2、4、5—摩擦力；3—金属沿死区内表面的流动方向；

6—缩径区；7—后端弹性区

α—模角；h—死区高度

死区的形成也起了一定的作用。在基本挤压阶段(见挤压金属的流动)，带润滑正向挤压时，死区转变为滞流区，在挤压过程中金属缓慢地流出模孔。图 1 – 14 表示锻铝挤压时死区的变化情况。随着挤压的进行，死区界面上的金属随塑性变形区的金属逐层流出模孔，死区的体积减小。在无润滑平模正向挤压时，死区可阻碍锭坯表面缺陷、氧化物及杂物进入塑性变形区，从而流入制品表面，保证制品的表面质量。若采用润滑挤压，锭坯表面的氧化严重，死区不再起阻碍作用，从而使表面的氧化物、杂质等沿死区与塑性变形区的界面流入制品的表面，不能保证制品的质量。挤压时影响金属死区大小的主要因素有：

(1) 模角 α：模角 α 增大，死区增加，如平模挤压时的死区比锥模的大。

(2) 摩擦力：摩擦力增加，死区增大，如无润滑挤压时的死区比带润滑挤压时的大。

(3) 挤压比 λ：λ 增大，死区减小。

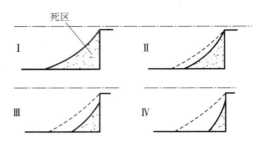

图 1-14 挤压时死区变化示意图

Ⅰ—挤压开始阶段；Ⅱ—挤压中间阶段；Ⅲ、Ⅳ—挤压终了阶段

(4)挤压温度：温度提高，死区增大，如热挤压时的死区比冷挤压时的大。

(5)挤压速度：挤压速度越高，流动金属对死区的冲刷越严重，死区减小。

(6)模孔的位置：模孔到挤压筒壁的距离越小，死区越小。

19 挤压速度、流出速度及挤压速度与流出速度的关系如何？

挤压时的速度一般可分为两种表示方法，即：

(1)挤压速度 $v_{挤}$：指挤压机主柱塞运动速度，也就是挤压轴与垫片前进的速度。

(2)流出速度 $v_{流}$：指金属流出模孔的速度。

一般在工厂中大多采用流出速度，因为它对不同的金属或合金都有一定的数值范围，该值取决于金属或合金的塑性。

流出速度与挤压速度的关系为 $v_{流} = \lambda v_{挤}$，λ 为挤压系数。由此可知，当挤压速度一定时，变形程度愈大，则流出速度就愈高。变形速度只是在理论上应用，在变形程度一定时，变形速度与流出速度成正比。

20 挤压速度怎样影响产品质量？

(1)表面裂纹：铝合金，特别是高合金化的铝合金在热挤压时最易在制品上出现周期性的裂纹。提高速度,变形抗力增加,变形能增大,变形热增加,增加了变形区内的温度,使合金进入热脆性区,其结果是不得不减小流出速度。

(2)表面质量:流出速度增加,金属与工模具黏结现象加剧,制品表面易划伤而降低产品质量。

(3)尺寸和形状精度:挤压速度越快,变形区内金属流动不均匀性越大,金属出模孔时的非接触变形现象越严重,这就导致制品出模孔后产生弯扭、波浪、形状不规整,尺寸精度差。

(4)焊缝质量:组合模挤压时降低挤压速度有利于提高焊缝质量。

根据实践经验,在保证挤压制品尺寸合格,不产生挤压裂纹、扭拧、波浪等缺陷的前提下,在设备能力许可的条件下,尽量选用较大的挤压速度。一般挤压制品断面外接圆越大,挤压系数越大,挤压筒直径越大,应降低挤压速度;制品形状越复杂,精度要求越高,挤压速度应越低。空心型材为保证焊合质量,挤压速度应比实心型材低,多孔模挤压应比单孔模挤压速度低,未经均匀化的铸锭比均匀化铸锭的挤压速度低。为保证挤压制品的几何尺寸、表面品质和力学性能,最好采用等速挤压。

21　挤压变形系数如何计算?

挤压变形系数按下列公式计算。

挤压系数:

$$\lambda = \frac{F_0}{\sum F_1} \tag{1-2}$$

变形程度:

$$\varepsilon = \frac{F_0 - \sum F_1}{F_0} \times 100\% \tag{1-3}$$

$$\lambda = \frac{1}{1 - \varepsilon} \tag{1-4}$$

$$\varepsilon = \frac{F_0 - \sum F_1}{F_0} = 1 - \frac{\sum F_1}{F_0} = \left(1 - \frac{1}{\lambda}\right) \times 100\% \tag{1-5}$$

式中：F_0，F_1 分别表示挤压筒和单根产品的断面积，cm^2。

22　挤压比与变形程度的关系如何？

（1）挤压比增大时，金属流出模孔的困难程度会增大，挤压力也增大。

（2）当其他条件相同时，挤压比增大，挤压时锭坯外层金属向模孔流动的阻力也增大，因此使内、外部金属流动速度差增大，变形不均匀。

（3）当挤压比增加到一定程度后，剪切变形深入到内部，变形开始向均匀方向转化。研究证明，当挤压变形程度 ε 达到85% ~ 90% 时，挤压金属流动均匀，制品内、外层的力学性能也趋于均匀。

23　挤压填充系数如何计算？

填充系数按下式计算：

$$i = \frac{F_0}{F_1} \qquad (1-6)$$

式中：F_0，F_1 分别表示挤压筒和铸锭的面积，cm^2。

挤压系数的选择要考虑铝合金的膨胀性，例：20℃铝棒加热到520℃，其直径是原来的1.0125 倍，即直径增大1.25%。挤压管材时，i 值过大，可能增加制品低倍组织和表面上的缺陷，铸锭的对中性差，影响管材的内表面质量，增大管材的壁厚差。挤压大截面型材时，i 值可增至1.5 ~ 1.6，有利于提高制品的力学性能，特别是横向性能。

24　挤压筒比压如何计算？

挤压筒比压 $P_{比}$ 按下式计算：

$$P_{比} = \frac{p}{F_{筒}} \qquad (1-7)$$

式中：p 为挤压机的压力，kN；$F_{筒}$ 为挤压筒内孔的面积，cm^2。

25　挤压分流比如何计算?

通常把分流孔的断面积与型材断面积之比称作分流比 K_1，即:

$$K_1 = \frac{\sum F_分}{\sum F_型} \qquad (1-8)$$

式中: $\sum F_分$ 为分流孔的总断面积，mm^2; $\sum F_型$ 为型材的总断面积，mm^2;

有时为了反映分流组合模挤压二次变形的本质，先求出分流孔断面积 $\sum F_分$ 与焊合腔断面积 $\sum F_焊$ 之比值 K_2 ($K_2 = \dfrac{\sum F_焊}{\sum F_型}$)，然后求出焊合腔断面积 $\sum F_焊$ 与型材断面积 $\sum F_型$ 之比值 K_3 ($K_3 = \dfrac{\sum F_型}{\sum F_焊}$)，则:

$$K_1 = K_2 K_3 = \frac{\sum F_分}{\sum F_焊} \cdot \frac{\sum F_焊}{\sum F_型} = \frac{\sum F_分}{\sum F_型} \qquad (1-9)$$

26　挤压用铸锭坯料长度如何计算?

铸锭坯料长度按下式计算:

$$L_锭 = \left(\frac{L_0 \times m + L_余}{\lambda} + h_余 \right) i \qquad (1-10)$$

式中: $L_锭$ 为锭坯长度; i 为填充系数; L_0 为定尺长度; m 为倍尺个数; $L_余$ 为工艺余量; $h_余$ 为压余长度; λ 为挤压系数。

27　挤压长度如何计算?

挤压长度按下式计算:

$$L_挤 = \left(\frac{L_锭}{i} - h_余 \right) \lambda \qquad (1-11)$$

式中: $L_挤$ 为挤出长度; $L_锭$ 为锭坯长度; i 为填充系数; $h_余$ 为压余长度; λ 为挤压系数。

28 什么是挤压效应?

挤压效应是指某些铝合金挤压制品与其他塑性加工制品经相同的热处理后,前者的强度比后者高,而塑性比后者低。这一效应是挤压制品所独有的特征,表 1 – 1 所示为几种铝合金以不同加工方法经相同淬火时效后的抗拉强度值。

表 1 – 1   几种铝合金以不同加工方式经相同淬火时效后的抗拉强度(MPa)

制品 \ 合金	6061	2014	2A11	2024	7A04
轧制板材	312	540	433	463	497
锻件	367	612	509	—	470
挤压棒材	452	664	536	574	519

挤压效应可以在 2A11、2024、2014、6061 和 Al – Cu – Mg – Zn 高强度铝合金(7A04、7B04)中观察到。应该指出的是,这些合金的挤压效应只有用铸造坯料挤压时才十分明显。在经过二次挤压(即用挤压坯料进行挤压)后,这些合金的挤压效应将减少,并在一定条件下几乎完全消除。当对挤压棒材横向进行变形,或在任何方向进行冷变形(在挤压后热处理之前)时,挤压效应也降低。

在大多数情况下,铝合金的挤压效应是有益的,它可保证构件具有较高的强度,节省材料消耗,减轻构件重量。但对于要求各个方向力学性能均匀的构件(如飞机大梁型材),则不希望有挤压效应。

29 什么叫挤压焊合?

当用平面分流模挤压空心型材时,采用实心坯料,坯料被模子分成两股或两股以上的金属流(根据模具的结构而定)。这些金属流在高压作用下,围绕着与模桥组成一个整体的组合针(舌头),在模子的焊合室内被重新焊合,最终在模孔和组合针的缝隙之间形成型材。上述挤压过程的主要特点在于先把坯料分成几股金属流,随后再将该金属流焊合在一起。因此，近来也把这种挤压方式叫做焊合挤压。

1) 空心型材的纵向焊合

挤压焊合过程，如图 1 – 15 所示。

在第一阶段，如图 1 – 15(a) 所示，锭坯分成两股或更多的金属流进入分流桥；

在第二阶段，如图 1 – 15(b) 所示，金属流在焊合室内重新汇合；

在第三阶段，如图 1 – 15(c) 所示，在一定温度和载荷下，通过塑性流动材料发生焊合并初步形成型材形状；

在变形终了阶段，如图 1 – 15(d) 所示，由金属流焊合形成空心截面型材。

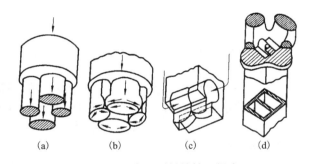

(a)   (b)   (c)   (d)

图 1 – 15 空心型材的挤压焊合

(a) 进入分流桥；(b) 进入焊合室；(c) 两个模芯之间；(d) 型材

2) 横向焊合

采用"锭接锭"的连续挤压中，前后锭坯之间也有横向焊合。横向焊合通常呈现出严重的曲线状表面，即下一个锭坯材料与先前被挤压锭坯的残留物相黏合的部位。这些残留物可能处于挤压筒内，或实心型材模具的进料腔内，或空心型材模的进料口内，如图 1 – 16(a) 至图 1 – 16(c) 所示。

图 1 – 16(a) 通常用于电缆套和电导体等大型圆棒的挤压，图中的过程说明，前一个锭坯的压余残留在挤压筒里，并与下一个锭坯相黏合，这时须采取特殊的措施避免接触面被弄脏。图 1 – 16(b) 和

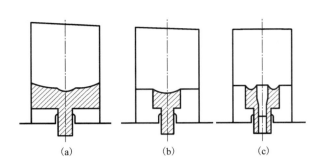

图 1 - 16　铝合金"锭接锭"挤压

(a)黏合处在挤压筒内的挤压;(b)黏合处在进料腔内的挤压;

(c)黏合处在分流模进料口内的挤压

图 1 - 16(c)所示过程描述了实心和空心铝型材的挤压,压余在供料
腔前面或者进料孔前面被分离。

　　横向焊合时,前一个锭坯残留物和下一个锭坯之间的接触面为舌
形,这是因为铝在工具表面黏着形成的。舌形的外边线近似于相应材
料流线的轮廓线,在这些舌形尖部区域内,接触表面的收缩可达 50% ,
导致外层氧化物残留物断裂并彼此滑动,使之更容易分离。最不好的
情况是没有黏合,这是由于挤压垫片的不良润滑和压余的切应力造成
的。对于高应力截面,横向焊合时舌形的长度很长,作为废料要从停止
痕处切除,这一截面通常包含进入区,是焊合室内腔的 1 ~ 2 倍。

　　挤压焊合缺陷的最重要的来源是:

　　(1)模具上的润滑和腐蚀。

　　(2)锭坯前表面上的杂质或锭坯表面上的污垢。

　　(3)错误的模具设计。

　　总之,所有与被挤压金属材料相接触的部件,都必须清洁,特别
是不能有润滑油或石墨。要求挤压垫片和压余分离完美。

30　挤压焊合如何检测?

　　对挤压焊合后空心型材的检测,主要包括力学性能、焊缝组织和

疲劳性能等。

1）力学性能试验

（1）采用垂直于挤压焊缝的拉伸试样：通过弹性极限为 0.2% 的标样应力进行拉伸试验。随着应变增加，在焊合区域形成显微裂纹，以致最终破坏。与母体材料相比较，在挤压焊合区域破坏敏感性增加，这可以通过母体金属裂纹面积减少看出。一般来说，快速的挤压焊合是有害的，焊缝往往有较低的抗拉强度和延伸率。

此外，挤压焊合需要进行临界应变性能试验。这是因为应变会对母体材料内或者焊合部位产生破坏。这一临界应变与合金成分有关，因为断裂处释放的能量（或称破坏潜能）以弹性极限的平方发展。临界应变性能试验需要控制均匀伸长的区域横向应变，与拉伸试验一样，直到产生缩颈破坏为止。

（2）弯曲试验：对挤压焊合的横向试样进行弯曲，并测量型材上的极限弯曲角。

（3）折叠试验：沿焊合处折叠焊缝，直到内半径 $R \approx 0$，外表面的伸长率 $\delta = 100\%$。

（4）另外还有管材的特殊弯曲试验等。

2）焊合组织检测

由于拉伸试验变形的局限性，许多其他试验程序被用于挤压焊合的质量检验。如对纵向和横向焊合部位进行显微组织观察。如果型材是从一根挤压制品上切断，并且切断处有明显的两个锭坯之间的界面，那么显微观察该界面即可确定横向焊合的组织，若组织中存在强烈的点蚀现象，则意味着焊合区内有残留润滑剂或者外围层的杂质。

3）超声波及疲劳试验

超声波既能够检测到内部材料的分层，也能够检测到横向焊合的舌形部位不黏聚粒子的薄层富集。疲劳试验研究表明挤压焊合的质量对疲劳周期总量没有明显的影响，但在疲劳试验临近终了时，对挤压焊合部位裂纹扩展的速度有影响。

31 挤压残料及预留挤压残料的作用是什么？

挤压时把一部分金属残料留在挤压筒内而不压出，通常把这部分残留金属叫做挤压残料或压余。

残料的目的是为了把形成缩尾的这部分金属，留在挤压筒中作为几何废料清除，从而节约挤压工时和能量。此外，留残料也是为了防止挤压垫片和挤压模发生接触冲撞而损坏工具。

挤压残料的大小随挤压方法和工艺条件的不同而不同。正挤压时的残料厚度比反挤压时的大；不润滑挤压时的比润滑挤压时的大；软合金的比硬合金的大；挤压筒直径大的比挤压筒直径小的要大。

第 2 章　铝及铝合金型、棒材生产技术

1　铝及铝合金型、棒材的生产方法有哪些？

铝及铝合金型、棒材的生产方法，大体上可分为轧制和挤压两大类，但是，由于铝及铝合金型、棒材的品种规格繁多，有的断面形状复杂，表面质量和尺寸公差要求严格，绝大多数采用挤压法。仅在生产批量大，尺寸和表面要求低且断面形状简单的铝及铝合金型、棒材时采用轧制法生产，本章主要针对挤压的典型问题进行介绍，轧制法的相关内容在线材章节中进行介绍。

2　挤压法生产铝及铝合金型、棒材的主要优点有哪些？

（1）提高金属变形能力。金属在挤压变形区中处于强烈的三向压应力状态，可以充分发挥其塑性，获得大变形量。在许多情况下，挤压比可达 50 或更大一些，而在挤压纯铝时挤压比可高达 1000 以上。

（2）制品范围广。挤压方法不但可以生产断面形状简单的型、棒材，而且还可以生产断面形状极其复杂的型材。这些产品一般用轧制法生产是非常困难，甚至是不可能的，或者虽可用滚压成形、焊接和铣削等加工方法生产，但却是很不经济的。

（3）生产灵活性大。只要更换模子、挤压筒等工具就可以在同一台设备上生产不同形状、不同品种规格的制品，且操作简单方便、费时少、效率高。适合于生产小批量、多品种、多规格的制品。

（4）产品尺寸精确，表面质量高。热挤压制品的精确度和光洁度介于热轧与冷轧、冷拔或机械加工之间。用挤压法可以生产出的型材最小断面尺寸可达 2 mm^2，最小壁厚可达 0.3 mm。

（5）易实现生产过程自动化和封闭化。目前建筑铝型材的挤压生产线已实现完全自动化操作，操作人员数已减少至 2 人。在生产一些具有放射性的材料时，挤压生产线比其他生产线更容易实现封闭化。

3　挤压法生产铝及铝合金型、棒材的主要缺点有哪些?

（1）几何废料损失较大。几何废料可达铸锭质量的 10% ~15%。

（2）加工速度低。由于挤压时金属变形区完全为挤压筒所封闭，温度升高，从而有可能达到某些合金的脆性区温度，会引起挤压制品表面出现裂纹或开裂而成为废品。因此，金属的流出速度受到一定的限制。

（3）制品组织和性能不均匀。由于挤压时金属流动不均匀，致使制品存在表面与中心、头部与尾部的组织和性能不均匀现象。

（4）工作条件恶劣，工具消耗较大。挤压法的突出特点就是工作应力高，可达到金属变形抗力的 10 倍。挤压垫片上的压力平均为 400~800 MPa，有时可达 1000 MPa 或更高。此外，高温和高摩擦也降低了挤压工具的寿命。

4　铝及铝合金棒材的主要品种如何分类?

棒材是实心制品。棒材通常由热轧或热挤压方法生产，并且经过或不经过随后的冷加工制成最终尺寸。棒材的主要用途可分为两大类：一类是用作机械加工毛料；一类是用作成形（如锻压）加工毛料。

机械加工毛料棒材用于加工螺钉、螺帽等许多标准件，也用于机械加工具有各种用途的其他成批零件，有时也用棒材代替锻件加工数量不多的一些较大的零件。作为机械加工毛料棒材，为了改善切削性能，提高加工件的表面质量，保证尺寸精度，硬铝合金都需要进行热处理，同时还要进行消除内应力的预拉伸矫直，此类棒材尺寸精度要求也较高。

成形加工毛料用的棒材通过锻压、轧制、冲击等成形方法进一步加工成形。此类棒材出厂时一般不需要热处理，热挤压状态交货就可以了。成形加工毛料用的棒材一般尺寸较大，尺寸精度要求不高。按生产方法分为挤压棒材、轧制棒材、拉拔棒材等。按断面形状分为圆棒、方棒、扁棒、六角棒、其他正多边形棒等。按供应状态分为热挤压棒、退火棒、淬火及自然时效棒、淬火及人工时效棒、其他状态棒材。按用途分为机械加工用的毛料、成形加工用的毛料和其他毛料。

5　常用铝及铝合金棒材的规格范围有哪些?

常用铝及铝合金棒材规格范围见表 2 – 1。

表 2 - 1　常用铝及铝合金棒材规格范围

合金牌号	供货状态	规格				
		圆棒直径/mm		方棒、六角棒内切圆直径/mm		扁棒厚度/mm
		普通棒材	高强度棒材	普通棒材	高强度棒材	
1070、1060、1050A、1035、1200、8A06、5A02、5A03、5A05、5A06、5A12、5052、5083、3003、5B70	H112、F、O	5~600		5~200		2~150
2A70、2D70、2A80、2A90、4032、2A02、2A06、2A16	H112、F	5~600		5~200		2~150
	T6	5~150		5~120		2~120
7A04、7B04、7A09、7075、6A02、2A50、2A14	H112、F	5~600	20~160	5~200	20~100	2~150
	T6	5~150	20~120	5~120	20~100	2~120
2A11、2017、2A12、2024	H112、F	5~600	20~160	5~200	20~100	2~150
	T4	5~150	20~120	5~120	20~100	2~120
2A13	H112、F	5~600		5~200		2~150
	T4	5~150		5~120		2~120
6063	H112、F	5~600		5~200		2~150
	T5、T6	5~25		5~25		2~25
6061	H112、F	5~600		5~200		2~150
	T6	5~150		5~120		2~120

6　铝及铝合金棒材的基本生产工艺流程是什么？

铝及铝合金棒材根据其订货状态的不同，其生产的流程亦有所区别，具体的生产流程见图 2 – 1。

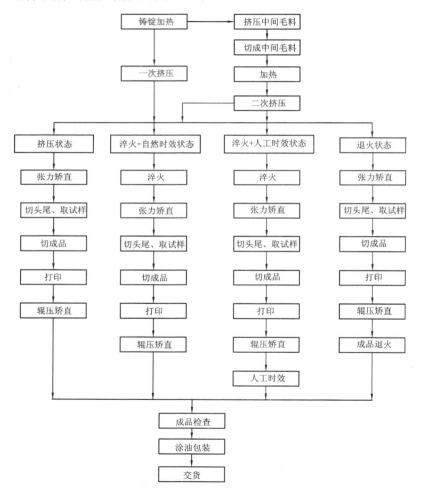

图 2 – 1　铝及铝合金棒材的生产流程

7 铝及铝合金型材的主要品种如何分类?

铝及铝合金型材主要用在航空、航天、宇宙、造船、汽车、机械、电气仪表、建筑、家具等工业部门,一部分作为结构材料,还有一部分作为装饰材料。具体分类见表 2 - 3。

表 2 - 3 铝及铝合金型材分类

分类方法	型材名称	表示代号
按生产方法分	挤压型材 轧制型材 拉拔型材等	
按供应状态分	热挤压 退火 淬火及自然时效 淬火及人工时效 其他状态	H112 O T4 T6 T3511、T8 等
按纵向尺寸变化分	横断面型材(空心型材、实心型材) 变断面型材(逐渐变断面型材、阶段变断面型材)	
按截面形状和用途分	角形型材 "丁"字形型材 "槽"形型材 "Z"字形型材 "工"字形型材 航空工业用型材 电子工业用型材 民用型材 其他专用型材 空心型材	XC1— XC2— XC3— XC4— XC5— XC6— XC7— XC8— XC9— XC0—

8 铝及铝合金型材的规格范围怎样?

以常见的 6063 铝合金型材为例介绍型材尺寸划分, 常规挤压条件下 6063 铝合金型材的较为合理的挤压尺寸范围见图 2 - 2。图中曲线表示其最小可挤压壁厚尺寸。这里所说的最小可挤压壁厚, 是指在一般情况下综合考虑合金的可挤压性、挤压生产效率、模具寿命以及生产成本等诸多因素而言的。不同的合金其最小可挤压壁厚不同, 表 2 - 4 为各种合金的最小壁厚系数。将表 2 - 4 中的最小壁厚系数乘以 6063 铝合金型材的最小壁厚即为各种合金的最小可挤压壁厚。最小可挤压壁厚还与制品的断面形状以及对表面质量(粗糙度等)的要求有关。所以, 由图 2 - 2 及表 2 - 4 所确定的最小可挤压壁厚只不过是常规条件下的一个大概值。实际上, 采用一些新的挤压技术, 可以成形壁厚尺寸更小的制品。例如, 采用硬质合金模具, 一些特殊的薄壁精密型材的成形也是可能的。

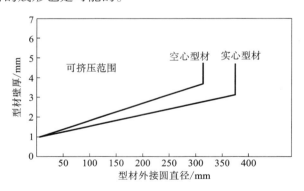

图 2 - 2 6063 铝合金型材的挤压生产范围(各曲线表示其最小壁厚)

型材的最大可成形断面外形尺寸主要取决于挤压设备的能力。一般情况下, 硬铝合金实心型材的外接圆直径的上限为 300 mm, 其余合金与 6063 合金的大致相同。采用超大型设备, 可以生产外接圆直径在 350 ~ 2500 mm 及以上的大断面型材。美国铝及铝合金挤压件的标准尺寸极限值列于表 2 - 5。

表 2 - 4　型材的最小壁厚系数

合金	系数	
	实心型材	空心型材
1050、1100、1200	0.9	0.9
6063、6101	1.0	1.0
6N01、6005A	1.0	1.0
3003、3A21	1.2	1.2
6061、6082、6A02	1.4	1.4
5052、5454、5A02	1.6	空心型材成形困难
5086、7N01	1.8	
2014、2017、2024、2A11、2A12	2.0	
5A06、5083、7075、7A04、7A09	2.0	

表 2 - 5　美国铝及铝合金挤压件的标准制造尺寸极限值

外接圆直径/mm	不同合金的最小壁厚				
	1060、1100、3003	6063	6061	2014、5086、5454	2024、2219、5083、7001、7075、7079、7178
实心与半空心型材、棒材（包括圆棒）					
12.5~50	1.00	1.00	1.00	1.00	1.00
50~76	1.15	1.15	1.15	1.25	1.25
76~100	1.25	1.25	1.25	1.25	1.60
100~125	1.60	1.60	1.60	1.60	2.00
125~150	1.60	1.60	1.60	2.00	2.40
150~180	2.00	2.00	2.00	2.40	2.77
180~200	2.40	2.40	2.40	2.77	3.17
200~250	2.77	2.77	2.77	3.17	3.96
250~280	3.17	3.17	3.17	3.17	3.96
280~300	3.96	3.96	3.96	3.96	3.96
300~430	4.78	4.78	4.78	4.78	4.78
430~500	4.78	4.78	4.78	4.78	6.35
500~610	4.78	4.78	4.78	6.35	12.74

续表 2 − 5

外接圆直径/mm	不同合金的最小壁厚				
	1060、1100、3003	6063	6061	2014、5086、5454	2024、2219、5083、7001、7075、7079、7178
第 1 级空心型材①					
32 ~ 76	1.25	1.25	1.60		
76 ~ 100	2.40	1.25	1.60		
100 ~ 125	2.77	1.60	1.60	3.96	6.35
125 ~ 150	3.17	1.60	2.00	4.78	7.14
150 ~ 180	3.96	2.00	2.40	5.56	7.92
180 ~ 200	4.78	2.40	3.17	6.35	9.52
200 ~ 230	5.56	3.17	3.17	7.14	11.12
230 ~ 250	6.35	3.96	4.78	7.92	12.74
250 ~ 325	7.92	4.78	5.50	9.52	12.74
325 ~ 355	9.52	5.56	6.35	11.12	12.74
355 ~ 405	11.12	6.35	9.52	11.12	12.74
405 ~ 515	12.74	9.52	11.12	12.74	15.88
第 2 级与第 3 级空心型材②					
12.5 ~ 25	1.60	1.25	1.62		
25 ~ 50	1.60	1.40	1.60		
50 ~ 76	2.00	1.60	2.00		
76 ~ 100	2.40	2.00	2.40		
100 ~ 125	2.77	2.40	2.77		
125 ~ 150	3.17	2.77	3.17		
150 ~ 180	3.96	3.17	3.90		
180 ~ 200	4.78	3.90	4.78		
200 ~ 250	6.35	4.78	6.35		

注：①为最小内径是外接圆的一半，但对前三栏的合金而言，不小于 25 mm；或对最后两栏而言，不小于 50 mm。

②为所有合金的最小孔尺寸：面积为 71 mm，或直径为 9.52 mm。

9 什么是铝及铝合金型材生产工艺流程?

铝及铝合金型材的生产工艺流程,常因材料的品种、规格、供应状态、质量要求、工艺方法及设备条件等因素的不同而不同,常用的生产流程见图 2 - 3。

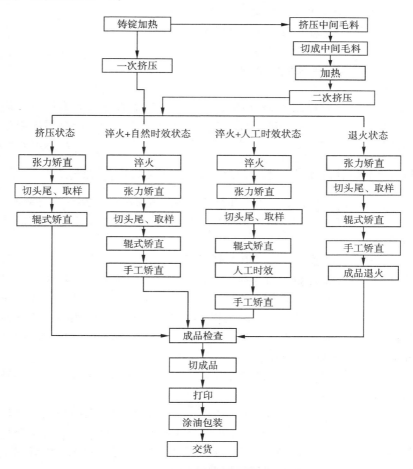

图 2 - 3 铝合金型材常用的生产流程图

10   铝及铝合金型、棒材挤压工艺的编制原则是什么？

制定铝及铝合金型、棒材挤压工艺的主要原则是在保证制品质量的前提下，尽量做到成品量高，生产效率高，材料和能量消耗低，并有利于合理分配设备负荷量。

对挤压制品来说，所谓产品的高质量是指：

（1）具有较高且均匀的力学性能。

（2）制品内部组织均匀、良好。

（3）尺寸精确及形状准确。

（4）表面光洁、完好。

这些指标均以技术条件的形式反映在产品的有关标准中。我们所采用的生产工艺，必须照顾这些质量要求，使生产的产品最大限度地满足用户的需要。

11   铝及铝合金型、棒材挤压工艺编制的程序怎样？

（1）根据产品合同、图纸和技术要求，选择合理的生产方法和方式，确定能满足工艺要求的挤压机（能力）和配套设备，选择合理的挤压筒。

（2）根据制品的外形和有关技术要求，确定采用多孔模挤压的可能性，并预选模孔数。对棒材以及形状简单、外接圆较小的型材尽量采用多孔模挤压，以降低挤压系数，增大铸锭长度，提高几何成品率和挤压效率；对形状复杂、质量要求较高的型材，宁肯牺牲一些几何成品率，也要采用单孔、大挤压系数挤压，以减少大量的技术废料和缩短挤压时的调整时间。

（3）根据预选的模孔数和制品断面积，在表 2 - 6 挤压工艺参数选择系统里预选和初算挤压系数，看是否合理。

对外形尺寸较大、断面很小的制品，应该采用较大的挤压筒和较大的挤压系数生产。对挤压时外形易于扩口的型材，应采用小挤压系数生产。对于形状特别复杂、孔腔数目较多、悬臂过大、模具加工精度要求较高的型材，建议采用单孔模生产。

表 2 - 6　棒材和普通型材挤压工艺参数选择系统

挤压机		挤压筒		铸锭尺寸		镦粗系数	残料长度/mm	建议采用	
能力/MN	介质压力/MPa	直径/mm	长度/mm	直径/mm	长度/mm			挤压制品断面积/cm²	合理挤压系数范围
20	32	150	815	142	500	1.12	15~35	2.0~9.8	18~80
		170	815	162	600	1.10	15~40	2.5~12.5	18~80
		200	815	192	600	1.09	15~40	3.5~17.5	18~18
35	32	220	1000	212	700	1.08	20~40	4.8~25.3	15~60
		280	1000	270	700	1.06	20~50	7.7~38.1	15~60
		370	1000	360	700	1.06	20~50	13.5~67.5	15~60

注：纯铝及软铝合金取上限，硬铝合金取中、下限。

（4）按表 2-7 校验多模孔排列的可能性。

表 2-7　模孔距模边缘和各模孔之间的最小距离

挤压机/MN	挤压筒直径/mm	模直径/mm	压型嘴出口径/mm	孔—筒边最小距离/mm	孔—孔边最小距离/mm
50	500	360	400	30	50
	420	360、265	400	30	50
	360	300、265	400	25	50
	300	300、265	400	25	50
20	200	200	155	15	24
	170	200	155	15	24
12	130	148	110	10	20
	115	148	110	10	20
7.5	95	148	110	10	20
	85	148	110	10	20

注：变断面型材原则上与上述规定相同。

（5）最终确定挤压筒、模孔数，并准确计算出挤压系数。

对于某一产品，选择哪一个工艺最为合理，不是一目了然的事情，在许多情况下，应该选出几个方案，通过分析对比，综合平衡，并通过生产实际考验。

12　如何确定挤压系数？

挤压系数的选择与产品的合金种类、质量要求、挤压方法、挤压机能力、挤压筒直径及铸锭质量等因素有关。主要考虑以下几个方面。

1）产品的组织和性能

为保证制品具有一定的力学性能，而且要保证沿制品长度方向和整个截面上具有比较均匀一致的性能，挤压工艺必须保证金属具有足够的变形程度，即具有一定大小的挤压系数。一般来说，为了满足力学性能的要求，变形程度应大于85%，即挤压系数大于7。挤压系数过小时，由于变形程度不足，残留有铸造组织，产品的组织和性能也不均匀，尤其是制品的屈服强度和伸长率将偏低；挤压系数过大时，由于变形程度太大，挤压效应受到损失，使制品的抗拉强度和屈服强度降低。

根据生产实践，为了获得组织和性能合格的制品，其挤压系数的最小值不应低于下列数值：

一次挤压的型、棒材，$\lambda \geqslant 8 \sim 12$；

二次挤压用的毛料，λ 可不限制；

锻造用毛料，$\lambda \geqslant 5$。

为了获得表面质量较好的挤压制品，挤压系数一般不小于20。使用组合模挤压空心型材时，应尽可能采取较高的挤压系数（以及较高的挤压温度与较长的焊合腔），以保证制品的焊缝质量。

2）挤压力

挤压力是随变形程度的增大而提高的。挤压系数过大，常使挤压力超过挤压机的负荷能力，发生"闷车"压不动现象，降低了设备的生产效率，甚至损坏挤压工具。闷车压出来的产品尺寸精度低，表面质量也难以保证。

根据挤压力与挤压系数的对数($i = \ln\lambda$)成正比关系，综合考虑挤压筒直径(挤压垫片上的单位挤压力)和金属材料在挤压温度下所需的挤压应力大小，使所确定的挤压系数既能实现挤压过程，又不超过设备的能力。

3)成品率

挤压系数过大时，由于压出产品的长度受挤压机出料台长度的限制，就必须使用短铸锭，残料所占的比例较大，成品率降低；相反，挤压系数过小，由于受挤压筒长度的限制，铸锭的长度受限，压出产品的长度太短，切头、切尾所占全长度的比例较大，成品率也降低。

挤压生产中，几何废料(不考虑人为废品)的大小可用公式(2-1)表示。

$$N = \frac{K\left(H + \dfrac{L_{切}}{\lambda}\right)}{L} \times 100\% \qquad (2-1)$$

式中：N 为几何废料，%；K 为填充系数；H 为残料长度，mm；L 为铸锭长度，mm；$L_{切}$ 为切头切尾长度，mm。

从公式(2-1)中可以看出，铸锭长度 L 越长，挤压系数 λ 越大，则几何废料 N 越小，即几何成品率越高。其中铸锭长度的影响大一些。

首先必须考虑工艺本身对 L 和 λ 的要求。λ 对质量影响大一些，而 L 对成品率影响大一些。但是，可采用的 λ 是很宽的，所以在设备已固定的情况下，首先从成品率出发，固定 L，再求出 λ，看是否满足要求。挤压系数的选择不能过大或过小，应有一个合适的范围。生产实际经验表明，一般要求 $\lambda \geqslant 8$。在短工作台上挤压时，对棒材要求 λ 为 8~25，对型材要求 λ 为 12~35。

13 型、棒材挤压铸锭直径的确定方法是什么？

选择铸锭直径时，一般应在满足制品力学性能要求和均匀性要求的前提下，尽可能采用较小的铸锭直径。但是，在挤压外接圆大的复杂形状断面型材时，要考虑模孔轮廓不能太靠近挤压筒壁，以免制品出现分层缺陷。多孔模挤压时，除上述因素外，还应考虑各模孔间的最小距离，既保证模孔间流动速度均匀，又要考虑挤压模的强度。

计算铸锭直径时，应综合考虑挤压筒直径、加热膨胀后仍能顺利进入筒内等因素。一般按下述三种方法计算：

1）按间隙值计算

$$D_p = D_0 - \Delta D \qquad (2-2)$$
$$d_p = d_0 - \Delta d \qquad (2-3)$$

式中：D_p、d_p 为铸锭外径与空心锭内径，mm；D_0、d_0 为挤压筒直径与穿孔针针杆直径，mm；ΔD、Δd 为使铸锭和针送入又不产生纵向裂纹的间隙值，mm。

铝合金基本间隙值见表2－8。

表2－8   筒、锭间隙值选择

挤压机类型	间隙值/mm	
	ΔD	Δd
卧式	3～10	4～8
立式	1.5～3	3～4
冷挤	0.2～0.3	0.1～0.3

2）按热膨胀计算

$$D_p = \frac{D_0 - \Delta D}{1 + \alpha t} \qquad (2-4)$$

式中：α 为挤压温度（t）下材料的线膨胀系数，铝的数值为$25 \times 10^{-6}/℃$。

3）按填充系数计算

$$D_p = \frac{D_0}{\sqrt{K}} \qquad (2-5)$$

式中：K 为填充系数，$K = 1.07 \sim 1.15$。

生产实践中，各工厂挤压铸锭是一系列固定的。对给定的产品，挤压工艺制定之后，铸锭的直径实际上就已经决定了。常见铝及铝合金圆铸锭的尺寸及其偏差见表2－9。

表 2 – 9   常见铝及铝合金实心圆铸锭尺寸偏差

挤压筒直径 /mm	铸锭直径及 允许偏差/mm	铸锭长度允许 偏差/mm	切斜度不大于
85 ~ 130	80 ~ 124 ± 1	+ 5	4°
150 ~ 170	142 ~ 162 ± 1	+ 5	4°
200	192 ± 2	+ 8	5°
300	290 ± 2	+ 8	8°
420	405 ± 2	+ 8	10°

14 型、棒材挤压铸锭长度如何确定？

铸锭的长度主要由定尺长度、定尺个数、流速差、必要的工艺余量来决定。

交货长度一律按订货方要求的固定长度或成倍的交货长度的制品叫做定尺产品；制品的交货长度订货方无特殊要求的，由生产厂自行决定，长度不等的制品叫不定尺或乱尺产品。

对不定尺产品都选择由合理挤压系数所确定的最大长度的铸锭进行生产，以提高生产效率和成品率。对定尺交货的产品，都应通过计算来确定适当的铸锭的长度，以保证具有较高的生产效率和成品率，并使挤压生产能在较顺利的情况下进行。一般情况下，定尺产品的成品率要低于不定尺产品的成品率。

1）定尺产品的压出长度

定尺产品压出长度包括以下几个方面：定尺长度；切头、切尾长度；试样长度；多孔挤压时的流速差；必要的工艺余量，即生产中尺寸很难达到标准或图纸要求的那一部分，如弯头、扩口等，应予以切除。

为了保证制品的交货长度，压出长度应比交货长度长出一部分，称为定尺余量。定尺余量过大时，浪费工时并增加了几何废料，降低了生产效率和成品率；若定尺余量过小，将导致压出制品不足定尺，造成更大浪费。

定尺产品压出长度按式(2－6)进行计算:

$$L_出 = L_定 + L_头 + L_试 + L_速 + L_余 \qquad (2-6)$$

式中:$L_出$ 为制品的压出长度,mm;$L_头$ 为切头、切尾长度,mm;$L_定$ 为制品的定尺长度,mm;$L_试$ 为试样长度,mm;$L_速$ 为多孔挤压时的流速差,mm;$L_余$ 为必要的工艺余量,mm。

(1)切头、切尾长度 $L_头$。由于挤压制品的前端变形程度小,力学性能偏低,应该切除;在尾端由于所形成的挤压缩尾等破坏金属连续性的缺陷亦应切除。制品的切头、切尾长度与制品规格和合金种类有关,铝及铝合金挤压型材和棒材的切头切尾长度列于表2－10。

表2－10　铝及铝合金型棒材的切头、切尾长度

产品种类	型材壁厚或棒材直径/mm	前端切去的最小长度/mm	不增大残料挤压时尾端切去的最小长度/mm	
			硬合金	软合金
型材	≤4.0	100	500	500
	4.0~10.0	100	600	600
	>10.0	300	800	800
棒材	≤26	100	900	1000
	26~40	100	800	900
	40~105	150	700	800
	105~125	220	600	700
	125~150	220	500	600
	150~220	220	400	500
	220~300	300	300	400

注:硬合金指7075、7B04、2A12、2024、高镁合金等;软合金指6061、3003、纯铝等。

在实际生产中,为了节约挤压工时和挤压机的能量,有时采用增大残料而减少切尾长度的办法,只挤出300 mm的尾部,供拉伸夹头之用,多余部分就留在残料中,即增大残料挤压。

增大残料挤压的计算公式如下:

$$H_1 = H + \frac{(L_{尾} - 300)}{\lambda} \qquad (2-7)$$

式中：H_1 为增大残料厚度，mm；H 为基本残料厚度，mm；$L_{尾}$ 为切尾长度，mm；λ 为挤压系数，mm。

正常挤压残料厚度列于表 2-11。

表 2-11　正常挤压残料厚度　　　　　　单位：mm

挤压筒直径	500	420	370	360	300	280	220
基本残料厚度	85	85	65	65	65	60	40
铝母线残料长度	65	65	55	55	55	55	25
挤压筒直径	200	170	150	130	115	95	85
基本残料厚度	40	40	35	25	25	20	20
铝母线残料长度	25	25	25	20	20	15	15

注：舌型模残料应为桥高的 1.5~2.0 倍。

（2）试样长度 $L_{试}$。假定定尺制品 100% 检查力学性能和低倍组织，其力学性能试样长度按相应标准。一般标准试样长度见表 2-12 和表 2-13；低倍组织和高倍组织的试样长为 25~30 mm。

表 2-12　标准圆试样毛料长度

棒材直径/mm	型材壁厚/mm	试样长度/mm
6.0~12.0	9.0~12.5	70
12.0~14.0	12.5~14.0	96
>14.0	>14.0	125

表 2-13　标准扁平试样毛料长度

型材尺寸/mm		试样长度/mm
壁厚	有效宽度	
1.0~6.0	≤11.0	150
1.0~6.0	11.0~19.0	130
1.0~12.5	≥19.0	170

（3）型材流速差 $L_{速}$。多孔挤压时，型材流速差的变化幅度较大，尤其是薄壁型材。虽然通过修模和润滑可以调整流速差，但仍不易消除。在大批生产中，根据实际情况，一般对双孔模挤压的型材流速差按 300 mm 计算，4 孔模按 500 mm、6 孔模按 1000～1500 mm 计算。

（4）工艺余量 $L_{余}$。工艺余量是指某些型材在挤压时亦出现刀形弯曲、扩口或并口、弯头、波浪等不合格情况，往往造成短尺。因此，在计算压出长度时必须留出一定的长度，一般多留出 500～800 mm。这类型材有：①高精度型材；②壁厚差较大的型材；③外形大而壁厚薄的型材；④空心型材；⑤易扩口或并口的型材。实际生产中，为了计算方便，都归纳出总的定尺余量，一般情况下不必一一逐次分析。如单孔挤压的型材定尺余量为 1.0 mm～1.4 m，双孔的为 1.3 mm～1.7 m，4 孔的为 1.6 mm～2.0 m，6 孔的为 2.0 mm～2.5m。

2）定尺个数

挤压时，为了获得高的成品率和高的效率，尽可能压出最长的尺寸，但也要考虑后期工序的能力和操作方便。一般硬合金批式生产法，不同于现行的软合金连续生产线，压出长度控制在 8～12 m，得出的定尺型材的将是 6～10 m，因此，定尺型材的定尺个数的选择列于表 2－14 中。

表 2－14　定尺型材的定尺个数

定尺长度/m	1.0	1.5	2.0	3.0～3.5	4～4.5	5 及以上
定尺个数/个	不限	4～5	3～4	2	1～2	1

3）铸锭长度计算

对给定的型、棒材压出长度，结合工艺系统，按式（2－8）计算铸锭长度。

$$L_0 = \left(\frac{L_{出} K_{m}}{\lambda} + H_1 \right) K \qquad (2-8)$$

式中：K_{m} 为面积系数，考虑制品正偏差对 λ 影响的修正系数；H_1 为增大残料长度，mm；K 为填充系数；L_0 为铸锭长度，mm。

　　压出长度 $L_{出}$ 由前面列出的公式算出，挤压系数 λ、增大残料长度 H_1 和镦粗系数 K 由工艺手册查出。

　　K_m 是考虑挤压系数 λ 的修正值。挤压系数 λ 的计算是以型材名义尺寸为基础，但在实际中，压出的型材正好在名义尺寸的范围内是很好的，负偏差也是不希望的，所以一般均在正偏差范围。这种正偏差所带来的挤压系数的减少，即造成压出长度的减少是不能忽视的。因此对壁厚偏差影响挤压长度的问题必须予以恰当的估计和对铸锭长度做适当的修正。

　　按 GB_n222 和对型材样本壁厚的分析，按简化式（2－9）算出 K_m 值，列在表 2－15 中。

$$K_m = \frac{F + \Delta F}{F} = 1 + \frac{\Delta F}{F} \approx 1 + \frac{\Delta S}{S} \qquad (2-9)$$

式中：F、S 为按名义尺寸计算的型材断面积（cm^2）和壁厚（mm）；ΔF 为壁厚正偏差所引起面积的增量，mm^2；ΔS 为壁厚允许最大偏差，mm。

　　实际生产中，因为在计算铸锭长度时，留出的定尺余量很大，K_m 往往可以不考虑，即取 $K_m = 1$。但对定尺较长、挤压系数较小、生产量很大、又需要准确计算成品率的生产工艺，则必须考虑 K_m 对铸锭长度的影响。

表 2－15　型材挤压系数的修正量

t/mm	$\Delta t/mm$	K_m	t/mm	$\Delta t/mm$	K_m
1.0	0.20	1.20	5.0	0.30	1.06
1.5	0.20	1.13	6.0	0.30	1.05
2.0	0.20	1.10	7.0	0.35	1.05
2.5	0.20	1.08	8.0	0.35	1.04
3.0	0.25	1.08	9.0	0.35	1.04
3.5	0.25	1.07	10.0	0.35	1.03
4.0	0.25	1.07			

注：t 为型材名义壁厚；Δt 为壁厚的正公差。

15　铝及铝合金型、棒挤压制品对铸锭质量如何要求？

铸锭质量的好坏，直接影响着挤压制品的质量、挤压生产的成品率和生产效率。因此，对挤压用铸锭提出以下质量要求。

1）合金成分

合金的成分既决定产品的最终性能，也决定产品在挤压加工过程中的加工性能。合理地控制合金的化学成分及杂质含量对铸锭的成形和获得理想的产品组织有决定性的意义。金属杂质的含量主要是根据配料质量的变化而变化（成倍地），杂质的含量，特别是铁、硅杂质的含量，对挤压加工时的工艺性能有极大的影响。因此，要特别注意合金成分的稳定性，对于那些对冲击韧性值有规定或者对结构强度有特殊要求的产品，应当采用对金属杂质有严格限制的相应牌号的合金。另外，为了提高硬铝制品的挤压速度，在保证挤压制品最终性能的前提下，还要适当降低其铜、镁、锰的成分含量；为了改善硬铝冷拉的表面质量，要适当降低其镁的含量；为了减少锻铝挤压棒材的粗晶环，要对其硅和铁的含量进行适当控制等。

2）内部组织

铸锭内部组织的好坏对挤压制品的质量影响很大。为了检查铸锭的内部组织，需要切取铸锭的低倍试片来检查其低倍组织和断口，有时还采用超声波探伤的方法来检查铸锭内部不允许的缺陷。

铸锭内部组织中出现的缺陷有裂纹、夹渣、气孔、疏松、晶粒粗大、氧化膜、化合物、偏析聚集物、光亮晶粒等。

裂纹、粗大的夹渣和气孔等，经过挤压变形也不能消除，属于绝对废品；而疏松、氧化膜、晶粒粗大等缺陷，经过挤压变形后，其缺陷可能被消除或其存在形态发生改变，对产品的最终性能影响一般是不大的。根据变形情况或制品的不同用途，在一定的条件下，这些缺陷在一定程度上是允许存在的。

3）表面质量

铸锭表面质量影响挤压产品的表面质量和挤压缩尾的分布长度。空心铸锭的表面如果镗孔不光，将使空心型材内表面出现"鱼鳞状擦伤"，挤压变形系数越小，这种擦伤表现得越严重。铸锭的外表面不好，脏物可以流到制品内部，加大了缩尾长度。

供挤压用的坯料有两种，即一次挤压铸锭和二次挤压毛料。二次挤压毛料的采用主要根据铸造能力、挤压机能力、产品质量要求来决定。对某些铝合金铸锭和质量要求严格的挤压产品的铸锭，都要进行车皮，空心铸锭要进行镗孔，以保证挤压产品的质量。车皮后铸锭表面必须无气泡、缩孔、裂纹、成层、夹杂等缺陷以及锯屑、油污、灰尘等脏物。车刀痕深度不得大 0.5 mm；车皮后若仍有不符合上述要求的缺陷，可以按规定铲除。

4）铸锭的均匀化处理

铝合金铸锭即使化学成分完全相同，其质量上也存在着一定的差别，使铸锭在压力加工过程中所表现的塑性及加工后的成品的组织和性能都有所不同。造成铸锭性质差异的原因，主要有下述不同程度的三种缺陷：

（1）晶粒内部存在化学成分不均匀现象。

（2）铸锭内部存在残余应力。

（3）晶粒组织不均匀。

通常用高温长时间加热的方法来消除这种质量上的差异，这种加热过程叫做铸锭均匀化过程。铸锭的均匀化过程是使铸锭组织由非平衡的或非稳定的状态向平衡的或稳定的状态转变的过程，是一单向不可逆变化过程。

16　铝合金型、棒材挤压温度的选择原则是什么？

挤压温度的范围取决于合金的性质、铸锭的状态、挤压方法、变形程度、变形速度、工具情况以及产品质量（包括组织性能、表面和尺寸）的要求等，具体选择时要综合考虑一下几方面因素。

1）金属和合金的塑性

铝合金热挤压所允许的热挤压温度范围很宽，通过合金的塑性图所确定的铝合金在挤压机上的热变形温度范围和允许变形程度列于表 2-16 中。热挤压时，只要挤压力允许，变形程度实际是不受限制的,下限变形温度还可以允许低一些。表 2 - 16 提供的是根据企业多年生产经验总结的、能较好发挥铝合金塑性的温度范围。

表 2 - 16　铝合金热变形温度和变形程度

合金		热变形温度/℃		允许变形程度/%
		开始	终了	
5052、5A02		500	300	80 ~ 90
3003、3A21		500	300	80 ~ 90
2024、2A12		450	350	大于 60
2A50	铸态	450	350	大于 50
	变形	500	350	80
7A04	铸态	430	350	50
	变形	430	350	80
	变形	425	350	85 ~ 90
2A70		450	350	大于 60

2)产品的组织、性能及其他质量要求

铝合金热挤压温度对其组织和性能的影响极为明显,有以下几个例子可以说明。另外,热挤压温度对产品的表面质量和尺寸方面的影响也不能忽视。

(1)挤压温度对 6A02 合金棒材性能的影响

在其他条件相同的条件下,6A02 合金棒材的力学性能随挤压温度变化的规律示于表 2 - 17 中。从表 2 - 17 可以看出,当挤压温度从 300℃提高到 420℃时,产品的抗拉强度和屈服强度提高约 100 MPa,差不多每升高 10℃就提高 10 MPa,而伸长率则有所下降;当挤压温度再提高到 500℃时,性能变化就不大了。试验还证明,当挤压系数增大时,欲保持一定的性能,需要继续提高挤压温度。2024、7A04 等合金也像 6A02 合金一样,在一定范围内力学性能随挤压温度的提高而提高。

表 2 – 17　6A02 合金棒材力学性能与挤压温度的关系

挤压温度℃	力学性能		
	σ_b/MPa	$\sigma_{0.2}$/MPa	δ/%
320	320 ~ 340	220 ~ 260	19 ~ 26
370	340 ~ 370	250 ~ 310	16 ~ 22
420	410 ~ 430	340 ~ 360	12 ~ 14
500	410 ~ 430	340 ~ 360	12 ~ 14

（2）挤压温度对纯铝产品力学性能的影响列于表 2 – 18 中。由表 2 – 18 可以看出，随挤压温度的提高，抗拉强度下降。当挤压温度由 230℃提高到 370℃时，制品前端的抗拉强度降低 70 MPa，而制品尾端降低 10 MPa。伸长率的变化正好相反。生产实践证明，纯铝、3003 等合金也具有随挤压温度提高而性能下降的性质。

表 2 – 18　纯铝型材力学性能与挤压温度的关系

挤压温度 /℃	σ_b/MPa		δ/%	
	前端	尾端	前端	尾端
230	153	88	14.0	21.2
250	126	85	21.6	20.2
280	120	76	27.0	20.8
300	117	79	27.1	20.1
350	100	76	23.5	23.4
370	80	74	26.4	24.6

（3）铝合金按挤压温度分类。

按照挤压温度对挤压制品性能的影响，可将铝合金加热温度范围分为四类：

①不可热处理强化合金，如纯铝、3003、5000 系，这类合金的抗拉强度是随挤压温度的提高而降低，伸长率则相反。为了满足产品

标准中的力学性能指标，根据不同的性能指标要求，要采用不同温度进行挤压。要求抗拉强度高的，如 1035 合金，标准规定 $\sigma_b \geqslant 70$ MPa，就要采用低温挤压，即在 250℃ ～350℃ 范围内进行。要求抗拉强度低的，如 1035、5052 和 3003 合金棒材，标准规定 $\sigma_b \leqslant 110$ MPa，230 MPa 和 170 MPa，就要采用高温挤压，即在 420℃ ～450℃ 范围内进行，而且还要把铸锭充分加热。对不严格要求力学性能指标的，可以在 300℃ ～450℃ 范围内挤压。

②可热处理强化，而且有较明显挤压效应的合金，如 2024、6082、7075 等。这类合金通常是随着挤压温度的提高其力学性能（σ_b、$\sigma_{0.2}$）也明显提高。因而，对这类合金如果仅从制品力学性能出发，若采用较高温度挤压，一般适宜的挤压温度为 370℃ ～450℃。

③可热处理强化，但挤压效应不明显的合金，如 2A70 等。这类合金热处理后的力学性能与挤压温度关系不大，只符合一般热变形规律，即：挤压温度提高，由于制品组织相对稳定，热处理后，力学性能略高一些，但实际意义不大，所以挤压温度可以宽一些，320℃ ～450℃。

④耐热合金。上述合金中有一些是在较高温度下长期服役，要求具有一定的耐热性能，如 2A70、2D70、2A80、2A90 等。这类合金在组织上都含有某一种耐热相，为了保证这些组织相对的完整性，并提高其固溶处理时的再结晶温度，最好采用较高温度挤压。

挤压制品的力学性能和金相组织对挤压温度的要求必须给予保证，它们决定着挤压温度范围上限或下限。若超出这一界限挤压，制品性能将不合格。例如挤压纯铝棒材时，根据制品 $\sigma_b \geqslant 70$ MPa 的要求，挤压温度范围为 250℃ ～350℃，挤压速度较慢，生产效率较低，但也必须坚持这个挤压温度。如果挤压困难确实大，也只能从其他方面改变工艺条件，如减小挤压系数，缩短铸锭长度，增大单位压力，牺牲一些效率等加以解决。这表明纯铝棒材 $\sigma_b \geqslant 70$ MPa 的要求，决定着上限挤压温度是 350℃。同样道理，纯铝棒材 $\sigma_b \leqslant 110$ MPa 的要求决定着下限挤压温度是 420℃。

（4）挤压温度对制品组织的影响。

挤压温度对制品的组织也有各种影响，其中一个例子就是 6061 合金棒材，挤压筒温度和铸锭挤压温度合理搭配，增加金属流动均匀性，可大大减少粗晶环的深度。直径 80 mm 的 6061 合金挤压棒材，当挤压筒温度为 370℃、铸锭温度为 420℃ 挤压时，粗晶环深度 22 mm；挤压温度 370℃ 时粗晶环深度是 15 mm；挤压温度 320℃ 时粗晶环深度是 5 mm，随挤压温度下降，粗晶环深度变浅。挤压筒温度也有影响，若把挤压筒温度再提高，有利于金属流动均匀性的增加，粗晶环深度的变薄；相反，若降低挤压筒的温度，粗晶环的深度就要增加。挤压温度降低，金属流动均匀性增加，环状缩尾有变短的趋势。

为了满足技术标准中挤压制品低倍组织的要求，例如控制粗晶环的深度，对挤压温度范围也必须进行严格控制。

（5）挤压温度对制品表面质量的影响。

铝合金挤压温度高时，挤压模子的工作带上容易黏结金属，致使挤出制品的表面不光滑，出现麻面，降低了表面质量。

3）最高允许加热温度和挤压温度上限

（1）过烧温度和最高允许加热温度。

合金在加热过程中不允许发生过烧。合金的过烧是指加热温度超过合金中低熔点共晶物的熔化温度，使局部区域的低熔点共晶组织发生复熔的现象。半连续铸造的铝合金铸锭成分是不均匀的，含有低熔点共晶物质多的地方容易先开始熔化，在晶粒边界共晶成分多，也容易首先熔化。合金的过烧可以通过检查高倍组织来发现，其特征是首先在晶粒内部出现共晶圆球；其次，是晶粒边界有融化现象，在高倍组织上反映出晶界比正常组织的更宽了，并在晶粒交界处呈现圆滑的三角形复熔晶界区。严重过烧时将出现晶界的严重氧化和重熔空洞，破坏了金属组织的纯洁性和连续性，在随后挤压加工时也不能消除过烧的影响，降低制品的性能，特别是降低材料疲劳寿命。因此过烧是不允许的，一旦发现过烧时，则将该炉制品报废。

在工业生产上测得的过烧温度不是一个点，而是一个区间。同时，不同情况下测得的数据也有差异。表 2 - 19 列出了一些铝合金的过烧参考温度。从理论上讲，过烧温度就是铸锭的最高允许加热温度。但实际上考虑工业误差，为了安全起见，铝合金最高允许加热温度要比过烧温度低 10℃ ~ 15℃ 。

表 2 - 19　铝合金过烧温度

合金牌号	状态	过烧温度/℃	最高允许加热温度/℃	最高挤压温度/℃
纯铝		659	550	480
5052	铸锭均匀化	560 ~ 575	500	480
	二次毛料	565 ~ 585		
3003	铸锭均匀化	635 ~ 645	550	480
	二次毛料	645 ~ 655		
2A11	铸锭均匀化	50 ~ 0510	500	450
	二次毛料	505 ~ 515		
2024	铸锭均匀化	500 ~ 502	490	450
	二次毛料	500 ~ 510		
2A50	铸锭均匀化	530 ~ 545	520	450
	二次毛料	530 ~ 560		
2A14	铸锭均匀化	500 ~ 510	490	450
	二次毛料	505 ~ 515		
2A80	铸锭均匀化	535 ~ 550	520	450
	二次毛料	540 ~ 560		
7A04	铸锭均匀化	490 ~ 500	455	450
	二次毛料	505 ~ 515		

（2）变形热效应和挤压温度上限。

在挤压过程中，挤压机主柱塞所做的功除了使制品成形外，很大一部分成了变形热被释放出来，提高了变形区的温度和制品本身的温度，这个现象叫变形热效应。

变形热效应是变形过程中的普遍现象，变形热效应的大小一般用温升来衡量，即变形后的温度比变形前升高了多少度。升温的多少与合金本身的变形温度、变形程度、变形速度、热量散失的条件等因素有关。

实测挤压纯铝棒材温升情况列于表 2 - 20 中。由表可以看出，不同长度的铸锭，其前端温升值相同，尾端温升大于前端，而且铸锭长度大的，温升也高，铸锭加热温度低的，温升值高。

一般来说，挤压软合金时，由于变形速度快，温升值为 100℃ ~ 150℃；硬合金由于挤压速度较慢，变形发热量散逸较多，温升较低，温升值为 40℃ ~ 60℃。

表 2 - 20　10 mm × 100 mm 1035 合金棒材挤压尾端温度变化

挤压尾端 /℃	$L_0 = 500$ mm		$L_0 = 450$ mm		$L_0 = 300$ mm	
	前端/℃	尾端/℃	前端/℃	尾端/℃	前端/℃	尾端/℃
230			230	420	340	410
250	280	450	340	450	370	430
280	380	450	370	440	380	430
300	400	460	400	460	390	430
320	420	470	430	460	420	440
370	450	490	490	490	460	470

必须说明，铸锭加热时不允许过烧。在挤压变形过程中，金属温度也不应超过过烧温度，即：实际挤压温度再加上变形热效应引起的升温，应低于该合金的过烧温度。这样，原则上把过烧温度减去最大温升就作为挤压温度的上限；而铸锭最高允许加热温度应低于过烧温度。

4) 挤压温度对挤压机效率的影响

挤压温度对挤压机生产效率影响很大。可以从两方面加以考虑。

（1）保证生产正常进行，防止闷车。挤压闷车是挤压生产中常见的现象，闷车之后大大降低挤压机效率，同时制品质量也难以保证。闷车现象的发生与合金种类、铸锭状态和尺寸、铸锭加热温度、工具质量和预热温度、制品类型、挤压系数以及设备能力等有关，即凡与挤压力有关的一切因素有关。其中许多工艺因素在生产条件下都是难以改变的，而挤压温度的改变在生产条件下较容易出现，并且将明显改变挤压过程。当挤压温度提高之后，金属变形抗力明显下降，所需挤压力也降低，挤不动和闷车现象就有可能克服。为此，下列情况都需要采用较高温度挤压，以防闷车或损坏挤压工具。

①换挤压工具后，开始挤压的头几个料，尤其是首料；

②挤压系数较大时；

③用舌形模或组合模挤压；

④铸锭长度过大时；

⑤挤压机单位压力较低时。

（2）挤压裂纹。

正常挤压硬铝合金时，挤压温度越高，变形越不均匀，制品表层的附加拉应力就越大；同时温度越高，金属抵抗破裂的能力下降得越快，当附加拉应力大于金属抵抗破裂能力，就出现挤压裂纹。因此，温度高就必须放慢挤压速度，降低附加拉应力，以防产生裂纹。相反，为了提高挤压速度，就必须降低挤压温度，但降低挤压温度，就势必影响制品的力学性能，甚至导致不合格。这样，保证制品力学性能合格的挤压温度就定为挤压温度的下限。因此，在生产上，就是在保证制品性能合格的前提下，尽量采用低温挤压硬铝合金，以便得到高的生产效率。

17　铝合金型、棒材铸锭的加热方式如何选择？

目前，用于挤压生产的铝合金加热炉主要有三种：空气循环式电阻炉；感应电炉；烧燃油或燃气的火焰炉。

炉子加热温度的选择要根据加热炉本身温差和炉、料温差，并考虑金属加热温度的要求，通过实测，掌握规律，而后定出。对较好的循环空气电阻炉来说，在平衡供热的情况下，炉子沿定温度高于铸锭温度 40℃~60℃。炉子定温是保证铸锭加热温度的，铸锭加热温度列于表 2-21 中。

表 2-21　推荐铝及铝合金挤压温度

合金牌号	挤压制品或挤压方法	铸锭加热温度/℃	挤压筒加热温度/℃	备注
纯铝	铝母线	250~350	200~320	要求高性能
	铝母线	250~450	320~450	不控制性能
纯铝、3003、5052	型、棒材	420~480	400~450	
5A03~5A06	型、棒材	350~450	350~450	
6A02	棒材	320~370	400~450	控制粗晶环
	型材	370~450	320~450	
2A50、2B50、2A14	棒、型材	350~450	350~450	
2A70、2A80、2A90	棒材	370~450	320~450	
2A11、2017	所有	320~450	320~450	
2024	棒、普通型材	320~450	370~450	
	高精度型材	370~450	320~450	
7B04	所有	320~450	320~450	
纯铝、3003、6A02、6061、6063	组合模、舌型模	3480~520	400~450	
2524	舌型模	420~470	400~450	

18　铝合金型、棒材挤压筒温度的确定方法是什么？

挤压筒温度的控制范围，在挤压铝合金的情况下，可以与它们的挤压温度范围相适应，但其最高加热温度不应超过挤压筒钢材的回火温度，以免降低挤压筒的寿命。

挤压筒温度的选择须考虑两方面。

1）挤压筒温度对金属流动的影响

挤压筒温度与铸锭温度适当配合，可以改善金属流动情况。在铝合金棒材粗晶环试验中曾证明，提高挤压筒温度，有利于金属流动性的增加，缩小剪切变形区域范围，减少粗晶环深度。例如，当铸锭温度为320℃时，挤压筒温度为320℃，棒材粗晶环深度为11 mm；挤压筒温度为370℃时环深5 mm；挤压筒温度420℃时，环深2 mm。

另外采用高温挤压筒还是低温挤压筒，这要根据不同合金的流动特性和制品的质量要求灵活掌握。如2A50等铝合金挤压流动比较均匀，二类缩尾长度相当短，但生产成层的倾向性很强，在这种情况下采用低温挤压筒较为合理，而对6A02合金，为了控制粗晶环深度，就必须采用高温挤压筒。

2）挤压筒温度对挤压机效率的影响

采用高温挤压筒，有利于保温，防止闷车，能防止挤压机效率下降。但是，采用低温挤压筒，能帮助平衡散发变形热，防止挤压的后半期温升太高而影响挤压速度。根据这样的分析，凡是容易闷车或需要保温的挤压过程，如挤压系数大，挤压速度慢，换工具频繁等情况，可以采用高温挤压筒；而在其他情况下，为了提高挤压速度，均宜采用低温挤压筒。

对铝合金来说，综合产品质量和生产效率的要求，采用低温挤压筒是带有普遍性的，通常，挤压筒温度应比铸锭温度低30℃～50℃为好，但不应低于允许挤压温度（320℃）。而采用高温挤压筒则是个别情况。

推荐的挤压筒的加热温度也已经列于表2－21中。

19 铝合金型、棒材挤压速度如何选择？

挤压时金属流出速度对制品质量的影响，首先表现在制品的表面质量上。金属流出速度快，由于摩擦作用所引起外层金属的附加拉应力也迅速提高，达到一定值时，使制品产生裂纹。因为附加拉应力的产生—积累—达到极值—开裂释放是周期性的，所以表面裂纹也与之相应呈周期性变化。这样，挤压速度的上限应以不出挤压裂纹为准。挤压速度过快，变形热效应高，模子工作带易黏结金属，制品表面就要产生麻面(表面粗糙)。

其次，金属流出速度对制品质量的影响，表现在制品的尺寸上。挤压时对一定挤压模结构和一定的变形条件来说，都有一个沿挤压模截面能使金属较为均匀流动的速度，当型材的挤压宽度与厚度比值(宽厚比)较大时，挤压速度控制不当，挤压筒内金属的平衡供给与模孔阻力不相适应时，型材就要产生波浪，甚至使制品报废。

有一类制品，如内腔较大的空心型材、外形容易发生扩口或缩口的型材等，在挤压这类型材时，外形尺寸会随挤压速度变化而明显改变。为了使型材的尺寸符合标准的要求，必须严格控制挤压速度。在这种情况下，使制品的尺寸合格是限制挤压速度的前提条件，当然，这个速度范围还远远小于产生挤压裂纹的速度范围。

挤压速度对制品质量的影响，还表现在制品的缩尾长度上。挤压速度越快，金属不均匀流动的倾向性增加，铸锭表面的氧化物和脏物可以提前进入制品内部形成缩尾，尤其是当挤压进入结尾阶段时，挤压速度应该放慢。

20　影响金属流出速度的主要因素有哪些?

1)金属和合金的性质

在相同挤压条件下，合金的塑性越好，则允许的挤压速度越高。一般来说，铝合金化学成分越复杂，合金元素总含量越高，其塑性越差，允许的流出速度也就越低。

按照允许流出速度的大小，可将变形铝合金大致分为三组：

(1)纯铝的允许流出速度不限，3003 合金可以达 80 m/min 以上。

(2)5052 软合金允许流出速度不大于 15 m/min。

(3)5A06、5B70、2024、7A04 合金允许流出速度不大于5 m/min。

如果把 6063 铝合金挤压型材流出速度作为 100%，其他合金的合理流出速度与此合金的经验相对比值列于表 2-22 中。

表 2 – 22　铝合金型材挤压流出速度比较表

合金牌号	8A01	3003	6063	2A80	2A60	5A05	2024	7A04
流出速度/%	135	120	100	80	60	20	15	9

2）铸锭的状态

铸锭进行均匀化处理后可以提高塑性，因而也可以提高挤压速度。例如用经（452℃～456℃）/24h 均匀化处理的 7A04 合金铸锭挤压型材时，其挤压速度比不均匀化的可提高 30%～40%，见表 2 – 23。

表 2 – 23　铸锭均匀化对挤压速度的影响

铸锭加热温度/℃	合金流出速度范围/(m·min)	
	未均匀化铸锭	均匀化铸锭
350	1.0～1.05	1.6～1.88
400	0.67～0.85	1.2～1.26
450	0.65～0.7	0.91～1.0

3）挤压温度的影响

挤压时，变形不均匀性与产生挤压裂纹倾向性是随挤压温度的提高而增加的，因此，在提高挤压温度后必须降低挤压速度。表 2 – 24 列出了不同铝合金挤压时金属流出速度与铸锭加热温度的关系。

表 2 – 24　挤压速度与挤压温度的关系

合金	高温挤压		低温挤压	
	铸锭加热温度/℃	流出速度/(m·min⁻¹)	铸锭加热温度/℃	流出速度/(m·min⁻¹)
6061	480～500	3.0～4.0	260～300	12～15
2A50	380～450	3.0～3.5	280～320	8～12
2A11	380～450	1.5～2.5	280～320	7～9
2024	380～450	1.0～1.7	330～350	4.5～5
7A04	370～420	1.0～1.5	300～320	3.5～4

　　对铝合金来说，在同一坯料的挤压过程中，铸锭在变形区的温度
是变化的，随着挤压过程的完成，变形区的温度逐渐升高，而且是随
着挤压速度的增高而提高。因此为了防止出现挤压裂纹，随着挤压
过程的进行和变形区温度的升高，挤压速度应逐渐降低。

　　由于现代技术的发展，挤压速度可以实现程序控制，因而发展了
等温挤压工艺，其基本原理是通过自动调节挤压速度来使变形区的
温度（主要是测量模孔出口处的温度）保持在某一恒定范围内，以达
到采用快速挤压而不产生裂纹的目的。

　　为了保证高的生产效率，不降低尾端的挤压速度，就必须控制住
尾端的挤压温度，对此，在工艺中采取了很多措施。当铸锭采用感应
加热时，沿铸锭的长度方向上存在着温度梯度，可达 $40℃ \sim 60℃$ ，挤
压时，就将高温端朝向挤压模，低温端作为挤压尾端，以平衡一部分
变形热。为了彻底消除变形热效应带来的温升，还采用水冷模挤压，
即在模子附近通水强制冷却。试验证明，采用水冷模挤压可以提高
挤压速度 30% ~ 50%（见表 2 - 25）。

　　在挤压过程中，将贮存于液氮（ - 196℃）罐中的液氮引到挤压模
出口处放出，一则可以使被冷却的制品急速收缩，大大减少了模子工
作带的接触摩擦力；二则还可冷却挤压模和变形区，使变形热被带
走；同时，模子出口处被氮的气氛所控制，减少了铝的氧化，减少了
氧化铝的黏结和堆积。所以氮冷挤压提高了挤压制品的表面质量，
大大提高了挤压速度。

表 2 - 25　水冷模挤压型材的试验结果

合金	正常挤压			水冷模挤压		
	铸锭温度/℃	挤压筒温度/℃	流出速度/(m·min⁻¹)	铸锭温度/℃	挤压筒温度/℃	流出速度/(m·min⁻¹)
5083	450	370	3.0	450	370	4.1
	460	380	2.6	460	380	3.6

续表 2 - 25

合金	正常挤压			水冷模挤压		
	铸锭温度/℃	挤压筒温度/℃	流出速度/(m·min⁻¹)	铸锭温度/℃	挤压筒温度/℃	流出速度/(m·min⁻¹)
	410	350	3.3	410	350	4.6
2024	400	400	3.2	400	400	5.0
	400	370	2.8	400	370	4.2

（4）制品形状和尺寸的影响

挤压制品的几何形状和尺寸也影响（限制）金属流出速度。一般来说，几何形状简单、对称性好、宽厚比小的制品，挤压速度可以高一些。相反，几何形状复杂、宽厚比大、壁厚不均匀度大、变形不均匀者，挤压速度应低一些。

在相同条件下，制品断面尺寸越薄，通过模孔时，沿截面的变形较均匀，表面的附加拉应力值也低，产生附加裂纹的倾向性小，所以挤压速度可以高一些。在工厂里，小型挤压机往往挤压薄壁型材和小规格产品，这些挤压机的挤压速度较高，大型挤压机的速度要低些。

（5）变形程度的影响

变形程度越大，变形热效应越高，允许的金属流出速度越低。多模孔挤压比单模孔冷却条件差，其允许挤压速度也低。

制品形状或模孔挤压的外形轮廓与挤压筒形状越相似，允许的挤压速度也越高。

（6）模子结构和质量的影响

模子工作带对制品表面的摩擦力的大小是使制品产生裂纹的最主要因素之一。因此，模孔工作带的状况是影响挤压速度的主要原因，如模孔工作带宽，摩擦力大，对制品表面产生的附加应力也大。裂纹倾向性高，挤压速度就要低；模孔工作带不光滑，摩擦力大，也降低挤压速度；模孔工作带硬度不高，易黏结金属，也要降低挤压速度。同样，模子端面的质量也影响挤压时的均匀流动。

对挤压模采用辉光离子氮化处理工艺，能提高其表面硬度，增加耐磨性，大大改善制品表面质量和提高挤压速度。

（7）工艺润滑的影响

对挤压模进行润滑可以提高挤压速度，这是普遍采用的办法。润滑剂配制合理、润滑方法得当，可以显著提高挤压速度和制品的表面质量。

铝合金铸锭表面全润滑挤压，可以大大提高挤压速度，但制品表面难以保证。这要根据制品质量要求和润滑挤压条件来定。

21　铝合金型、棒材挤压模孔数如何选择？

模孔数与挤压系数成反比关系，模孔数对挤压过程也有单独的影响。在一般情况下，多模孔挤压比单模孔的流动均匀；多模孔挤压效率比单模孔的高。但是，模孔多，金属的流速不均，调整困难，有时降低设备的生产效率，并影响成品率。模孔多，影响模子强度，模孔靠挤压筒边缘太近时，制品表面容易产生气泡和起皮等缺陷，在低倍组织上出现成层，影响产品质量。

对不同型、棒材的模孔数目选择如下：

（1）棒材：对于圆棒采用多孔模，最多可到20孔，一般情况下采用3~6孔；方棒和六角棒挤压时容易扭拧，为便于修模调整，模孔数目少一些为好。

（2）型材：经常使用1、2、4孔模，个别情况下，也使用3、5、6孔或更多的孔；在正常情况下，简单的角材，宜选4孔；扁宽的型材宜选用双孔；"T"字、"Z"字形型材也可用双孔；复杂型材、高精度型材、空心型材等，最好采用单孔，以便于在尺寸不合格时修模调整，减少技术废品。

22　挤压工具对挤压工艺过程和制品表面质量如何影响？

在铝及铝合金型、棒材挤压过程中，直接与变形金属接触的挤压工具有挤压模、挤压针、挤压筒和挤压垫片；对挤压过程和制品质量有影响的工具还有导路、模支撑、压型嘴和挤压轴等。

1）挤压模

挤压模是决定制品尺寸、形状和表面质量的重要工具。正确地选择挤压模的形式、结构、模孔尺寸和工作带尺寸以及模孔分配是决定挤压模合理工作和获得合格制品的保证。

一般来说，挤压棒材和普通型材采用平面模，挤压变断面型材采用分瓣模，挤压空心型材采用桥式组合模或分流组合模。

除了挤压模的模孔尺寸和工作带长短直接影响制品的尺寸和外观质量外，工作带的光洁度、工作带入口处的尖锐程度也影响制品的表面质量。工作带越光滑、无毛刺、无锈蚀、不黏铝，则制品表面也就越光滑。工作带入口处的尖锐程度保持良好，挤压铝合金时，能降低制品表面产生裂纹的倾向性。

2）挤压针

挤压针是用来对铸锭进行穿孔和确定型材内径的工具。生产上常用的挤压针有两种类型：一种是固定在没有独立穿孔系统挤压机上的随动针（包括活动挤压针），另一种是固定在有独立穿孔系统挤压针支撑上的阶梯式（或叫瓶式）穿孔针。

为了减小挤压时由于金属流动对挤压针产生的拉应力，一般在挤压针工作部分 550～600 mm 的长度上做出 0.5～0.6 mm 的锥度，此锥度也不能过大，否则将影响制品尺寸的改变。

挤压针的表面应具有较高的光洁度，以免引起型材内表面擦伤。

挤压针的加热应该充分，温度要高，以防挤压时闷车，影响制品质量和损坏工具。

3）挤压筒

挤压筒是用于容纳铸锭和承受挤压力的容器。挤压筒内的单位压力一般可达 1000～1200 MPa。挤压筒内的衬套表面要经常承受很大的摩擦力，变形的金属要沿内衬套表面流向模孔，常常将内衬套表面上的脏物和残存金属等带入制品内部造成缩尾或成层缺陷。所以，要求内衬套表面要磨光并保持清洁，不允许磨损过大。要定期清洗和检查内径尺寸。

挤压筒衬套工作部分与非工作部分直径差为：

对 50 MN 挤压机不大于 1 mm；

对 7.50 ~ 12.5 MN 挤压机不大于 0.5 mm。

4）挤压垫片

挤压垫片是用于防止挤压轴与被挤压的变形金属直接接触，保护挤压轴，同时挤压过程完成之后，对挤压筒内衬套也要进行清理，从而保证下一个挤压周期压出产品的质量。

在同时使用几个挤压垫片时，各挤压垫片的直径差应不大于 0.1 mm。

挤压垫片要保持清洁，无油污，以免污染挤压筒。同时，要求挤压垫片的工作带保持尖锐、无啃伤，以便于残料与挤压垫片的分离。

23　挤压工具加热和在挤压机上怎样装配？

挤压时，为了防止铸锭降温，引起闷车和损坏工具，与铸锭直接接触的工具都需要充分预热。

挤压模和挤压针一起加热，其预热温度为250℃ ~ 400℃，复杂型材的挤压模和组合模应采用上限预热温度，以免堵模、闷车或损坏工具。挤压针也按上限温度预热，因为变形时，挤压针处在铸锭中心位置。如果针的温度低，将引起铸锭的温度下降，一旦闷车，很容易将挤压针拉断。挤压垫片的预热，一般情况下不严格控制。

加热好的工具在挤压机上装配时，要按装配要求进行，确认一切正常之后，才可以挤压试模。挤压时，为了防止制品扭曲还应安装合适的导路。

型材模的安装方法应遵循下列原则：

（1）保证挤出的型材在出料台上能平稳地向前流动，不发生由于自重的原因而产生的扭曲。

（2）要求严格的装饰型材的装饰表面应向上，不与出料台接触，便于发现问题。

（3）孔挤压制品不互相叠压和擦伤。

24　试模和修模的主要程序是什么？

挤压工具安装好之后要进行调试。试模料的合金和尺寸应和挤压料相同。首料挤压温度应取上限，充填速度要慢，挤出一段后再转入正常速度挤压，以免堵模，影响生产和损坏工具。

对于堵模挤出的制品，彻底冷却之后，头尾尺寸都要认真全面的测量检查，复杂的型材，还要标注在草图上，以准确判断挤出制品的质量是否良好。

如果制品的尺寸不符合图纸和挤压公差规定，应按具体情况进行模孔尺寸的修理和调试。修模时应注意相关尺寸，不能修好了这个尺寸而影响了另一个尺寸的超差或者引起制品扭曲。

修理和调整模孔尺寸的重点和程序大致如下：

（1）修理制品实体尺寸（边长或壁厚）部分的模孔，或开大或减小。

（2）调整制品空间尺寸部分的模孔，减少工作带长度或作阻碍角。

（3）修理型材的扭拧、弯曲、波浪，减少工作带长度或作阻碍角。

（4）砂光工作带表面。

（5）当用减少工作带长度或作阻碍角的办法对型材尺寸的变形、扭拧、弯曲、波浪调整无效时，根据具体情况可以采用调换导路，润滑挤压模，改变挤压温度或挤压速度等办法试验。仍无效时，就需要重新考虑设计挤压模或改变生产工艺。

25　型、棒材挤压的工艺润滑如何要求？

金属与工具接触面上的单位压力相当于金属变形抗力的 3 ~ 10 倍，甚至更高。在此条件下，变形金属的表面更新作用加倍，从而使金属黏结工具的现象严重。因此，挤压时润滑剂的作用是尽可能地使表面干摩擦转变为边界摩擦。这不仅提高了制品表面质量和工具的使用寿命，而且由于降低了工具对金属的冷却作用，使金属流动不均匀性减少，挤压能耗降低。

铝合金大多数使用平模热挤压型材与棒材。平模工作面与挤压筒壁交接处存在一个环形的死区，它可有效地阻止铸锭表面上的氧化物、夹杂与灰尘进入制品表面，这对于热加工态或不再继续进行塑性加工但仍须热处理制品的挤压生产，具有一定的工艺优势，因此，不允许涂抹润滑剂。挤压型材与棒材时，均不润滑挤压垫片，以防形成缩尾。采用润滑挤压法时，润滑剂涂抹部位一般限于挤压筒壁、平模工作面和模孔。当使用组合模挤压空心型材时，为了保证焊缝质量，绝对不允许润滑。

26　型、棒材挤压润滑剂的主要组成是什么？

对铝及铝合金，多采用在黏性矿物油中添加各种固态填料的悬浮状润滑剂，表 2 - 26 所列。应用最广的是润滑剂 a。挤压时，油的燃烧物和石墨所构成的润滑油膜具有足够的强度。但其韧性不足，在挤压系数足够大时可能产生局部润滑膜破损，因而金属黏结工具导致制品表面起皮。建议在润滑剂中加入表面活性物质，如表 2 - 26 中的润滑剂 b、c 和 d 所加入的硬脂酸盐。硬脂酸盐与铝起化学反应，析出的低熔点成分铅和锡呈熔融状态，并在接触表面上形成塑性润滑膜。但铅的化合物有毒，使用时应使用抽风装置加强通风。

表 2 - 26　铝及铝合金挤压用润滑剂的组成

润滑剂编号	油剂/%		硬脂酸盐/%		固体粉剂/%			
	72 号汽缸油	250 号苯甲基硅油	硬脂酸铅	硬脂酸锡	石墨	滑石粉	二硫化钼	铅丹
a	70~80				20~30			
b	余量			5~7	15~25			
c	65		15		10	10		
d	65		10		10		15	
e	余量				10	10		8~20
f		60~70			30~40			

冷挤压时，若出口温度不超过 240℃ ~ 300℃，使用轻质矿物的黄蜡和脂肪酸润滑剂，效果甚佳。

热挤硬铝合金时，使用润滑剂可以提高流出速度 1.5 ~ 2 倍，能防止粗晶环的形成，减少制品沿长度上的组织与性能不均匀性，并可提高制品尺寸精度。但是，直到目前为止，润滑挤压尚未在铝及铝合金方面获得广泛应用。这是因为，润滑挤压时用普通结构的模子不能完全消除死区，从而导致制品的皮下缩尾。此外，润滑挤压还有可能出现制品表面的气泡、起皮和润滑剂燃烧产物的压入等缺陷。

除了采用石墨作固体粉态添加剂外，还可使用二硫化钼、氮化硼、云母和滑石。与二硫化钼相比，石墨润滑剂之所以被广泛应用在金属压力加工上，是因为摩擦系数较小，有很多良好的工艺性能，如好的润滑性、稳定的化学性、低的导热性等，润滑效果较好。

石墨的这些性质，在很大程度上取决于它的晶格结构。石墨的晶体是成层的六角形片状结构，石墨的结晶点阵表面能较低，层与层之间结合得较弱，极易滑动。所以，作为润滑剂的石墨都是鳞片状的，用手摸起来感到很滑腻。又由于作为润滑剂的鳞片状石墨颗粒很小，一般直径在 $10\ \mu m$ 以下，所以粗看起来，外观是黑色的土状。

油和石墨的比例视挤压的合金种类、变形程度、挤出制品的长短而定，一般来说，挤压变形抗力较高的硬铝合金，或变形程度较大的或挤出较长制品，润滑剂中石墨百分比要高一些，以保证润滑剂具有较高的黏稠性。

影响润滑质量的关键是汽缸油的闪点，因为实际挤压温度是 400℃ 左右，油的闪点低于它，容易着火燃烧，造成型材内表面石墨压入和擦伤废品。对铝及铝合金都希望汽缸油呈弱酸性，以免腐蚀制品。

27　型、棒材挤压公差编制原则是什么？

在编制棒材、型材挤压公差时，要考虑以下几个方面的要求。

1）工艺和质量要求

保证制品加工到最后时，制品的尺寸必须符合产品标准和图纸的规定，即制品的实际尺寸不能超出允许公差范围，这是基本的要求。

2）表面质量要求

制品的最小实际尺寸不仅要大于允许的下限，而且必须留有相当的工艺余量，从而使制品可以允许存在一定的表面缺陷，这种缺陷往往是挤压生产时不可避免的。通常允许缺陷深度为实际负偏差余量的一半,因此希望工艺余量大一些才好。

3)模具要求

要便于挤压模的设计和修理,提高模子寿命,从工艺上希望挤压公差范围小一些,以便有较大的工艺余量,但是不合理的过高要求,将给挤压模设计、制造和修理带来困难,影响模子使用寿命。因而要求挤压公差制定得合理、适度。

4)生产过程中不稳定因素

生产过程中,各工艺因素是不断变化的,如不同的合金和不同的状态、挤压温度条件、淬火变形、拉伸率大小和不均匀分布,以致在各工序中产生不同程度的磕碰等缺陷,这就是要求给定的挤压公差有足够的可靠性,对各种波动因素给予充分的估计。

5)便于技术管理

挤压公差的编制是防止产生尺寸废品的基本保证,也是反映挤压综合技术水平的标准。

挤压公差不是一成不变的,它随着技术水平的提高,生产工艺的改进,以及对产品质量的要求,将不断进行修改和补充。

28   常见铝合金型、棒材挤压公差是多少?

挤压以后,制品尺寸的变化主要是发生在拉伸矫直工序上。挤压制品经拉伸以后,长度增加,断面尺寸(包括外形和壁厚)减小,根据理论分析和实际测量,一般来说,制品拉伸伸长 2% ~ 4%,断面尺寸收缩 1% ~ 2%。当然,各部分尺寸的变化,尤其是型材的边长和壁厚的变化不是很均匀的,这在处理具体问题时要加以注意。有些企业的挤压偏差已经控制到机械加工偏差的程度。铝及铝合金的型材的挤压公差列于表 2 - 27 中。

29   典型铝合金棒材正向挤压工艺是什么?

圆棒、方棒和六角棒正向挤压工艺的典型例子列于表 2 - 28、表 2 - 29、表 2 - 30 中。

表2-27　型材挤压偏差允许值/mm

型材名义尺寸	成品偏差	厚度尺寸			外形尺寸(空间尺寸)		
		挤压偏差	拉伸余量	工艺余量	挤压偏差	拉伸余量	工艺余量
≤1.50	+0.20 -0.10	+0.21 -0.00	0.01	0.10			
1.50~2.90	±0.20	+0.22 -0.05	0.02	0.15			
2.90~3.50	±0.25	+0.28 -0.05	0.03	0.20			
3.50~6.00	±0.30	+0.34 -0.08	0.04	0.22			
6.00~12.00	±0.35	+0.40 -0.10	0.05	0.25	+0.45 +0.05	0.10	0.40
12.00~25.00	±0.45	+0.50 -0.10	0.05	0.35	+0.57 +0.10	0.12	0.55
25.00~50.00	±0.60	+0.65 -0.15	0.05	0.45	+0.75 +0.20	0.15	0.80
50.00~75.00	±0.70	+0.75 -0.20	0.05	0.50	+1.00 +0.30	0.30	1.00
75.00~100.00	±0.85	+0.90 -0.30	0.05	0.55	+1.20 -0.40	0.35	1.25

续表 2 - 27

型材名义尺寸	成品偏差	厚度尺寸			外形尺寸（空间尺寸）		
		挤压偏差	拉伸余量	工艺余量	挤压偏差	拉伸余量	工艺余量
100.00~125.00	±1.00	+1.00 -0.45	0.00	0.55	+1.40 +0.50	0.40	1.50
125.00~150.00	±1.10	+1.10 -0.50	0.00	0.60	+1.70 +0.60	0.60	1.70
150.00~175.00	±1.20				+1.90 +0.70	0.70	1.90
175.00~200.00	±1.30				+2.00 +0.80	0.70	2.10
200.00~225.00	±1.50				+2.30 +0.80	0.80	2.30
225.00~250.00	±1.60				+2.50 +1.10	0.90	2.60
250.00~275.00	±1.70				+2.80 +1.00	1.10	2.70
275.00~300.00	±1.90				+3.00 +1.00	1.10	2.90
300.00~325.00	±2.00				+3.10 +1.00	1.10	3.00

表 2 - 28　铝及铝合金圆棒挤压工艺

棒材直径 /mm	模孔数 n	挤压筒直径 /mm	挤压系数 λ	填充系数 K	残料高度 H /mm	压出长度 L /mm	铸锭尺寸 $D \times L$/mm×mm
6	10	115	36.74	1.09	41	7257	110×260
25	4	200	16.00	1.09	78	7559	192×600
30	2	170	16.06	1.10	71	7620	162×600
40	1	170	18.06	1.10	62	8731	162×600
60	3	360	12.00	1.06	98	9013	350×900
100	1	360	12.96	1.06	96	9760	350×900
150	1	420	7.84	1.08	111	5663	405×900
200	1	500	6.25	1.08	101	5156	482×1000
250	1	650	6.76	1.08	120	8576	625×1500
300	1	800	7.11	1.08	150	8808	770×1500

表 2-29　铝及铝合金方棒挤压工艺

方棒直径/mm×mm	模孔数 n	挤压筒直径/mm	挤压系数 λ	填充系数 K	残料高度 H/mm	压出长度 L/mm	铸锭尺寸 D×L/mm×mm
6×6	6	95	32.8	1.11	38	7027	90×280
35×35	1	170	18.5	1.10	67	8011	162×550
40×40	1	200	19.6	1.09	60	8714	192×550
50×50	1	200	12.5	1.09	72	5981	192×600
60×60	2	300	9.8	1.07	106	7204	290×900
100×100	1	360	10.2	1.06	104	7519	350×900
120×120	1	360	9.6	1.06	100	6895	350×900

表 2-30　铝及铝合金六角棒挤压工艺

六角棒边长/mm×mm	模孔数 n	挤压筒直径/mm	挤压系数 λ	填充系数 K	残料高度 H/mm	压出长度 L/mm	铸锭尺寸 D×L/mm×mm
六角6	6	95	38.0	1.11	35	7228	90×250
六角35	1	170	21.2	1.10	64	8280	162×500
六角40	1	170	16.3	1.10	65	7831	162×600
六角50	1	200	14.5	1.09	68	6995	192×600
六角60	2	300	11.2	1.07	95	8356	290×900
六角90	1	300	10.1	1.07	105	7435	290×900

30 铝合金棒材反向挤压与正向挤压的工艺的对比优缺点各是什么?

反向挤压的主要优点是铸锭和挤压筒之间没有相对运动,也就没有摩擦力,变形仅仅发生在模孔附近,没有深入铸锭整个内部,流动均匀。因而反挤需要的挤压力较低,变形热效应小,制品的组织和性能较均匀,质量好。由于反挤需要的挤压力小,可以采用大铸块挤压,反挤可以采用较低的温度挤压,因而可以提高挤压速度,生产效率高。由于挤压时金属流动均匀,制品的挤压缩尾短、残料薄,因而反挤压成品率高。正因为反挤压金属流动均匀,因而铸锭表面的氧化和脏物也容易流到制品表面上来,造成表面起皮,气泡和低倍组织上的成层,这是反挤压的缺点,近年来发展的挤压前铸锭热扒皮很好地解决了这个问题。其次,反挤压的整体空心挤压轴由于强度的限制,轴的内径不可能做得很大,因而也就不能挤压外形较大的型材,也难以进行挤压多孔工艺棒材,近年来发展的组合式空心挤压轴也很好地解决了这一问题。这是反挤压近年来得到迅速发展的原因。

下面以 50 MN 挤压机直径 420 mm、500 mm 挤压筒上进行反挤铝合金棒材为例,与正挤压比较,从中可以看出反挤压的一些优点(表 2 – 31)。

表 2 – 31   硬铝合金圆棒正、反挤压工艺比较

棒材直径/mm	孔数/筒数/mm	挤压系数 λ	铸锭尺寸/mm	正挤压工艺			反挤压工艺		
				残料/mm	压出长度/mm	成品率/%	残料/mm	压出长度/mm	成品率/%
65	4/420	10.4	405×900	123	7230	76.6	25	8249	87.7
100	1/420	17.7	405×700	108	9352	80.6	25	10821	89.2
150	1/420	7.8	405×1000	111	6225	75.2	25	6896	85.0
200	1/500	5.1	482×1000	105	4100	72.0	25	4508	83.0
250	1/500	4.0	482×1000	85	3296	70.0	25	3536	80.0

注:$K_m = 1.10$。

31　软、硬合金型材工艺对比优缺点有哪些？

普通型材的挤压工艺按其合金性质不同其挤压方法也不同，可分为两类：一类是可热处理强化的合金，它需要单独进行热处理，习惯上叫硬合金；一类是不可热处理强化或挤压就可以进行固溶处理的合金，习惯上叫软合金。其差别列在表 2 – 32 中。

表 2 – 32　软、硬铝合金挤压工艺比较

项目	软合金	硬合金
制品的表面及尺寸	较高	一般
制品的组织及性能	一般	较高
挤压筒单位压力/MPa	≥250	≥350
挤压速度/(m·min^{-1})	5 ~ 120	≤12
制品挤压长度/m	≤100(线坯可达 1000 以上)	≤30
成品率/%	75 ~ 88	60 ~ 75
生产方式	连续的	间断的
对设备要求	快速的，自动化程度高	慢速，一般
铸锭加热方式	电、油、燃气炉均可	电炉
20 MN 挤压生产线效率/(t·a^{-1})	4000 ~ 8000	800 ~ 1000

32　铝合金型材工艺编织原则是什么？

无论是采用正向不润滑挤压法还是采用反向挤压法生产铝及铝合金型材，其工艺制订时均应注意以下几点：

（1）挤压系数的选择。挤压系数的大小对产品的组织、性能和生产效率有很大的影响。当挤压系数过大时，则铸锭长度必须短（压出长度一定时），几何废料也随之增加。同时，由于挤压系数的增加会引起挤压力的增加。如果挤压系数选择过小，则因金属组织变形程

度小，力学性能满足不了技术要求。生产实践表明：对于不同的挤压型材选择以下的挤压系数范围是可行的。

为满足组织和力学性能要求，一般地 $\lambda \geqslant 8$，型材系数最佳范围为 $\lambda = 10 \sim 45$。在特殊情况下，对 $\phi 200\ mm$ 及以下的铸锭，可以采用 $\lambda \geqslant 4$；对于 $\phi 200\ mm$ 以上的铸锭可以采用 $\lambda \geqslant 6.5$。

挤压小截面型材时，根据挤压的合金不同，可以采用 $\lambda \geqslant 100 \sim 200$。

此外，还必须考虑到挤压机的能力，对于一定能力的挤压机，不同挤压筒允许的最大挤压系数随合金不同而变。

（2）模孔个数。主要由型材外形复杂程度、产品品质和生产管理情况来确定，主要考虑以下因素：

1）对于形状、尺寸复杂的空心和高精度型材，最好采用单孔。

2）对于尺寸、形状简单的型材可以采用多孔挤压。一般情况下，简单型材 $1 \sim 4$ 孔，最多 6 孔；复杂型材 $1 \sim 2$ 孔。

3）考虑模具强度以及模面布置是否合理。

（3）模子类型选择。一般的实心型材可选用平面模；空心型材或悬臂太大的半空心型材，硬合金采用桥式模，软合金采用平面分流模；对于尺寸简单的特宽型材可以选用宽展模。

（4）模孔试排与挤压筒直径的选择。对于大型挤压工厂，一般配有挤压能力由大到小的多台挤压机和一系列不同直径的挤压筒。因此，工艺选择范围很宽。此外，模孔排列时，其模孔至模外缘以及模孔之间必须留有一定的距离，否则会造成不应有的质量废品（成层、波浪、弯曲、扭拧）与长度不齐等缺陷。

（5）取得最佳经济效果。要制订好的工艺，除了在技术上合理以外，还必须使得其经济效益尽可能地提高，即尽可能少的几何废料。

33 一般铝合金型材典型工艺是什么？

一般铝合金型材生产工艺见表 2 - 33。

表 2 - 33 铝及铝合金型材挤压工艺实例

型材代号	型材截面积/cm²	模孔数 n	挤压筒直径 /mm	挤压系数 λ	填充系数 K	残料高度 H /mm	压出长度 /mm	铸锭尺寸 $D \times L$ /mm×mm
XC111 - 1	0.234	6	95	50.4	1.11	24	7871	90×200
XC111 - 60	2.920	4	200	26.9	1.09	47	8609	192×400
XC113 - 21	1.802	2	115	28.8	1.09	32	8326	110×350
XC114 - 48	3.025	2	170	37.4	1.10	48	8405	162×300
XC211 - 2	1.378	2	115	37.8	1.09	31	5764	110×200
XC411 - 16	6.080	2	200	25.8	1.09	48	7756	192×380
XC511 - 5	11.600	1	170	19.5	1.10	54	7810	162×500
XC531 - 9	2.677	1	115	38.7	1.09	31	7676	110×250

34 什么是铝合金型、棒材拉伸矫直方法?

拉伸矫直是在专用的拉伸矫直机上进行,一般所用的拉伸矫直机的拉伸力是 10~2500 t。它的用途最广泛,适用于各种形状的型材和管材、棒材、板材、带材生产。拉伸矫直时通过在制品的两端施加一外力,不管材料的原始弯曲形态如何,只要拉伸变形超过金属的屈服极限,并达到一定程度,使各条纵向纤维的弹复能力趋于一致,在弹复后各处的残余弯曲量不超过允许值。采用拉伸矫直,既能矫正制品的弯曲,消除波浪,也能矫正制品的扭拧,起到整形的作用,这对于断面形状非常复杂的铝型材来说,是一种最为有效的矫直方法。拉伸矫直机的结构如图 2-4 所示。

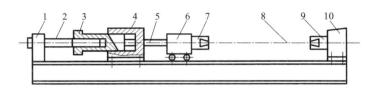

图 2-4　拉伸矫直机结构简图

1—尾架;2—回程柱塞;3—单回程油缸柱塞;4—带工作油缸的固定架;
5—双拉杆;6—活动机架;7、9—活动夹头;8—矫直材料;10—固定架

材料的拉伸变形曲线如图 2-5 所示,当条材因原始弯曲造成纵向纤维单位长度的差为 oa 时,经较大的拉伸变形后,原来短的纤维拉长为 ob,原来长的纤维拉长为 ab。卸载后,各自的弹复量为 bd 及 bc。这时残留的长度差变为 cd,它明显小于 oa,使材料的平直度得到很大改善。如果材料的强化特性越弱,这种

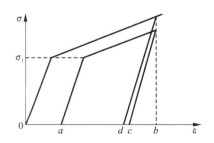

图 2-5　原始长度和拉伸变形的关系

残留的长度差越小，即矫直质量越高。当材料的强化性能较高时，一次拉伸后有可能达不到矫直口的，即 cd 大于允许值，则应该进行二次拉伸。如果在第二次拉伸之前对材料进行时效处理，则矫直效果会更显著。由于材料的实际强化特性并不是完全线性的，越接近强度极限，应力与应变之间的线性关系越减弱，因此在接近强度极限的变形条件下，可以得到很好的矫直效果，但易出现表面粗糙，且易拉断。

35 拉伸设备如何选择？

拉伸矫直时，对所用设备吨位的选择应视所矫直制品的合金、状态、横断面积、横断面几何尺寸及长度等因素来确定，所用设备的吨位应满足下式要求：

$$P > P_1$$
$$P_1 = \sigma_s F \approx \sigma_{0.2} F$$

式中：P 为矫直机的最大拉伸力，N；P_1 为制品矫直时所需的拉伸力，N；σ_s 为制品在矫直时的屈服强度，在实际计算中可采用屈服强度 $\sigma_{0.2}$，N/mm^2；F 为制品在矫直时的面积，mm^2。

36 拉伸率如何控制？

拉伸机确定后，在拉伸时还要控制伸长率的大小，这对于拉伸后的制品质量起决定性作用。伸长率（相对伸长量）即制品的绝对伸长量与拉伸前制品长度的比，可用下式计算：

$$\delta = \frac{\Delta L}{L_0} = \frac{L_1 - L_0}{L_0} \times 100\% \qquad (2-10)$$

式中：δ 为伸长率，%；ΔL 为制品的绝对伸长量，mm；L_1 为拉伸后制品的长度，mm；L_0 为拉伸前制品的长度，mm。

生产中，常用的伸长率为 0.3% ~ 0.5%。建筑铝材的伸长率一般不得超过 1.5%。具体型材的伸长率要根据其实际尺寸、弯曲、扭拧和表面不产生橘皮现象等来决定。

挤压时，根据制品实际生产工艺和拉伸设备的情况，对挤压制品规定了挤压偏差，拉伸时应根据制品的实测挤压偏差值进行拉伸。

挤压上限偏差＝成品(图纸或标准件中要求的)正偏差＋拉伸余量

挤压下限偏差＝成品(图纸或标准中要求的)负偏差＋工艺余量

拉伸余量是指超过成品正偏差而又经拉伸后收缩掉的允许最大值。

工艺余量是指距离成品负偏差所允许的最小值。工艺余量包括拉伸余量和表面缺陷深度允许值。因此，伸长率的大小应根据制品的合金、状态、断面外形尺寸及偏差要求、扭拧和实际弯曲程度的大小来确定。一般来说，首先考虑加工余量，在制品实际尺寸偏小，而弯曲程度较大时，为了保证制品尺寸合格，应采用小的伸长率，这时，制品的弯曲度往往不能保证，可采用其他方法解决。在加工余量许可的情况下，再考虑扭拧、弯曲。但伸长率不应过大，过大时，不仅易造成制品断面尺寸超出偏差下限要求，而且易使制品的塑性降低，强度升高，尤其对屈服强度的影响更为明显，有时也可造成力学性能不合格的废品。型材的伸长率过大时，还易造成表面橘皮现象。

对壁厚较大的型材，在挤压和淬火后，波浪和扭拧比较大，伸长率太小，消除不了波浪，而造成废品，为此伸长率可控制为2%~3%。

对退火状态交货的型材制品，预矫直时伸长率应根据制品的实际工艺余量，弯曲、扭拧情况控制，其伸长率一般不大于2%，特殊情况可达到3%以内。完工拉伸时，为了保证制品的力学性能，应控制在不大于1%。

对挤压状态交货的制品，按1%~3%控制，在硬合金加工余量允许的情况下可采用上限；对于高镁合金要小些，一般为1%~2%；对纯铝伸长率不大于1.5%。

对断面型材、大梁型材、高精度型材以及挤压变形很大的复杂型材，根据制品的实际情况，在淬火前进行预矫直工艺，伸长率应控制在1.0%以下。

37　拉伸矫直机的控制要点有哪些?

拉伸矫直时，制品的夹持方法与矫直效果和切头长度有很大关系，制品装入矫直机的钳口时，要夹牢、夹正，前后应在同一中心线上，夹持长度要适当，过长会造成浪费，过短易造成断头，一般应在 100 ~ 200 mm 范围内，大断面制品可适当增长。

夹持制品时，夹具与制品的接触面积越大越好。对壁厚不等的制品，应夹持壁厚较大的地方，对于外形复杂、空心或易于夹扁的型材，应视具体情况选择合适的铝制副垫或芯子。

对淬火制品，为了达到矫直的目的，应根据不同合金孕育期的长短，合理控制复杂的特殊制品（如变断面型材），间隔时间不超过 8 h。时间间隔过长，由于时效作用，制品的强度会升高，塑性降低。在拉伸时，容易出现断裂和矫直困难现象，成品率降低。

对于 7075 合金制品，人工时效后不允许进行拉伸矫直，只允许在立式压力机上或用手工进行微量矫直。先矫正扭拧，然后再进行拉伸矫直。

38 　什么是铝合金型、棒材辊压矫直方法？

1）圆棒材辊压矫直

圆棒材辊压矫直的基本任务是消除在张力矫直时尚未消除的均匀弯曲，它是在具有双曲线形辊面的专用辊式矫直机上进行。

棒材在矫直前应切成成品尺寸。当棒材的弯曲度过大时，还应当经过预矫直，如棒材直径较大应先在压力矫直机上进行预矫直。

经验证明，决定矫直质量的主要问题是棒材与矫直辊接触的紧密程度，即矫直压力和矫直辊倾角的大小。

压力的大小主要取决于棒材的合金状态和弯曲程度。软合金（纯铝及防锈铝等）及挤压状态的硬合金棒材所施加的压力应比淬火时效处理的硬合金要小些，弯曲程度大的棒材所施加的压力应比弯曲程度小的棒材要大些。

倾角的大小主要取决于棒材的直径，大直径棒材应比小直径棒材的倾角大，在矫直过程中，为了防止辊面黏金属和使棒材易于咬入，应选用煤油润滑辊子表面。

棒材在辊压矫直时，当压力过大或辊子倾角调整不当时，在棒材表面易出现螺旋痕缺陷，此时应适当调整辊子的压力和角度予以改善。

2）型材辊压矫直

型材辊压矫直是拉伸矫直的一个辅助的矫直方法，其任务是消除经过拉伸矫直尚未消除或新产生的纵向弯曲、角度过大或过小、平面间隙和开口处扩大或并小等缺陷。型材辊压矫直是在专用的型材辊压矫直机上进行的。

型材的辊压矫直是在制品的组织与性能检验合格并按规定切去头、尾后进行的。

在矫直前，应按照技术标准和型材图纸的偏差要求对被矫直制品的前、尾端尺寸进行认真的测量，以掌握其尺寸变化规律，然后进行辊式矫直，依照配辊原则和配辊方法选择辊片、垫片，进行装配调辊试压，直至合格后方可进行正常矫直。

（1）对配辊的要求。

①一般情况下，角度、平面间隙、扩口、并口等缺陷，应采用上、下对辊的孔型来矫直，纵向弯曲应采用上、下交错辊（即三点压力发）来矫直。

②当须配两对或两对以上的多孔型时（矫直角度、扩、并口缺陷等），为了防止在矫直时产生扭拧，前、后孔型必须保证在同一中心线上。为了防止在矫直中产生拉伤、擦伤、波浪等缺陷，上、下辊的直径要求尽量相同。至少使所有下辊直径必须相同，如果有困难，则必须保证进料孔型的辊片直径小于出料孔型的直径，同时，还须用煤油润滑。

③凡配有挡料辊的孔型，均应留有变形空隙，其空隙大小可视其宽度及缺陷程度确定。

④配辊一定要考虑测量尺寸的方便。

⑤当型材同时存在多种缺陷时，应考虑尽量将型材的尺寸缺陷一次矫直合格。

（2）配辊的方法。

生产经验证明，当型材同时存在多个尺寸缺陷时，在一般情况下，应首先矫直平面间隙，然后矫直角度、扩口、并口，最后矫直纵向弯曲，否则会导致重复矫直的现象。当型材断面厚度不同，而且根据实践经验确认矫直壁厚处的尺寸缺陷的同时，会影响薄壁处的尺寸要求时，应当先矫直壁厚的尺寸缺陷，然后再以壁厚处为基面矫直薄壁处的尺寸缺陷。

（3）辊压矫直过程。

①选择辊片与垫片。辊片与垫片的形状尺寸取决于被矫直型材的形状尺寸、合金状态以及尺寸偏差程度等。

当选择与型材的圆角处相接触的辊片时，其圆角大小应与型材的圆角大小相同。辊片与型材的接触表面必须光滑，不允许有黏着的金属及碰伤存在。

②调辊与试压。把已选好的辊片及垫片牢固地安装在辊式矫直机的轴上，然后开始进行调辊和试压的工作。调辊是指调整上、下辊片的间距。该间距的大小取决于型材的合金状态、外形尺寸及缺陷程度。辊子的压力应由小渐大，不可突然增大。

调辊后的试压过程中，应选取具有代表性的试料进行。

③辊压。经过反复试压后，确认调辊结果可以消除制品的尺寸缺陷时，才能进行正常的辊压工作。在辊压过程中，应随时检查型材的尺寸和表面情况，发现问题及时处理。为避免辊片上黏有金属，必须供给辊片的工作区足够的润滑剂。铝合金可采用机油润滑，而镁合金为了保证最后的氧化上色质量则只须用汽油润滑。

39　举例说明铝合金型材如何辊压矫直工艺编制？

几种常见尺寸缺陷的辊压矫直实例简介如下：

（1）角形型材的辊压矫直。生产中角形型材常见的尺寸缺陷是平面间隙、角度、纵向弯曲超出技术要求。

针对角形型材上述缺陷的配辊方法如图 2 - 6 所示。

如果型材同时存在几种尺寸缺陷时，为了提高矫直效率，可采用多对孔型矫直。

例如：当出现角度前端大，后端小，平面间隙两边内凹或外凸，同时又存在上、下或侧面弯曲时，则应根据配辊原则及方法，首先按图 2 - 6（a）或（b）的配辊方法分别将平面间隙矫直合格；然后按图 2 - 6（c）和（d）的顺序同时配两套孔型将角度矫直合格；最后可按

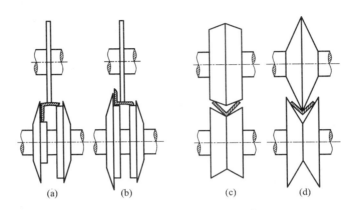

图 2 - 6　角材辊压矫直配辊示意图

图 2 - 7的配辊图矫直纵向弯曲。

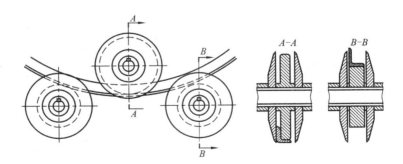

图 2 - 7　角材纵向弯曲配辊图

　　但对薄壁的小型材，当角度和上或下弯曲同时不合格时，可在配辊矫直角度孔型的同时，在型材的出口孔型前面的轴上（上轴和下轴）再配一辊顶上或压下，即可将角度及上、下弯曲同时矫正了。当角度和侧弯曲同时存在不合格时，同样可在型材的出口孔型前面的轴上，在与型材的侧弯曲的相反方向上配上一侧辊，即可达到同时矫正的目的。

（2）凸边槽形型材的辊压矫直。凸边槽形型材如图 2 - 8 所示。

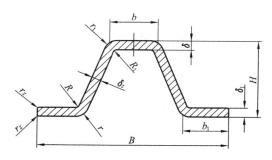

图 2 - 8　凸边槽形型材

生产中常见的尺寸缺陷是开口、并口、爪板翘曲、肩板的横向间隙以及纵向弯曲等。矫直这类缺陷的配辊方法如图 2 - 9 及图 2 - 10 所示。型材的侧向弯曲可按图 2 - 11 进行。

当型材的尺寸"B"和爪板的翘曲在型材全长上前后分布不均时，一般多是先按图 2 - 9（c）和 2 - 9（f），同时采用"先收后扩"两套孔型矫直尺寸"B"。

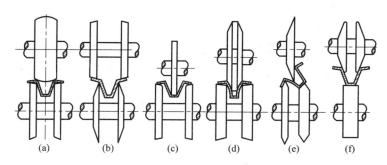

图 2 - 9　辊矫凸边槽材时的配辊示意图

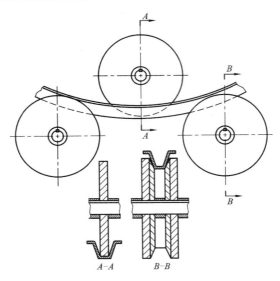

图 2－10　辊矫凸边槽材纵向弯曲时的配辊示意图

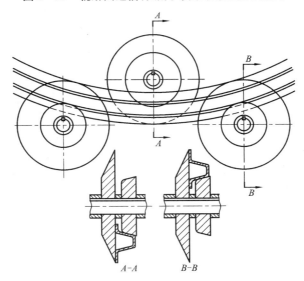

图 2－11　辊矫凸边槽材侧向弯曲时的配辊示意图

40　什么是铝合金型、棒材压力矫直方法？

　　压力矫直是为了消除经拉伸矫直大断面型材时所留下的局部弯曲和矫直由于设备性能所限不能用拉伸法矫直的制品。

　　压力矫直是在立式压力机上进行的，采用的是二点压力矫直法，如图 2 - 12 所示。

　　矫直时将制品放在具有一定距离的两个支撑架 A、B 点上，在重负荷压力 p 的作用下，压在制品的凸起面下，使制品产生一定量的塑性变形，从而达到消除弯曲缺陷的目的。

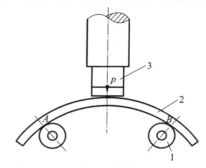

图 2 – 12　压力矫直机示意图

1—支撑架；2—制品；3—压杆

41　什么是铝合金型、棒材压力手工矫直方法？

　　手工矫直的任务是矫直一些中、小断面型材经拉伸矫直和辊压矫直后仍没有消除和新产生的局部扭拧等缺陷。在矫直前应查看制品的扭拧情况找出扭拧点，当制品上只有一个扭拧点时，则由制品的一端向另一端逐渐排除扭拧。若有两个或多个扭拧点，则由扭拧最大处开始向制品的两端逐渐排除扭拧缺陷。

　　手工矫直的主要工具是矫直扭拧用的扳子和副垫。

　　扳子的型面尺寸取决于制品的断面形状和尺寸，扳子的手把长度取决于制品的形状和断面积。

　　选择矫直面时，扳子与制品的接触处应考虑到制品的强度，一般应选择厚壁处。扳子的型面尺寸一般比制品大 0.5～1.0 mm。扳子和副垫的材料多采用被矫直制品来制作，其长度为 100～150 mm。

　　生产中，常用扳子的断面形状及矫直部位如图 2 - 13 所示。

　　矫直大断面制品的扭拧缺陷时，须在专用的扭拧机上进行。

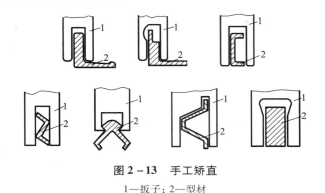

图 2 - 13　手工矫直

1—扳子；2—型材

42　什么是铝合金型材表面预处理技术？

铝合金挤压材在生产过程中表面黏附的油脂、污染物和天然氧化物，在阳极氧化之前必须清理干净，使其露出洁净的铝基体。传统的化学预处理工艺流程为：脱脂—水洗—碱洗—水洗—中和—水洗。

43　铝合金挤压材阳极氧化着色工艺是什么？

铝合金挤压材阳极氧化生产工艺的差别主要表现在表面预处理上，其工艺流程为：装料—表面预处理—阳极氧化—水洗—着色—水洗—封孔—水洗—卸料。

阳极氧化早就在工业上得到了广泛应用。被冠以不同名称的方法繁多，归纳起来有以下几种分类方法：

按电流形式分有：直流电阳极氧化；交流电阳极氧化；以及可缩短达到要求厚度的生产时间，膜层既厚又均匀致密，且抗蚀性显著提高的脉冲电流阳极氧化或微弧阳极氧化等。

按电解液分有：硫酸、草酸、铬酸、混合酸和以磺基有机酸为主溶液的自然着色阳极氧化。

按膜层性质分有：普通膜、硬质膜层、半导体作用的阻挡层等阳极氧化(厚膜)、瓷质膜、光亮修饰。

表 2 - 34 列出了铝合金型材阳极氧化处理典型分类及特点。

表 2 - 34　铝型材阳极氧化的典型分类及特点

分类	名称	特点
电解质溶液	硫酸阳极氧化	硫酸作为电解质的阳极氧化,其应用最广泛。硫酸阳极氧化膜透明度好
	草酸阳极氧化	草酸作为电解质的阳极氧化,阳极氧化膜透明带黄色,膜的硬度较高
	铬酸阳极氧化	铬酸作为电解质的阳极氧化。阳极氧化膜呈乳白色膜的耐腐蚀性较好
	磷酸阳极氧化	磷酸作为电解质的阳极氧化,阳极氧化膜微孔的孔径较大,膜的硬度较低
	硼酸阳极氧化	硼酸作为电解质的阳极氧化,生成壁垒型阳极氧化膜主要用于电解质电容器
	混合酸阳极氧化	混合酸种类很多,如硫酸/草酸,硫酸/磺酸等,按照阳极氧化膜的性能要求组合
	碱性溶液阳极氧化	碱性电解溶液的阳极氧化,使用较少
阳极氧化电源波形	直流阳极氧化	直流电电解溶液的阳极氧化,电流效率高
	交流阳极氧化	交流电电解溶液的阳极氧化,特殊情况使用
	交直流阳极氧化	交直流电叠加电解的阳极氧化
	脉冲阳极氧化	脉冲电流电解的阳极氧化,适于硬质阳极氧化膜的制备
阳极氧化膜结构	多孔型阳极氧化	生成多孔型结构的比较厚阳极氧化膜的阳极氧化
	壁垒型阳极氧化	生成壁垒型结构的比较厚阳极氧化膜的阳极氧化
阳极氧化膜特性	普通阳极氧化	生成阳极氧化膜显微硬度在 HV300—350 以下的阳极氧化
	硬质阳极氧化	生成阳极氧化膜显微硬度在 HF3UD—35D 以下的阳极氧化
	光亮阳极氧化	生成阳极氧化膜反射率高、光泽度高的阳极氧化

　　建筑用铝型材的阳极氧化是一个大产业。其技术要求不仅涉及其保护性和装饰性，而且要考虑其经济性、生产成本及工艺稳定性。经过几十年的研究开发和生产实践，已形成了阳极氧化—电解着色—封孔这条生产工艺路线，在我国以冷封孔为主。近20年来，尽管装备、技术和工艺有所提高或创新，但总的工艺路线和布局仍然未变。

44　什么是铝合金型材电泳涂漆工艺？

　　电泳涂漆工艺是在电场的作用下，铝型材阳极氧化膜的表面上沉积一层有机涂料膜，经高温固化成形。电泳涂漆型材表面光洁程度高，色彩柔和典雅，并且突出了金属的质感。表面覆盖的一层漆膜晶莹剔透，不仅能抵抗水、泥、砂浆和酸雨的浸蚀，而且对于异型型材也有很好的涂装效果，这是其他处理方法不能相比的。电泳涂漆分为阳极电泳和阴极电泳，根据基体材料的种类或涂装的目的来选择使用电泳涂漆的类型，表2-35为建筑铝型材丙烯酸阳极电泳涂装部分工艺参数及涂层的主要性能指标。阴极电泳工艺一般是采用聚氨醋涂料对首饰表面进行涂覆处理。阳极电泳工艺中，第一代涂料为环氧树脂涂料，现在主要用于汽车底盘的表面处理；第二代为丙烯酸涂料，用于铝型材的表面处理。丙烯酸分子式为 NH_2CHOOH，聚合成的丙烯酸树脂为一团乱麻，其中最外的梭基有70%被氨基所取代，因其树脂中存在—$COONHR$，使树脂具有水溶性，氨基树脂高温下进行交联固化反应。涂料分子的均匀性对工艺操作有很大影响，一般来说，乳化越好，分子越均匀。

表2-35　建筑铝型材丙烯酸阳极电泳涂装部分工艺参数及涂层的主要性能指标

项目	参数或指标	项目	参数或指标
电泳电压/V 烘干固化条件/℃，min 涂层外现 光泽（60℃）	80～200 180×30 无色透明 >90	硬度（铅笔） 耐候性（25 h，失光率%） 耐蚀性（48 h，CASS 试验）	>2H ≤ ≥

铝合金电泳徐漆工艺的原理是基材表面经阳极氧化处理后，形成由 Al_2O_3 与 $Al_2(SO_4)_3$ 所构成的多孔性蜂巢式的保护层。在直流电压作用下，铝合金作为阳极，电流通过氧化膜微孔电解水，产生 H^+ 和 O_2，同时，电泳涂料液在电场作用下，向阳极被涂物移动，与 H^+ 反应并沉积于被涂物上。在电场的作用下，膜中的水分子渗透析出，最终膜中水分含量低至 2% ~ 5%。经过烘烤产生交联反应而硬化。电泳涂漆起到封闭多孔质氧化膜的作用。

45　什么是铝合金型材静电粉末喷涂工艺？

铝型材静电粉末喷涂工艺过程如下：吊挂 + 脱脂—水洗—碱洗—水洗—中和、水洗—铬化—水洗—纯水洗、吹干—喷粉、烘烤流平—冷却—卸料—检查—包装入库。

静电粉末喷涂铝型材的抗腐蚀性能优良，耐酸碱盐雾能力大大优于氧化着色铝型材。由于这种铝型材的生产采用绿色环保工艺，占地面积小，工艺流程简单，操作方便，节约能源和资源，近年来得到迅速推广。

一般来说，静电粉末喷涂具有以下特点：(1)工艺较为简单，这主要得益于生产过程中主要设备的自动程度的提高，对一些主要的技术参数已经可以实现微电脑控制，有效地降低工艺操作难度，同时辅助设备大为减少，如通风设施、加热管道、冷冻装置等；(2)成品率高，一般情况下，如果各项措施得当，可最大限度地控制不合格品的产生；(3)能耗明显降低，在普通的阳极氧化、电泳涂装的生产过程中，水、电的消耗是相当大的，特别是在氧化工序，整流机的输出电流可达到 2000 ~ 8000 A 之间，电压在 15 ~ 18 V 之间，再加上机器本身的热耗，需要不停地用循环水进行降温，吨电耗往往在 1000 kW/h 左右，同时辅助设施的减少也可以降低一些电耗；(4)对水、大气的污染程度降低，片碱、硫酸及其他液体有机溶剂的不再使用，减少水及大气污染，也有效地提高了铝型材与作为环保产品的塑钢型材的竞争实力，相应地减少了一些生产成本；(5)工人的劳动强度明显降低，可采用自动化流水线作业，上料方式以及夹具的使用方式明显简化，提高了生产效率；（6）对毛料的表面质量要求标准有明显降低，粉末涂层可以完整覆盖型材表面的挤压纹，掩盖一部分铝型材表面的瑕疵，提高铝型材成品的表面质量；（7）涂膜的一些物理指标较其他表面处理膜有明显提高，如硬度、耐磨性、耐酸性，可有效地延长铝型材的使用寿命。

46 什么是铝合金型材氟碳喷涂工艺？

氟碳喷涂也是静电喷涂的一种，氟碳喷涂是指通过静电作用在铝合金基体表面，喷上聚偏二氟乙烯漆涂层。氟碳键是已知最强的分子键之一。氟碳涂料之所以能具有持久的保色度、抗腐蚀、抗老化、抗大气污染等特性，其秘密在于其聚合体的分子结构，见图 2 - 14。

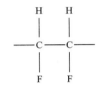

图 2 - 14 KYNAR 分子结构简图

近年来，国内将氟碳喷涂大面积用于铝板幕墙，由于具有优异的特点，其越来越受到建筑业及用户的重视和青睐。氟碳喷涂具有优异的抗褪色性、抗起霜性、抗大气污染（酸雨等）隔腐蚀性，且其抗紫外线能力和抗裂性强，还能够承受恶劣天气、环境的影响，其优异性能是一般涂料所不及的，图 2 - 15 为几种耐候面漆的老化试验结果。

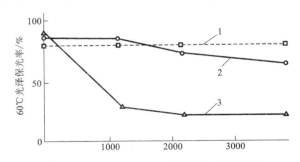

图 2 - 15 几种耐候面漆的老化试验结果

1—氟碳面漆；2—有机硅丙烯酸面漆；3—聚氨酸面漆

氟碳喷涂工艺流程为：

前处理流程：铝材的去油去污—水洗—碱洗（脱脂）—水洗—酸洗—水洗—铬化—水洗—纯水洗。

喷涂流程：喷底漆—面漆—罩光漆—烘烤（180—25U │）—质检。

多层喷涂有三次喷涂（简称三喷），喷底面漆、面漆及罩光漆和二次喷涂（底漆、面漆）工艺。

第3章　铝及铝合金管材生产技术

1　管材的品种、分类及用途有哪些？

铝及铝合金管材品种规格很多，根据生产方法、断面形状、尺寸、精度等级、供应方式、内部组织特征及用途的不同分类如下。

（1）根据几何形状的不同可分为：圆管、方管、矩形管、滴形管、梯形管、椭圆形管、异型管和变断面管等。

（2）根据其生产方法不同分为：挤压管、冷轧管、拉拔管、旋压管等。

（3）根据管材的状态不同可分为：退火状态管材、淬火状态管材、硬状态管材和挤压状态管材等。

（4）根据管材厚壁的不同可分为厚壁管和薄壁管。要通过管材的技术标准来确定厚壁管和薄壁管。

（5）根据管材的内部组织特征不同可分为：无缝管材和有缝管材。

（6）根据管材的用途不同可分为：军用和民用导管、壳体管、容器管、钻探管、套管、波导管、冷凝管、蒸发皿管、光学仪器管、旗杆、电线杆、集电弓杆、撬棍以及其他耕种结构件管和装饰管以及帐篷管、鱼竿管等生活用品管等。

2　管材的表示方法有哪些？

铝及铝合金管材的规格范围取决于挤压机的吨位（挤压力）、挤压工具的配备、轧管机、拉拔机、矫直机的设备能力、管材的合金和技术标准要求。国家推荐标准中确定的挤压管尺寸范围为外径 $\phi25$ mm ~ $\phi400$ mm；壁厚 5 ~ 50 mm；冷拉（轧制）管尺寸范围为外径 $\phi6$ ~ $\phi120$ mm；壁厚 0.5 ~ 5 mm。

管材的表示方法如图 3 - 1 所示。

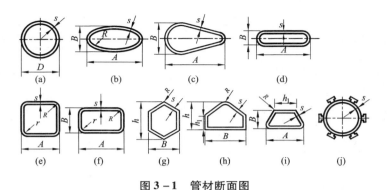

图 3 - 1　管材断面图

(a)圆管 $D \times S$；(b)椭圆形管 $A \times B \times S$；(c)滴型管 $A \times B \times S$；

(d)波导管 $a \times b \times S$(表示内腔尺寸)；(e)方管 $A \times A \times S$；(f)矩形管 $A \times B \times S$；

(g)、(h)、(i)、(j)表示其他复杂断面管材和具有特殊尺寸要求的管材

3　实心铸锭生产管材的方式及特点是什么?

实心铸锭采用穿孔挤压方式,即穿孔针在较大穿孔力的作用下,穿入铸锭中心,实现管材挤压,该方式主要适用于软合金。由于采用实心铸锭,挤压管材尺寸精度主要决定于设计精度及穿孔针的强度。挤压后的管材容易产生偏心,对铸锭要求外径尽量与挤压筒直径相近,一般小于挤压筒直径 3 ~ 5 mm,以减小镦粗变形量。

4　空心铸锭生产管材的方式及特点有哪些?

空心铸锭采用半穿孔挤压或正常的穿孔挤压,半穿孔挤压就是空心铸锭的内径尺寸小于穿孔针直径,在穿孔过程中,穿孔针将铸锭内孔的金属穿出去,使内孔金属为新金属表面,消除内孔偏析瘤和杂物等。该方式适用于小直径铸锭镗孔困难的软合金。正常的穿孔挤压就是空心铸锭的内径尺寸大于穿孔针直径,穿孔针在穿孔时不与铸锭内孔接触,可以有效地防止穿孔针上的润滑油被刮掉,提高挤压品质。铸锭表面品质及尺寸公差见表 3 - 1。

表 3 - 1   铸锭表面品质及尺寸公差/mm

铸锭	挤压方式	润滑方式	外径公差	内径公差	端面切斜度	壁厚偏差	两端直径差	长度公差
实心	穿孔	不润滑	±1.0	—	3.0	—	2.0	±4.0
空心	半穿孔	不润滑	±1.5	±2.0	2.0	2.0	2.0	±4.0
	穿孔	润滑	±1.5	±1.0	3.0	1.5	2.0	±4.0
		不润滑	±1.0	±0.5	2.0	1.0	1.5	±4.0

5   管材的主要生产方法有哪些?

管材的生产方法主要有挤压、拉拔、轧制、旋压、焊接等方法。焊接方法生产出来的管材属于有缝管材。采用实心铸锭,通过分流模和舌形模挤压生产的管材也属于有缝管。其他方法生产的管材均为无缝管材。目前生产铝合金管材的方法,主要是采用挤压方法并配合拉拔和冷轧等冷加工方法生产。生产时可根据管材的合金、规格,采用其中一种方法,也可以同时采用两种以上方法生产,主要根据工厂的综合设备能力、生产效率以及产品成品率等灵活选择。常见的管材生产方案见表 3 - 2。

表 3 - 2   常见的铝及铝合金管材生产方案

序号	主要加工工序	适应生产的品种
1	热挤压	厚壁管材,复杂断面的异型管材
2	热挤压—拉拔	直径较大,壁厚较厚的薄壁管材
3	热挤压—轧制—拉拔(减经、整径)	中小直径管材
4	冷挤压	小直径薄壁管材
5	三辊横向热轧—拉拔	软合金管材,大直径厚壁管材
6	横向旋压	大直径薄壁管材
7	焊接—拉拔(减径)	直径较大民用管材

6　挤压管材生产工艺流程是什么?

挤压管材生产工艺流程见图 3 - 2。

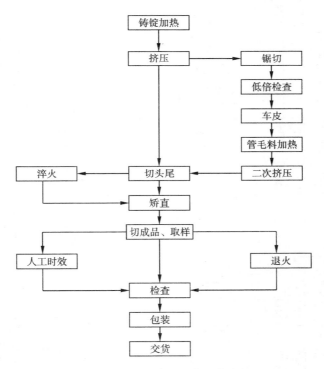

图 3 - 2　挤压管材生产工艺流程

7　管材拉伸生产工艺流程是什么?

拉伸管材生产工艺流程见图 3 - 3。

8　管材轧制生产工艺流程是什么?

轧制管生产工艺流程见图 3 - 4。

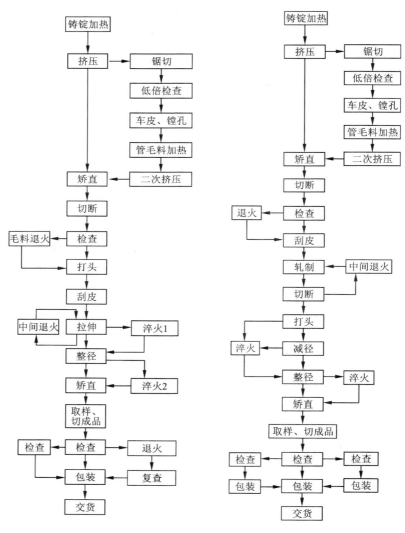

图 3-3 拉伸管材生产工艺流程   图 3-4 轧制管生产工艺流程

9 固定针正向挤压法及其优缺点有哪些?

固定针挤压法是无缝管材生产中应用最广泛的挤压方法。固定针挤压是将挤压针固定在具有独立穿孔系统的双动挤压机的挤压针支承上。生产过程中,固定挤压针的位置相对于模子是固定不变的。当更换产品规格时,一般只更换其针尖、模子即可。它所用的坯料是空心铸锭。铸锭内、外表面需经过车皮和镗孔。在挤压前要将挤压针涂上润滑油,其目的是减小铸锭对挤压针的摩擦力和保证管材内表面品质。图 3-5 为这种挤压法生产管材示意图。

挤压时,将铸锭 6 放入挤压筒 1 中,在挤压轴 5 的压力作用下,迫使金属通过模孔 2 与挤压针 3(针尖)所形成的环形间隙流出,得到与环形间隙形状和尺寸相同的挤压管材。

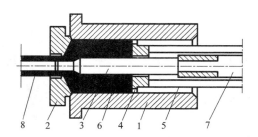

图 3-5 固定针正向挤压法生产管材示意图

1—挤压筒;2—模子;3—挤压针;4—挤压垫片;

5—挤压轴;6—铸锭;7—针支承;8—挤压制品

固定针正向挤压法的优缺点如下:

(1)可以生产多种规格管材,只要更换模子和针尖规格,即可以改变挤压管材的尺寸。

(2)可生产无缝管材和断面不复杂的无缝空心型材。

(3)由于铸锭的几何形状与挤压管材的几何形状相似,因此金属的变形均匀,挤压管材的组织也相对均匀。

(4)固定穿孔针挤压时,穿孔针受到较大的拉力,这个拉力与铸锭的长度成正比例关系，因此，生产中铸锭的长度受限。

（5）由于采用空心铸锭挤压，因此增加了铸锭的生产难度和成本，降低了铸锭的成品率。

（6）由于穿孔针受到很大的拉力，生产中断针现象普遍，工具损耗大，工具成本增加。

（7）设备构造复杂，精度要求高，设备价格贵。

（8）由于铸锭与穿孔针之间有摩擦力作用，当润滑效果不好时，造成内表面擦伤、石墨压入等废品。

（9）工具系统的装配精度直接影响挤压管材的尺寸精度，对工具系统的制造精度和装配精度要求高。

10 随动针正向挤压法及其优缺点有哪些？

随动针挤压是将挤压针固定在无独立穿孔系统挤压机的挤压轴上，生产过程中，由于随动针是固定在挤压轴上，随着挤压过程的进行，挤压针也随着挤压轴同步移动，因而随动针与模孔工作带的相对位置是随着挤压过程的进行而变动的。当改变挤压管材规格时，必须更换整根挤压针，同时还需要相应的变更铸坯的内孔尺寸。坯料都是经车皮镗孔的，挤压前将挤压针均匀涂上润滑剂，以减少管材内表面的擦伤缺陷，如图 3-6 所示。

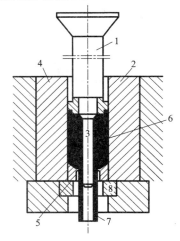

图 3-6 立式随动针挤压管材

1—挤压轴；2—挤压垫片；3—挤压针；4—挤压筒；

5—压模；6—铸锭；7—挤压管材；8—剪切模

挤压时，将铸锭 6 放入挤压筒 4 中，在挤压轴 1 的压力作用下，迫使金属通过模孔 5 与挤压针 3 所形成的环形间隙流出，获得管材 7。

随动针挤压法的主要优缺点如下：

（1）铸锭与挤压针无相对摩擦，挤压速度相对固定穿孔针要快，管材内表面品质较好。

（2）工具和设备简单，操作简便。

（3）可以生产多规格管材。

（4）金属流动均匀，产品组织和性能均匀。

（5）随动针要求具有一定的锥度，因此生产管材的头尾尺寸偏差较大。

（6）铸锭规格繁多，不具备互换性，组织生产比较复杂。

（7）挤压中心调整比较困难。

11　穿孔挤压法及其优缺点有哪些?

穿孔挤压法生产铝及铝合金管材，所用的铸锭一般是实心锭，也可以采用内径小于挤压针外径的空心铸锭进行，简称半穿孔挤压。半穿孔挤压，其铸锭必须经车皮、镗孔，以消除表面缺陷。图 3 - 7 为管材穿孔挤压过程示意图。

挤压时，将铸锭 1 放入挤压筒 2 中，在挤压轴 5 的作用下，进行填充挤压，如图填充后将挤压轴 5 退回一定距离，而后推进挤压针 6 进行穿孔。此时，金属将沿着挤压针运动相反的方向发生反向流动，将挤压针伸入模孔中并与模孔工作带形成环状间隙。此时，挤压针 6 固定不动，推动挤压轴 5 和垫片 4 进行挤压，迫使金属通过模孔 3 与挤压针 6（针尖）形成的环形间隙流出，获得所需的挤压制品 9。

穿孔挤压的主要优缺点是：

（1）挤压管材的内表面品质高。

（2）由于穿孔挤压采用实心铸锭，铸锭的成本低。

（3）穿孔过程穿孔针受较大的压力，易造成弯曲和断裂，工具消耗较大。

（4）穿孔挤压管材偏心度大，特别是挤压管材的前端，因此机台成品率较低。

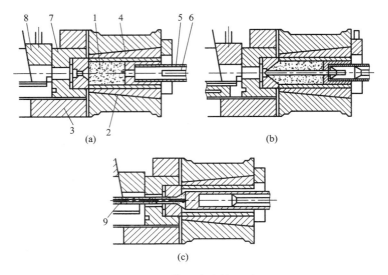

图 3 - 7　管材穿孔挤压过程

（a）挤压准备完成；（b）挤压第一阶段（穿孔）；（c）挤压第二阶段（挤出管材）

1—铸锭；2—挤压筒；3—挤压模；4—垫片；5—挤压轴；

6—挤压针；7—模支撑；8—锁键；9—挤压管材；

（5）铸锭长度受限制，一般难以对较长铸锭穿孔。

（6）设备精度、工具制造和装配精度要求高。

12　分流模挤压法及其主要特点是什么？

分流模挤压法是采用一种特殊构造的挤压模，在普通挤压机上用实心锭正常的挤压法生产铝及铝合金管材，如图 3 - 8 所示。挤压时，将金属锭装入挤压筒中，在挤压轴的作用下，先进行填充挤压，迫使金属通过模孔流出，获得所需管材。

分流模挤压法的主要特点是：利用挤压轴把作用力传递给金属，流动的金属进入模孔之前，先被分成两股或两股以上的金属流，然后在模子焊合室（模腔）重新组合，金属在高温高压高真空条件下被焊

合，在流出模孔时即形成所需的
管材。用分流模挤压法生产的管
材，在宏观组织上可以明显看到
焊缝，焊缝的数目等于金属锭被
分成的金属流的数目。所以说管
材上保留焊缝是分流模生产的主
要特点。

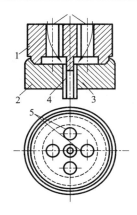

图 3 – 8 分流组合模结构
1—模外壳；2—模壳；3—模芯子(舌头)；
4—管子；5—分流孔

13 反向挤压法的优缺点有哪些?

反向挤压时，金属制品的流
动方向与挤压轴的运动方向(模
轴的相对运动方向)相反的挤压
方法，叫做反向挤压法，简称反
挤压。在现有挤压机上实现反向挤压的方法主要有带堵头的挤压方
法和采用双挤压轴的挤压方法两种。这两种反向挤压方法的工作示
意如图3 – 9所示。

反向挤压法的主要优缺点是：

(1)挤压时，铸锭与挤压筒之间无相对摩擦，与正向相比可以降
低挤压力20% ~40%。

(2)制品尺寸精度高，可采用长铸锭挤压。

(3)制品力学性能和组织均匀，可有效消除和减小粗晶环缺陷。

(4)挤压速度提高1 ~1.5倍。

(5)残料减少30%以上。

(6)铸锭可在较低温度下挤压，生产效率高，产品成品率提高
8% ~10%，节省能耗约20%。

(7)制品规格受模轴内径尺寸限制。

(8)设备结构复杂，一次投资比正向挤压的高30%。

(9)铸锭表面要求高，必须进行车皮、镗孔或热剥皮。

(10)辅助时间长。

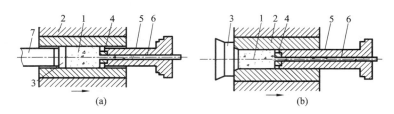

图 3-9　反向挤压法

（a）用双挤压轴的反向挤压法

1—铸锭；2—挤压套筒套；3—挤压垫片；4—挤压模；

5—挤压模轴；6—挤压制品；7—挤压轴

（b）带堵头的反向挤压法

1—铸锭；2—挤压套筒套；3—堵头；4—挤压模；5—挤压模轴；6—挤压制品

由于反向挤压具有以上特点，所以特别适合挤压硬合金及尺寸精度高、组织均匀、且无粗晶环的制品。

14　冷挤压法及其特点有哪些?

冷挤压法是管材生产中应用很久的一种挤压法，适应于生产中、小规格的薄壁管材。

冷挤压铸锭或毛坯表面应涂上润滑油，在室温条件下装入挤压筒，有时为了降低挤压力，对某些高强度的铝合金也可以将铸锭或坯料加热到100℃左右再装入挤压筒，对于装饰用的型、管材等，可将铸锭和毛坯浸于过冷的液态溶液中以降低其温度到零下40℃~50℃，再立即装入挤压筒。管材冷挤压时，工模具需要承受比热挤压大得多的压力。由于剧烈的体积变形，变形热往往会使模具的工作温度达到250℃~300℃。

冷挤压的主要特点是：金属的不均匀变形大为减少，金属变形仅发生于模空附近，死角区基本消除，因此产生成层、粗晶环、缩尾及其他缺陷的可能性大为减少。冷挤压管材通常采用润滑挤压，常用的润滑剂有高分子再生醇的混合物、双层润滑剂—鲸油和硬脂酸纳水溶液等。

　　采用冷挤压法生产的管材尺寸精度高、挤压速度快、制品表面品质高、生产周期短、投资少、成品率可达70%~85%。但冷挤压制品没有挤压效应，铸锭或坯料的表面品质要求高，对工模具材料要求高，工具损耗大。

15　Conform 挤压法及其特点是什么？

　　Conform 挤压法是 20 世纪 70 年代初研制的一种合金连续挤压法，适用于生产小直径薄壁长管。Conform 挤压法主要特点是：利用送料辊和坯料之间的接触摩擦力而产生挤压力并同时将坯料温度提高到 500℃ 左右。迫使毛坯沿着模槽方向前进，然后进入模具。康福姆挤压法有单辊送料和双辊送料两种方法。

　　采用康福姆挤压法可一次生产出尺寸小薄壁的管材，成品率高（可达到 98.5%），毛料无需加热，设备造价低，可连续生产，生产效率高；但生产的规格、品种受到限制。

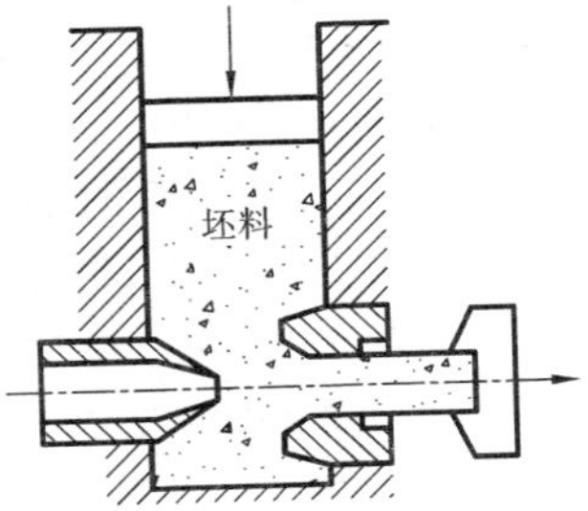

图 3 - 10　侧向挤压示意图

16　什么叫侧向挤压？

　　金属制品的流出方向与挤压轴的运动方向垂直的挤压叫做侧向挤压，如图 3 - 10 所示。侧向挤压主要用于电线电缆行业各种复合导线的成形以及一些特殊的包覆材料成形。

17　液体静压挤压法及其特点有哪些？

　　液体静压挤压法又称高压液体挤压。挤压时，锭坯借助于周围的高压液体的压力由模孔中挤压出来，以实现塑性变形，如图 3 - 11 所示。挤压一般是在常温下进行的，但是在一定温度下甚至高温下也可进行静压力挤压。高压液体的压力可以直接用一个填压器将液体压入挤压筒中，或用挤压轴压缩挤压筒内的液体获得挤压力，这种方法应用较广。

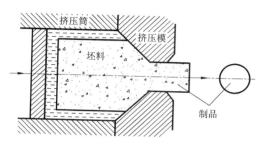

图 3-11　净液挤压原理图

液体静压力挤压法的主要特点与润滑挤压基本相同，只是筒内的液体在挤压轴的作用下产生压力，实现金属变形。液体静压力挤压法是锭坯与挤压筒内壁不直接接触，无摩擦，金属变形均匀，产品品质比较好。锭坯与模子间处于流体动力润滑状态，模子磨损少；制品的力学性能在断面上都很均匀；液体静压力挤压法所需的挤压力比正挤压小 20%～40%；可实现高速挤压。但在高压下，挤压轴与模子的密封材料要求较高；挤压工具材料贵且设计较复杂；传压介质液体的选用较困难。

18　铝合金管材冷轧及其特点有哪些？

管材冷轧是将通过热挤压获得的管材毛坯在常温下进行轧制，从而获得成品管材的加工方法。通过冷轧后获得的管材表面光洁，组织和性能均匀，壁厚尺寸精确，因此冷轧一般都用来生产薄壁管材，特别是硬铝合金薄壁管材。与拉伸法相比，冷轧还具有道次加工率大、生产效率高等优点。但是，经冷轧后的管材，外径偏差较大，须经拉伸减径或整径才能获得成品尺寸管材。此外，通过轧制法还可以生产各种异型管材，变断面管材和锥形管等。

19　二辊冷轧管法及轧机的工作原理是什么?

周期式二辊冷轧管法是管材冷加工中应用较多的一种轧制方法。在铝合金管材生产中应用比较普遍。目前它的机构已经改善得很完善，产品规格范围可以达到外径 $\phi12 \sim \phi457$、壁厚 $0.2 \sim 15$ mm。

周期式二辊式冷轧管机的工作原理如图 3 - 14 所示。主传动齿轮 1 通过曲柄 2 和连杆机构 3 带动机架 5 做往复直线运动。轧机机架上装有一对轧辊 6，在上、下轧辊的辊径两端装有互相咬合的同步齿轮(被动齿轮)8。在下轧辊辊径的最外端有主动齿轮 9，主动齿轮 9 通过固定在机座 7 上的两个齿条 4 咬合。当主传动齿轮 1 通过曲柄 2 和连杆机构 3 带动机架 5 做往复直线运动时，从而主动齿轮 9 和被动齿轮 8 将机架的往复直线运动同时转变为轧辊的周期性转动。

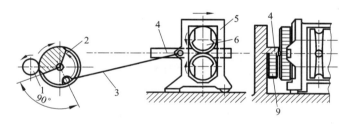

图 3 - 12　冷轧管机工作示意图

1—主传动齿轮；2—曲柄；3—连杆；4—齿条；5—工作机架；

6—轧辊；7—固定机座；8—被动齿轮；9—主动齿轮

周期式冷轧管机的主要工具如图 3 - 12 所示，一个带有一定锥度的芯头 3 和一对带有逐渐变化孔槽的孔型 1 构成。在轧辊 2 上装有带变断面轧槽(轧槽截面呈半圆形)的孔型 1，上、下两孔型的轧槽合起来构成一个断面逐渐变化的圆形型腔。型腔的最大断面直径与管坯 5 的外径相当，最小断面直径等于轧出管材 6 的外径。在型腔的中心位置有一个呈悬臂状态、带有锥度的芯头 3，其后端连接在连杆 4 上，它与轧机上的孔型配成一个断面变化的环形间隙。一台轧机上，常常备有多种规格的孔型。孔型用楔铁和螺栓固定在轧辊的凹槽中，轧辊安装在往复运动的工作机架中。轧辊与孔型除了随着工作机架作前后往复运动的同时，并沿着轧制中心线往复滚动。轧制前，先将管坯5套在芯头及连杆上，当机架作往复直线运动时，带动轧辊转动，管坯在芯棒与孔型之间形成的环形间隙内受到反复轧制，实现管坯外径的减小和壁厚的减薄。

轧制开始时，机架位于左极限位置，孔型开口最大。孔型芯棒与被轧制的管坯脱离接触，此时管坯在轧机送料结构的推动下被迅速推进一定长度即一个送料量。随后工作机架向前移动，轧辊在滚动的过程中环形间隙逐渐减小，使管坯外径减小，壁厚减薄，实现管坯的轧制过程。当机架运行到右极限位置，孔型开口最小，孔型与轧出的管材脱离，接触，此时管坯与芯棒为整体，在轧机回转结构的作用下，管材与芯棒一起迅速回转一定角度(60°~120°)，回转动作完成后，轧机开始向回运动，则对回转一定角度的管坯进行回程轧制，直到运行到左极限位置。完成一个轧制周期，得到一段轧制管材，如此反复循环，完成整个管材的轧制生产。

20　二辊冷轧管法主要优缺点有哪些?

二辊式冷轧管法具有如下的优缺点:

(1)道次加工率大，最大加工率可达到80%以上。

(2)可以生产长度大的管材，最长可达30 m。

(3)减少部分合金的退火工序，生产效率高，周期短。

(4)设备的自动化程度高，可减轻劳动强度。

(5)孔型更换简便，尺寸调整方便快捷。

(6)冷轧管机结构复杂，设备精度要求高，投资和维修费用较大。

(7)工具设计、制造比较复杂。

(8)软合金管材和壁厚较大的管材，不如拉伸法生产效率高。

(9)轧制的管材具有较大的椭圆度、波纹、楞子等，管材外径偏差不易控制，因此，经轧制后的管材必须经拉伸减径、整径才能达到成品管材的要求。

21　多辊式冷轧管法及轧机工作原理是什么?

　　三个及三个以上轧辊组成的冷轧管机称为多辊冷轧管机。多辊轧机分为三辊、四辊和五辊三种。下面以三辊为例,三辊冷轧管机的工作原理及机构如图3-13。这种冷轧管机与二辊冷轧管机一样,具有往复周期轧制的特点。主要的工具为一个圆柱形的芯头5和三个轧辊3,三个楔形滑道2。轧辊上有断面不变的孔槽,三个轧辊的孔槽组成一个圆形的孔型,与中间的芯头共同构成一个环形的间隙。轧辊在三个具有特殊曲线斜面的滑道上往复滚动。滑道的曲线与二辊式冷轧管机孔型展开曲线类似,当孔型在滑道的右端时,滑道曲线的高度最小,三个轧辊离开的距离最大,孔型组成的圆外径最大,与圆柱形芯头组成的环形的断面也最大。当轧辊由右向左运动时,由于滑道高度的逐渐增加,三个孔型组成的圆的外径也逐渐减小。管坯在孔型和芯头的压力下发生塑性变形,达到外径的缩小和壁厚的减薄。轧辊前进到最前端后,开始反方向运动,进入到回轧过程。轧辊返回到右端极限位置后,管坯通过回转机构和送料机构,对管坯进行翻转和一定的送料量,开始下一个轧制周期。管坯在周期的反复轧制下,获得成品管材的尺寸要求。

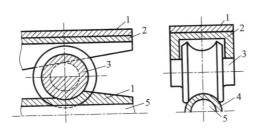

图3-13　三辊冷轧管机轧制示意

1—机架;2—滑道;3—轧辊;4—管材;5—芯棒

22 三辊冷轧管法主要优缺点有哪些?

与二辊冷轧管法相比,三辊式冷轧管法的优缺点如下:

(1)由于多辊冷轧时金属变形均匀,管坯轧制时外径收缩率小,有利于金属的壁厚减薄,因此多辊轧制适用壁厚特别薄的管材生产。轧制的管材外径与壁厚之比可达 100 ~ 250,更适于某些冷加工性能差的合金管材生产。

(2)孔型孔槽与管坯在轧制过程中没有或很少有相对滑动摩擦,金属变形均匀,因此轧制管材的壁厚精度和表面光洁度较高。

(3)通过合理的工具配套,可直接生产成品管材。

(4)多辊冷轧机轧辊数量多,轧辊直径小,因此总的轧制压力较小,轧制功率消耗也较少。

(5)与二辊式冷轧管法相比,工具设计和制造相对简单,产品品质容易保证。

(6)由于孔型的孔槽为圆柱形,而不是变断面尺寸,轧制送料量较小,因此生产效率偏低。

(7)管坯轧制时减径量小。

为了提高生产效率,可在多辊轧机机架内装配多套轧辊,实现多线轧制法。

23 冷轧时金属的变形过程如何?

周期式冷轧管机轧制管材的生产过程可分为 4 个步骤:送料过程、前轧过程、回转过程、回轧过程,如图 3 - 14 所示。

(1)送料过程

轧制开始时,工作机架位于后极限位置时[图 3 - 14(a)]两个轧辊处在进料段,孔型与管坯没有接触。通过送料机构将管坯向前送入一定的长度 m(称为送料量),即管坯 I—II 截移动到 I_1—I_1 截面位置。截面 II - II 也同时移动到 II_1 - II_1 位置。管坯的所有断面都向前移动距离 m。此时,管坯锥体与芯头间产生一定的间隙 Δt。

(2)前轧过程

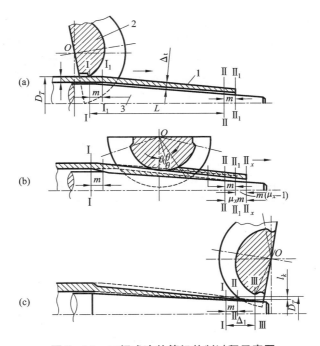

图 3 – 14　二辊式冷轧管机轧制过程示意图

（a）送料过程；（b）轧制过程；（c）回转过程

1—管子；2—孔型；3—芯棒

当工作机架向前移动时，轧辊和孔型同时旋转，孔型滚动压缩管坯，使管坯在由孔型和芯头组成的断面逐渐减小的环形间隙内进行减径和减壁。管材轧制时，孔型逐渐压缩管坯，先是工作锥的直径减小，管坯内表面与芯棒表面接触，而后是壁厚减薄、直径也减小。未被轧制的管坯与芯头表面的间隙 Δt 则要增大，如图 3 – 14（b）所示。

轧制过程的变形区（又称瞬时变形区）由三部分组成（图 3 – 15）：θ 为咬入角区，θ_P 减径角区，θ_0 为压下角区；减径角区和压下角区合起来构成了管材轧制的咬入角区（即变形区），咬入角 $\theta = \theta_P + \theta_0$。在减径角区使管坯直径减小至内表面与芯头接触。压下角区管坯的直径和壁厚同时被压缩，实现管坯直径的减小和壁厚的减薄。在轧制过程中，由于管坯工作锥的直径和壁厚是逐渐变化的，因此咬入角 θ、减径角 θ_P 和压下角 θ_0 是变化的，其变形区也是随时变化的，故轧制过程中的变形区也称为瞬时变形区。压下角对应的水平投影为 $ABCD$ 可近似看作梯形，减径角对应的水平投影为 $CDGFE$。

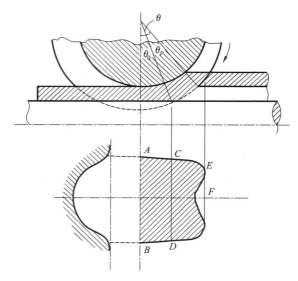

图 3 – 15　前轧时变形区的水平投影

随着轧辊不断向前运动，金属产生塑性变形，直径壁厚减小，长度增加。当轧辊运动到 x 位置时，管材长度伸长的绝对值为 $m(\mu_x - 1)$，如图 3 – 14（b）所示。

（3）回转过程

当轧辊处在轧制行程前极限位置时，如图 3 – 14（c）所示轧辊孔槽处在回转段，孔型与管坯、体不接触，而管坯与芯头紧密配合为一整体，管坯由回转机构通过卡盘芯杆和芯头带动翻转 60°~120°。此时因塑性变形，管坯长度相对向前移动了 ΔL 长度，绝对伸长量为 $\Delta L - m$。

（4）回轧过程

管坯回转后，随着工作机架的返回运动，对管坯进行回轧，消除前轧时造成的椭圆度、壁厚不均度和管材表面楞子等，以利于下一个周期的轧制。在回轧过程中，金属有一定的塑性变形，但变形程度远不如前轧过程。

在实际生产中，每次送进一段管坯，并非在工作机架完成一次往复运动后就轧制成成品管材，而是经过多次往复轧制才能达到成品尺寸要求。

24　前轧过程的 4 个阶段及各阶段主要特点有哪些？

金属的变形主要集中在前轧过程，在整个前轧过程中，管坯的变形过程可分为 4 段，即减径段、压下段、精整段和定径段，如图 3 – 16 所示。

（1）减径段

管坯在减径段，只有减径变形，由于管坯和芯头表面没有接触，壁厚将略有增加，管坯壁厚增加的规律与拉伸减径变形时壁厚增加的规律相同，这也是冷轧管时在一定程度上能够纠正管坯偏心的原因之一。但由于上、下两个孔型之间存在间隙，孔型侧翼有一定的斜度，因此在减径过程中管坯在一定程度上会产生压扁变形。

（2）压缩段

管坯的变形主要集中在这一阶段。由于孔型在这一阶段的平均锥度较大，因此，管坯此阶段发生很大的外径减小和壁厚减薄，经过该段轧制后，管材的壁厚已接近成品管厚。在此阶段中，金属不仅产生纵向流动，而且也会向孔型间隙中流动产生横向宽展，管材的壁厚是不均匀的，还需要进行精整以减小其壁厚不均性。

（3）精整段

在精整段，管坯的变形量很小，主要目的是消除轧制管材的壁厚不均。此段孔型的锥度与芯头的锥度相等，管坯的壁厚达到成品管材的壁厚和要求的偏差范围。

（4）定径段

　　管坯在这一段的主要变形是外径变化，而壁厚不变。目的是使管材外径一致，消除竹节状缺陷。此段孔型的锥度为零。管坯与芯头不再接触。

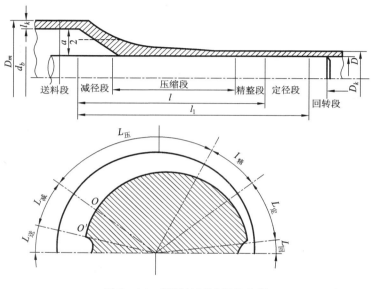

图 3 – 16　管材轧制过程的分段

25　减少孔型摩擦的不均匀性的方法有哪些？

　　为了尽可能减少孔型摩擦的不均匀性，在冷轧管机设计中，主动齿轮节圆直径小于齿轮的节圆直径（一般情况，主动齿轮的节圆直径比被动齿轮节圆直径小 5% 左右）。主动齿轮节圆直径应等于孔型孔槽的平均直径。对于大规格的冷轧管机，由于轧机轧制规格范围大，设计中配备有两种规格节圆直径的主动齿轮。生产中应根据不同的孔型规格配备合理的主动齿轮。这样，才能有效地减小孔型孔槽对管坯的滑动摩擦，减少孔槽的不均匀磨损，有利于提高轧制管材的表面品质和孔型的使用寿命。但是，冷轧管机轧辊的更换十分困难，而且装配精度要求很高，在铝加工中，管材是多规格、多品种、小批量生产。企业根据主要的品种规格选定其中一种主动齿轮，便能基本适用生产要求，常用的冷轧管机的主要工艺性能见表 3 - 3。

表 3 - 3　冷轧管机的主要工艺性能

名称	LG30	LG55	LG80	×ПТ75	×ПТ32
管坯外径范围/mm	22 ~ 46	38 ~ 67	57 ~ 102	27 ~ 102	22 ~ 46
管坯壁厚范围/mm	1.35 ~ 6	1.75 ~ 12	2.5 ~ 20	2.5 ~ 20	1.35 ~ 6
成品管外径范围/mm	16 ~ 32	25 ~ 55	40 ~ 80	40 ~ 80	16 ~ 32
成品管壁厚范围/mm	0.4 ~ 5	0.75 ~ 10	0.75 ~ 18	0.75 ~ 18	0.4 ~ 5
断面最大减缩率/%	88	88	88	88	88
外径最大减小量/mm	24	33	33	32	24
壁厚最大减缩率/%	70	70	70	70	70
管坯长度范围/mm	1.5 ~ 5	1.5 ~ 5	1.5 ~ 5	1.5 ~ 5	1.5 ~ 5
送料量范围/mm	2 ~ 14	2 ~ 14	2 ~	2 ~ 30	2 ~ 14
轧辊直径/mm	300	364	434	434	300
轧辊主动齿轮节圆直径/mm	280	336	405 或 378	405 或 378	280
轧辊被动齿轮节圆直径/mm	300	364	434	434	300
工作机架行程长度/mm	453	624	705	705	453

续表 3 - 3

名称	LG30	LG55	LG80	×ПТ75	×ПТ32
允许最大轧制力/MN	6.5	11.0	17.0	17.0	6.5
轧辊回转角度/(°)	185°39′20″	212°59′20″	199°,213°4′	199°,213′4″	185°39′3″

　　所列为常见二辊式冷轧管机的主要工艺性能。

26　送料量对轧制力有什么影响？

　　轧制力与送料量成正比。送料量愈大，轧制过程的压下角愈大，压下区水平投影也愈大，轧制力也就愈大。一般情况下。送料量增加一倍，轧制力增加 0.3 ~ 0.5 倍。

　　送料量在 2 ~ 10 mm 范围内，轧制力与送料的关系可用式（3 - 1）近似表示。

$$p_2 = p_1 \sqrt{\frac{m_2}{m_1}} \qquad (3-1)$$

式中：p_1 和 p_2 分别是送料量为 m_2 和 m_1 时的轧制力。

27　轧制力与总延伸系数有什么关系？

　　轧制力与总延伸系数成正比例关系。在管坯尺寸相同的条件下，轧制力与成品管材壁厚成反比例关系。一般情况下，管坯壁厚增加 1 倍，轧制过程在通程时，轧力增加 0.2 倍，反行程时增加 0.3 倍。反行程时轧制力增加多的原因，主要是材料在正行程时经过了一次轧制，由于加工硬化，材料的变形抗力有所提高。当延伸系数在 2 ~ 8 范围内，延伸系数与轧制力的关系可近似地用式（3 - 2）表示。

$$p_2 = Cp_1 \sqrt{\frac{\lambda_2}{\lambda_1}} \qquad (3-2)$$

式中：p_1 和 p_2 延伸系数分别为 λ_2 和 λ_1 时的轧制力；C 为系数。

28   轧制力与金属材料的抗拉强度的关系怎样？

轧制力与金属材料的抗拉强度(σ_b)成正比。在同一工艺条件下，轧制力与材料抗拉强度的关系可以用式(3 – 3)表示：

$$p_2 = p_1 \frac{\sigma'_b}{\sigma_b} \qquad\qquad (3-3)$$

式中：p_1、p_2 为材料抗拉强度分别为 σ'_b 和 σ_b 的轧制力。

29   冷轧管材轧制半径及计算方法是什么？

与一般的轧制不同，冷轧管是一种"强制性"的轧制过程，表现为管材由孔型中出来的速度不取决于轧辊的"自然轧制半径"，而是取决于工作机架的运动速度，也就是轧辊主动齿轮的节圆圆周线速度，因为冷轧管轧制过程工作机架的速度与轧辊主动齿轮节圆的圆周线速度相等。

所谓"轧制半径"，就是圆周速度与金属由轧辊中出来的速度相等的轧辊半径。在平辊轧制时，如果不考虑前滑，轧制半径等于轧辊的半径。而在带有孔槽的轧辊上轧制时，孔槽上各点与轧件接触处的半径不相同，靠近孔槽顶部的轧辊半径小，线速度也小，而靠近孔槽开口部的轧辊半径大，线速度也大。这种情况下，轧制半径 $R_{轧}$ 为

$$R_{轧} = R_0 \frac{1}{2} R_{制} \qquad\qquad (3-4)$$

式中：R_0 为轧辊半径，mm；$R_{轧}$ 为圆制品断面半径，或制品外接圆半径，mm。

在冷轧管时，由于孔型中孔槽的断面是变化的，那么轧制半径也是一个变值，见图 3 – 17。在轧制开始阶段，轧制半径 $R_{轧}$ 小于轧辊主动齿轮节圆半径 $R_{齿}$，而在轧制结束阶段，轧制半径又大于主动齿轮节圆半径。

管材轧制过程中，在轧制开始阶段，轧制半径 $R_{轧}$ 小于主动齿轮节圆半径 $R_{齿}$，而轧制终了阶段轧制半径大于主动齿轮节圆半径 $R_{齿}$。同时，冷轧管机机架正行程时，管子尾部是出料端，而头端则为进料端。在工作机架反行程时，尾端则成了进料端，而头端成为出料端，

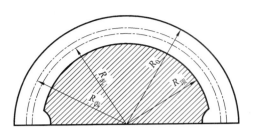

图 3 - 17   冷轧管机孔槽的轧制半径

因此，工作机架正行程时，轧制的开始阶段，管坯尾部向前移动。轧制的终了阶段，管坯尾部向后移动。冷轧管时，管坯尾端是靠在送料小车的卡盘上，因此管坯向前移动时受拉力，这个拉力通过芯杆最终作用于芯杆小车。而管坯向后移动时受压力，这个压力最终作用于送料小车的卡盘。工作机架反行程时，管坯的前端是自由的出料端，管坯的尾端为固定的进料端，此时，轧制的开始阶段管坯受拉力，而终了阶段管坯受压力。

30   冷轧过程中的轴向力有什么影响?

冷轧时，轴向力是一种有害的力，对管材轧制过程具有不利的影响。由于轴向力的存在，易造成管坯端头插头，从而产生管材内表面、外表面压坑、飞边等缺陷。同时，使得芯杆前后窜动，易造成芯杆断裂、挂钩断裂及设备故障。

轴向力的主要组成部分之一是轧制力在水平方向上的投影。减小轧制力的大小就可以有效地减小轴向力，同时减小送料量也可有效地减小轴向力。在保证轧制管材品质的前提下，适当加大孔型间隙，可以在一定程度上减小轴向力的大小。选择合理的工具设计参数。不仅有利于金属的塑性变形，而且还可以减小轴向力的大小。

31   多辊轧机轧制力如何计算?

多辊冷轧管机的全压力计算公式如下:

$$p_{\sum} = K \overline{\sigma_b}(D_0 + D_1) \sqrt{m \lambda_{\sum}(t_0 - t_1)\frac{R_{辊}}{L_{1d}}} \quad\quad (3-5)$$

式中：$\overline{\sigma_b}$ 为被轧金属的平均抗张强度，$\overline{\sigma_b} = \frac{1}{2}(\sigma_{b0} + \sigma_{b1})$。$\sigma_{b0}$ 和 σ 分别为管坯和轧制后的抗张强度；D_0 为管坯外径，mm；D_1 为轧制管材外径，mm；$R_{辊}$ 为轧辊轧制半径，mm，$R_{辊} \approx R_{颈}\dfrac{L_1}{L - L_1}$，$R_{颈}$ 为轧辊外径；L 为摇杆长度，mm；L_1 为摇杆与辊架连杆连接之点到摇杆轴的距离，mm；L_{1d} 为压缩段长度，mm；K 为系数，取 1.6~2.2；M 为送料量/mm；$\lambda_{\sum}$ 为总压延系数。

32 管坯规格如何确定？

（1）管坯外径的确定

确定管坯的外径尺寸时，首先应参照成品管材的外径，选择合适的孔型规格。当孔型规格确定后，管材轧制坯料的外径等于冷轧管机孔型的大头尺寸。

根据设定的管坯外径和轧制管材外径，即可进行孔型设计。孔型的大头尺寸为管坯外径，小头尺寸为轧制管材外径。由于冷轧后的管材，必须经过拉伸减径或整径后才能成为成品管材，因此冷轧管机上的孔型规格可取一定的间隔配备一对孔型。间隔过大，则增加拉伸减径量或拉伸道次，生产效率降低；间隔过小，则生产中更换孔型频繁，增加换孔型和调整孔型间隙等辅助时间，降低生产效率。增加孔型块数，使得工具费用增加。一般情况下，每间隔 5 mm 仍配备一对孔型。目前，使用的二辊式冷轧管机的孔型规格已基本形成系列化。因此管坯外径的选择应根据孔型的规定来确定，其常用孔型规格见表 3-4。

（2）压延系数的确定

对于同一种规格的管材，不同的合金应选择不同的压延系数。对于同一种合金的管材，不同的规格和不同的冷轧管机由于不均匀变形程度不同，合适的压延系数也要有所区别。一般情况下，大规格管材和采用大型号孔型，轧制过程不均匀变形程度大，压延系数要选择小一些。而对于小规格管材和采用小型号孔型时，可以选择较大的压延系数(一般壁厚范围是 3 ~ 5 mm，不同机台和合金的合适压延系数范围可参照表 3 - 5。

表 3 - 4　常用孔型规格

LG8		LG55		LG30	
成品外径 /mm	孔型规格 /mm	成品外径 /mm	孔型规格 /mm	成品外径 /mm	孔型规格 /mm
≤55	73 × 56	≤30	43 × 31，45 × 31	≤15	26 × 16，31 × 18
56 ~ 60	78 × 61	31 ~ 35	48 × 36，50 × 36	≤17	31 × 18
61 ~ 65	83 × 66	36 ~ 40	53 × 41，55 × 41	18 ~ 20	33 × 21
66 ~ 70	88 × 71	41 ~ 45	58 × 46，60 × 46	21 ~ 25	38 × 26
70 ~ 75	93 × 76	46 ~ 50	63 × 51，66 × 51	26 ~ 30	43 × 31
76 ~ 80	98 × 81	51 ~ 55	68 × 56，70 × 56		

表 3 - 5　不同机台和合金的合适压延系数范围

合金 机台	1050、3003、 6061、6063	2A11、2024、 5052、5A03	5A05、5A06、 7A04、7075
LG30	2 ~ 8	2 ~ 2.5	2 ~ 4
LG55	2 ~ 6	2 ~ 5	2 ~ 3.5
LG80	2 ~ 5	1.5 ~ 4	1.5 ~ 3

(3)管坯壁厚的选择

应当注意，在选择管坯壁厚时，要兼顾管坯的挤压工艺的合理性、成品管材的定尺长度和冷轧管机的工艺性能。

(4)管坯内径的确定

管坯的内径尺寸可根据其外径和壁厚计算，即内径等于外径减去两倍的壁厚。

(5)管坯长度的确定

冷轧时，管坯的长度应根据成品管材的具体要求和管坯挤压工艺灵活掌握。当轧制长度为乱尺时，管坯长度只需根据设备性能确定。为了便于操作和提高生产效率，尽量取较长的管坯长度。对于定尺长度的管材，管坯长度按下式计算：

$$L_0 = n \frac{L_1}{\lambda} + L \qquad (3-6)$$

式中：L_0 为管坯长度，mm；L_1 为压延切断长度，mm；n 为切断根数；λ 为压延系数，mm；L 为工艺余量（200 mm）。

（6）管坯尺寸要求

生产过程中管坯的外径尺寸要控制在 ±0.5 mm 内，不圆度不超过直径的 ±3%，端头切斜控制在 2 mm 内。弯曲度不大于 1 mm/m，全长不大于 4 mm。管坯平均壁厚偏差为 ±0.25 mm，管坯的壁厚允许偏差根据压延工艺和成品管材的壁厚精度确定。具体可按下式计算：

$$S_0 = \frac{t_0}{t_0} S_1 \qquad (3-7)$$

式中：S_0 为管坯壁厚允许偏差，mm；S_1 为成品管材壁厚允许偏差，mm；t_0 为管坯壁厚，mm；t_1 为成品管材壁厚，mm。

33　常见铝合金管坯的退火制度是什么？

为了提高金属的塑性，增加其冷变形能力，除 1×××、3003、5052、6A02 等软合金外，其他合金管坯均应进行压延前的毛料退火。5052 合金管坯，在 LG55、LG80 冷轧管机生产中，要根据加工率的大小决定是否退火。当压延系数大于 4 时，管坯必须进行退火，以便提高金属的塑性。推荐管坯的退火制度见表 3-6 中保温开始时间，从两只热电偶都达到金属要求最低温度时开始计算，冷却出炉时必须两只热电偶都达到规定温度以下。

为检查金属温度和保证退火品质，制品在炉内至少要用两只热电偶测量金属温度。热电偶的位置应距制品两端 500～800 mm 处。

表3-6　推荐退火制度

管坯分类	合金	定温/℃	金属定温/℃	保温时间/h	冷却方式
挤压生产管坯	2A11、2024、2014	420~470	430~460	3	炉内以不大于30℃/h，冷却到270℃以下出炉
	7A04、7A09、7075	400~440	400~430	3	炉内以不大于30℃/h，冷却到150℃以下出炉
	5A02、5A03、5056、5A05、5052、5754	370~420	370~400	2.5	空冷
	5A06、5083	310~340	315~335	1	空冷
二次压延管坯	2024、2017、7A09、7A04、7075	340~390	350~370	2.5	炉内以不大于30℃/h，冷却到340℃以下出炉
	5A03、5052	370~410	370~390	1.5	空冷
	5056、5A05	370~420	370~400	2.5	空冷
	5A06、5083	310~340	315~335	1	

34　管坯的刮皮和蚀洗处理的目的是什么？

为了消除管坯表面的轻微缺陷，对管坯要进行刮皮和蚀洗处理。刮皮是采用专门的刮皮刀沿管坯纵向刮削，消除管坯外表面上存在的擦划伤、磕碰伤等表面缺陷；刮皮后的管坯要求刀痕光滑，无跳刀、纵向棱子等缺陷。

同时压延管坯还必须进行蚀洗处理，目的是要消除管坯内外表面的轻微缺陷和清除管坯表面油污。

35　管坯蚀洗的工艺是什么？

管坯的蚀洗顺序为：碱洗—热水洗—冷水洗—酸洗—冷水洗—

热水洗。铝制品在碱性物质中，首先破坏表面的氧化膜，铝在碱中与碱反应生成偏铝酸钠。具体的反应方程式为：

$$Al_2O_3 + 2NaOH = 2NaAlO_2 + H_2O$$

$$2Al + 2NaOH + 2H_2O = 2NaAlO_2 + 3H_2$$

蚀洗的工艺参数：

（1）碱洗采用氢氧化钠溶液，浓度为 10% ～ 20%，碱洗时间为10 ～ 30 min。

（2）酸液采用硝酸溶液，浓度力 15% ～ 35%，酸洗时间为 2 ～ 3 min。

（3）热水洗的水温为 50℃ 以上，洗涤时间为 1 min 以上。

（4）冷水洗的水温为室温，洗涤时间为 1 min 以上。

碱洗的时间长短，要根据碱溶液的浓度大小、温度的高低和管坯表面蚀洗品质而定，但一定要防止过腐蚀。

36　冷轧管轧制壁厚的调整方法有哪些?

为了保证冷轧管材的品质，提高生产效率，在轧管机操作过程，除了需要对送料量间隙调整外，还需要对轧制壁厚、管坯转角、孔型间隙及孔型错位间隙调整。

冷轧管机的轧制壁厚可在一定范围内任意调整。当孔型确定之后，通过调整芯杆尾部的固定螺母，改变头的位置，就可以改变轧制壁厚。二辊冷轧管机的壁厚调整范围与芯头的锥度有关，芯头规格的配备间隔范围与调整范围相同时，就可以在冷轧管机上轧制任意壁厚尺寸的管材。

调整壁厚时，其变化量 ΔS 的值可由下式计算：

$$\Delta S = 0.5KM \times 2\tan\alpha \qquad (3-8)$$

式中：K 为调整螺母的周数；M 为螺母的距离，mm；α 为芯头锥度，(°)。

37　冷轧管孔型间隙的调整方法有哪些?

合理的孔型间隙对于保证产品品质，增大送料量，提高生产效率具有重要影响。在一个轧制周期内，不同的位置上轧制力不同，轧辊的弹性变形不同，孔型间隙也不同。

调整孔型间隙时，可以通过调整工作机架上的支承楔的位置，通过上轧辊的升降来实现。实际生产中孔型间隙测量，一般是在有负荷的条件下用塞尺测量，表3-7中的Ⅰ、Ⅱ、Ⅲ的位置可选择芯头锥度 $\alpha = 45°$。

表3-7　不同型号冷轧关机孔型间隙

冷轧管机	轧制壁厚	孔型间隙/mm		
		Ⅰ	Ⅱ	Ⅲ
LG30	0.40 ~ 0.95	0.25 ~ 0.5	0.20 ~ 0.40	0.05 ~ 0.25
	1.00 ~ 1.50	0.30 ~ 0.60	0.25 ~ 0.5	0.15 ~ 0.30
	>1.50	0.40 ~ 0.70	0.35 ~ 0.6	0.25 ~ 0.40
LG55	0.75 ~ 1.35	0.30 ~ 0.60	0.25 ~ 0.5	0.15 ~ 0.30
	1.5 ~ 2.0	0.40 ~ 0.70	0.30 ~ 0.60	0.25 ~ 0.45
	>2.0	0.60 ~ 1.00	0.50 ~ 0.80	0.40 ~ 0.60
LG80	1.0 ~ 1.5	0.40 ~ 0.70	0.30 ~ 0.60	0.20 ~ 0.40
	1.6 ~ 2.5	0.40 ~ 1.0	0.50 ~ 0.80	0.40 ~ 0.60
	>2.5	0.80 ~ 1.20	0.60 ~ 1.00	0.50 ~ 0.80

38　冷轧管轧制芯头的选择原则是什么？

根据轧制管材的壁厚和孔型轧槽的小头尺寸，选择芯头定径尺寸。芯头一般标有大头和工作端头两个尺寸；大头尺寸为圆柱直径，芯头的基本结构见图3-18，图中 L_2 为芯头工作段长度，D_p 为圆柱部分直径，D_9 为工作段端头直径。不同设备芯头的尺寸见表3-8。

表 3 - 8　轧制管材实测壁厚与轧制公称壁厚的偏差

机台	芯头各段长度/mm					
	L	L1	L2	L3	L4	L5
LG30	590	110	325	155	50	45
LG55	750	130	420	200	50	55
LG80	910	180	496	234	60	80

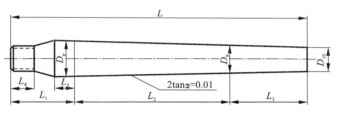

图 3 - 18　芯头的基本结构

为了便于轧制管材壁厚的调整，芯头一般每隔 0.25 mm 配置一种规格的芯头，二辊式冷轧管机的芯头规格见表 3 - 9。

表 3 - 9　二辊式冷轧管机的芯头规格

孔型	芯头规格(以轧制壁厚表示)/mm										
26×31	0.35	0.5	0.65	0.8	0.95						
31×18	0.5	0.75	1.0	1.25	1.5	1.75	2.0	2.25	2.5	2.75	3.0
33×21	0.5	0.75	1.0	1.25	1.5	1.75	2.0				
38×26	0.5	0.75	1.0	1.25	1.5	1.75	2.0				
43×31	0.5	0.75	1.0	1.25	1.5	1.75	2.0				
45×31	0.75	1.0	1.25	1.5	1.75	2.0	2.25	2.5	2.75	3.0	

续表 3 - 9

孔型	芯头规格（以轧制壁厚表示）/mm									
50×36	0.75	1.0	1.25	1.5	1.75	2.0	2.25	2.5	2.75	3.0
55×41	0.75	1.0	1.25	1.5	1.75	2.0	2.25			
60×46	0.75	1.0	1.25	1.5	1.75	2.0	2.25			
65×51	0.75	1.0	1.25	1.5	1.75	2.0	2.25	2.5	2.75	3.0
70×56	0.75	1.0	1.25	1.5	1.75	2.0	2.25	2.75	3.0	
73×56	0.75	1.0	1.25	1.5	1.75	2.0	2.25	2.75	3.0	
73×56	0.75	1.0	1.25	1.5	1.75	2.0	2.25	2.75	3.0	
83×66	0.75	1.0	1.25	1.5	1.75	2.0	2.25	2.75	3.0	
88×71	0.75	1.0	1.25	1.5	1.75	2.0	2.25	2.75	3.0	
93×76	0.75	1.0	1.25	1.5	1.75	2.0	2.25	2.75		
98×81	0.75	1.0	1.25	1.5	1.75	2.0	2.25	2.75		

　　管材轧制时，选择芯头可按圆柱部分直径来确定，其尺寸可按下式来计算：

$$D_p = D_0 - 2S - 2\Delta t + L_2 \times 2\tan\alpha \qquad (3-9)$$

式中：D_p 为芯头圆柱部分直径，mm；D_0 为轧制管材外径，mm；S 为轧制壁厚，mm；Δt 为芯头与轧制管材内壁间油膜厚度（$2\Delta t$ 取 0.05 mm）。

　　由于受拉伸工艺的影响，轧制壁厚不完全符合表 3 - 10 中所列的轧制壁厚。孔型长期使用后，将受到一定的磨损，加之轧管机有时要合理的调整孔型间隙，因此有时要根据实际情况选择相邻规格的芯头。

39 冷轧管轧制壁厚如何确定？

由于冷轧管机生产的半成品管材必须经拉伸减径，而管材拉伸减径时壁厚要有相应的变化。因此，管材的轧制壁厚必须考虑到后道拉伸工序时壁厚的变化。管材拉伸时壁厚的变化与管材的合金、外径与壁厚之比、拉伸减径量、拉伸道次、拉伸模模角大小、倍模等因素有关。因此压延壁厚也略有不同。一般要在计算和实测的基础上确定最佳的压延壁厚。

由于管材坯料挤压时存在尺寸的不均匀性，压延管材的平均壁厚要控制在（ -0.01 ~ +0.20）mm 范围内。同时，实测壁厚与轧制公称壁厚的偏差，按表 3 - 10 控制。

表 3 - 10 轧制管材实测壁厚与轧制公称壁厚的偏差

技术标准	成品壁厚/mm				
	0.5	0.75 ~ 1.0	1.5	2.0 ~ 2.5	3.0 ~ 3.5
GJB2375	±0.04	±0.07	±0.12	±0.15	±0.20
GBn221	±0.04	±0.07	±0.12	±0.15	±0.20
GB6893	±0.06	±0.09	±0.15	±0.20	±0.25

40 冷轧管轧制过程送料量如何确定？

冷轧管机的送料由轧机的分配机构完成。通过凸轮驱动摇杆和棘轮，使送料小车前进。送料量的大小，将直接影响到轧机的生产效率、轧制管材的品质和设备与工具的安全和使用寿命。当送料量过大时，轧制管材将出现飞边、棱子、壁厚不均甚至裂纹等严重缺陷。同时，过大的送料量又直接导致轧制力和轴向力的增加，加大了孔型、芯头和设备的过快磨损和破坏。当送料过小时，轧机的生产效率也将明显下降。因此，在保证产品品质和设备、工具安全的前提下，选用尽可能大的送料量，将是轧管机的十分重要的现实问题。

确定冷轧管机的送料量，要考虑轧制管材的合金性质、压延系数、孔型精整段的设计长度等。一般情况，要保证被轧制管材在精整段要经过 1.5 ~ 2.5 个轧制周期。具体按下式计算：

$$m = \frac{L_精}{k\lambda} \qquad (3-10)$$

式中：m 为允许的最大送料量，mm；λ 为压延系数；k 为系数（取 1.5 ~ 2.0）；$L_精$ 为孔型精整段长度，mm。

计算的最大允许送料量，并非在任何情况下都能采用，要根据轧制管材的品质和能使轧机正常运行而定。有时，在轧制时由于轴向力过大造成管材坯料端头相互切入（插头），使轧制过程不能正常进行。最佳的送料量要根据现场的实际情况合理确定和调整。

41　冷轧过程中的工艺润滑的要求有哪些？

为有利于金属的塑性变形和对工作锥和工具进行冷却，提高轧制管材表面品质，管材轧制时要进行工艺润滑。对润滑剂要求具备良好的润滑效果、对铝不产生腐蚀、对人身无害条件，目前多采用纱绽油做工艺润滑剂。

冷轧管机都配置有专门的工艺润滑机构。对润滑油要进行循环过滤。润滑油要求洁净，不得有砂粒和铝屑等脏物，并定期进行分析。润滑油的杂质含量要少于 3%。

42　管材轧制工艺是什么？

制定管材轧制工艺时，主要考虑合金和拉伸减径工艺。合金和减径工艺对管材的壁厚变化影响较大。在减径工艺相同的情况下，各种合金和规格的管材轧制工艺是有差别的，另外即使是相同的合金和同一规格的管材，由于使用标准不同，其轧制工艺也不完全一样。铝合金管材典型制工艺见表 3 - 11。

表3-11 壁厚0.5～0.75 mm管材轧制工艺

成品尺寸/mm	坯料尺寸/mm	1×××			3A21、2A11、2A12			5A02、6A02		
		轧制尺寸/mm	减径系数	压延系数	轧制尺寸/mm	减径系数	压延系数	轧制尺寸	减径系数	压延系数
6×0.5	26×2.0	16×0.40	2.27	7.69	16×0.35	1.92	8.76	16×0.35	1.92	8.76
8×0.5	26×2.0	16×0.42	1.75	7.33	16×0.37	1.54	8.29	16×0.37	1.54	8.29
10×0.5	26×2.0	16×0.44	1.44	7.01	16×0.40	1.31	7.69	16×0.40	1.31	7.69
11×0.5	26×2.0	16×0.45	1.33	6.86	16×0.42	1.25	7.31	16×0.42	1.25	7.31
12×0.5	26×2.0	16×0.46	1.24	6.71	16×0.43	1.16	7.18	16×0.43	1.16	7.18
13×0.5	26×2.0	16×0.47	1.16	6.57	16×0.45	1.12	6.87	16×0.45	1.12	6.87
14×0.5	26×2.0	16×0.48	1.10	6.44	16×0.47	1.07	6.57	16×0.47	1.07	6.57
15×0.5	26×2.0	16×0.49	1.05	6.33	16×0.49	1.05	6.33	16×0.49	1.05	6.33
6×0.75	26×2.0	16×0.63	2.46	4.96	16×0.55	2.16	5.65	16×0.55	2.16	5.45
8×0.75	26×2.0	16×0.65	1.84	4.80	16×0.59	1.67	5.28	16×0.59	1.67	5.11
10×1.78	26×2.0	16×0.67	1.48	4.68	16×0.63	1.39	4.96	16×0.63	1.39	4.88
11×0.75	26×2.0	16×0.69	1.38	4.53	16×0.65	1.30	4.80	16×0.65	1.30	4.73
12×0.75	26×2.0	16×0.70	1.26	4.47	16×0.67	1.19	4.67	16×0.67	1.19	4.60
14×0.75	26×2.0	16×0.73	1.13	4.31	16×0.71	1.09	4.42	16×0.71	1.09	4.36
15×0.75	26×2.0	16×0.74	1.05	4.25	16×0.73	1.04	4.30	16×0.70	1.04	4.31

43 何谓铝合金管材拉伸?

所谓管材拉伸就是金属坯料在拉伸力的作用下,通过截面积逐渐减小的拉伸模孔,获得与模孔尺寸、形状相同的制品的金属塑性成形方法。铝和铝合金管材的拉伸过程一般在室温下进行,所以常称为冷拉。用拉伸方法生产的管材直径可以从几毫米到 600 mm,壁厚最薄可达到 0.3 mm。拉伸过程如图 3 – 19 所示。

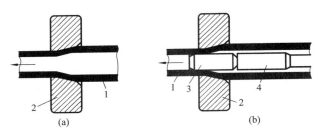

图 3 – 19   拉伸过程示意图

(a)空拉管材;(b)衬拉管材

1—管材;2—拉伸模;3—芯头;4—芯杆

44 管材拉伸方法有哪些?

管材拉伸方法分为无芯头拉伸和带芯头拉伸两种形式。无芯头拉伸又称空拉,即管材只受到外径方向的压应力,直径尺寸变小,而壁厚不变或微量变化。带芯头拉伸又称衬拉,即管材受到外径和内径方向的压应力,直径变小,壁厚减薄(扩径拉伸除外)。带芯头拉伸按照 I 芯头的类型不同,可分为短芯头拉伸、游动芯头拉伸、长芯头拉伸和扩径拉伸。

45 何谓管材无芯头拉伸?

无芯头拉伸(空拉)包括减径、整径和异型管成形拉伸。无芯头拉伸可以一次通过一个模子,也可以一次通过两个以上的模子,即

"倍模"拉伸，如图 3 - 20 所示。

倍模拉伸时，管材通过两个模具，一是相当于在减径的过程中加长了工作带的长度，减缓了变形程度，增大了道次变形量；二是实现了反拉力拉伸，使金属处于良好的应力状态下，有利于金属塑性变形；三是工作带增长，提高了拉伸的稳定性。由此改进了管材表面品质，降低模具消耗，提高生产效率，因而在管材拉伸生产中被广泛应用。

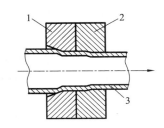

图 3 - 20　倍模拉伸示意图
1—第一个拉伸模；2—第一个拉伸模；
3—拉制管材

46　何谓短芯头拉伸？

短芯头拉伸也叫固定芯头拉伸，其目的是减薄壁厚和减小外径，提高管材的力学性能；表面品质。拉伸芯头借助于与其相连接尾端被固定的芯杆，与拉伸模的工作带保持相对稳定状态。拉伸时，芯头穿进管材内孔，与拉伸模内孔形成一个封闭环形，金属通过环形间隙，从而获得与此环形间隙尺寸大小相同的成品管材。这种拉伸变形过程是一种复合拉伸变形，开始变形时，属于空拉阶段，管材直径减小，壁厚变化不大。当管材内表面与芯头接触时，变为减径和减壁阶段，这时的主应力图和主变形图都是两向压缩、一向拉伸或伸长，也就是金属仅沿轴向流动，因此管材直径减小、壁厚变薄、长度增长。

短芯头拉伸时，由于管材内、外表面与模具和芯头接触产生滑动摩擦，当润滑条件不好、模具工作带表面不光滑、打头的台肩处金属不圆滑时，都很容易产生模具黏结金属，导致管材表面划沟。因此，选择合适的润滑油，提高模具表面品质，以便不断改善润滑条件，是提高道次变形量和管材表面品质的重要依据。

47　何谓游动芯头拉伸？

游动芯头拉伸是在拉伸过程中芯头不固定，而是处于自由平衡状态,通过芯头与模孔之间形成的环形来达到减壁、减径目的。拉伸前,先向管材内灌入润滑油,保证拉伸过程中芯头能够充分润滑。将游动芯头从前端装入,为防止拉伸开始时芯头后退脱落,在芯头后端相应位置打上止退凹坑,确保芯头进入拉伸模孔的工作部分。制作拉伸夹头,穿入模孔,开始拉伸。

止退坑应圆滑,深度适中,现要保证芯头进入模孔后不会后退而产生空拉,也应避免带动芯头继续前进而卡断管材。一般按式(3-11)控制。

$$h = (1.3 \sim 2.0)\Delta x \qquad\qquad (3-11)$$

式中:h 为止退槽深度,mm;Δx 为管材内径与芯头大圆柱直径差,mm。

在拉伸过程中,为了保持芯头处于平衡状态,必须依靠芯头的圆锥段和圆柱段与金属之间产生的摩擦力在水平轴上的投影大小相等、方向相反而获得。根据理论分析必须满足以下条件:

(1)$\tan\beta > f$ 即 $\beta > \phi$

式中:β 为芯头圆锥段的锥角,(°);f 为拉伸时的摩擦系数;ϕ 为管材与芯头之间的摩擦角,(°)。

(2)拉伸模锥角 $\alpha \geqslant \beta$

当不能满足第一条件时,将出现空拉;当第二条件不能满足时,则出现管材被拉断或啃伤,并导致管材内表面发生明暗交替的环纹。游动芯头拉伸管材的优点是:

1)拉伸速度快,生产效率高,最大速度可达 720 m/min;

2)适合于小直径、长管材的拉伸,盘管拉伸机可拉制数千米长管;

3)道次变形量大,一般道次延伸系数为 1.60 ~ 1.72,最大可达 1.94;

4)改善了小直径管材的内表面品质,克服了无芯头拉伸时易产生的跳车现象,提高了内表面光洁度,尺寸精度高;

5)与短芯头拉伸相比,能降低 3% ~ 25% 的拉伸力。

其缺点是:

1）适合于软合金拉伸；

2）生产工艺要求严，须做大量实验；

3）装芯头和碾头较慢；

4）对大管材不实用；

5）对润滑油品质要求较高。

48　何谓长芯头拉伸?

长芯头拉伸也叫长芯杆拉伸。长芯杆拉伸是把管材套在长芯杆上，使其与管材一起拉过模孔。芯杆的直径等于制品的内径，芯杆的长度一定要大于成品管材的长度。拉伸时可采用一道次拉伸，也可采用两道次以上拉伸。拉伸后从芯杆上取下管材要经过脱管，脱管时采用脱管模。为了顺利脱管，要在专用的斜辊滚轧机上滚轧一次，使管材直径扩大 1 ~ 2 mm 再拉出芯杆。

长芯杆拉伸具有以下特点：

（1）拉伸冷作硬化速率快的，要求拉伸一道次就得退火的合金，在此情况下可以减少退火次数。

（2）可拉伸壁厚很薄的管材，如 $\phi(30 ~ 50)$ mm × $(0.2 ~ 0.3)$ mm。当采用带锥度的芯棒，可拉伸变壁厚的管材。

（3）在拉伸过程中，管材伸长并沿芯杆表面滑动，愈靠近出口端滑动愈小，在出口处滑动为零。

（4）长芯杆拉伸时，变形金属向着与拉伸方向相反的方向滑动，管材内表面与长芯杆之间摩擦力的方向与芯杆运动方向一致，因此相应地减小了拉伸应力，可得到较大的道次加工率和总加工率。道次延伸系数可达2.2，最大可达2.95。

（5）需增加脱管工序及必要的设备，脱杆时容易产生表面缺陷。

（6）需要的芯杆数量大，加工难以保证尺寸精度和高的表面品质，工具成本高。

49　铝合金管材扩径拉伸方法有哪些?

铝合金管材很少使用扩径法生产，但有时为了解决品种问题或挽救管材尺寸超差，也采用扩径的方法。扩径的方法有两种，即压入扩径和拉伸扩径，如图 3 – 21 所示。

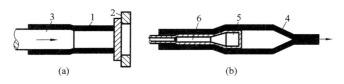

图 3 – 21   扩径拉伸示意图

(a)压入扩径；(b)拉伸扩径

1—管材；2—固定顶头；3—压杆；4—管材；5—芯头；6—拉杆

压入扩径法适用于直径大、壁厚较厚和长度与直径的比值小于 10 的管材，以免在扩径时产生失稳。为了扩径后较容易地将芯头由管材中取出，芯头带有不大的锥度。用压入扩径方式生产的管材基本上不产生几何废料，而用拉伸扩径的管材必须要切掉夹头。但是拉伸扩径可以生产壁厚较薄和较长的管材。压入扩径加工率较大，而拉伸扩径加工率较小。

扩径拉伸的变形方式是两向压缩、一向伸长，所以扩径后的管材一般长度缩短、壁厚减薄、直径增大，但也造成壁厚不均匀度增加。

50   管材空拉拉伸时的变形与应力关系如何？

空拉时，金属受到拉伸力 p 作用在被拉管材的前端，它在变形区内引起主拉应力 σ。模具锥面给管材施加的正压力 N 和锥面与管材之间形成的摩擦力 T 均作用在管材上，在三项外力的作用下，变形区内的金属处于三项应力状态，即轴向应力 σ_1、周向应力 σ_q 和径向应力 σ_r。在变形区内，径向应力 σ_r 由外表面向中心逐渐减小，到达管材内表面时为零。这是因为管材内壁无任何支撑，无法建立起反作用力。周向应力 σ_q，是由外表面向中心逐渐增大。三个应力中以轴向应力 σ_1 为最大主应力，径向应力 σ_r 次之，周向应力 σ_q 为最小应力。

变形区内的变形状态是：轴向变形 δ_1 为延伸变形，周向变形 δ_q 则为压缩变形，径向变形 δ_r 的大小与符号取决于应力 δ_l 与 δ_q 之间的相互关系。由于 δ_q 由外表面向中心逐渐增大，而 σ_r 由外表面向中心逐渐减小，且因管内壁无支撑建立的反作用力，其绝对值较前者小，故在径向上 σ_q 总是大于 σ_r。因此变形区内某一点的径向变形是延伸还是压缩或为零，主要取决于 $\sigma_r - \sigma_m : \sigma_m = (\sigma_l + \sigma_r + \sigma_q)/3$ 的数值变化。

当 $\sigma_r - \sigma_m > 0$ 时，亦即 $\sigma_r > (\sigma_l + \sigma_q)$ 时，则 σ_r 为正，管材壁厚增加；

当 $\sigma_r - \sigma_m = 0$ 时，亦即 $\sigma_r = \dfrac{1}{2}(\sigma_l + \sigma_q)$ 时，则 σ_r 为零，管材壁厚不变；

当 $\sigma_r - \sigma_m < 0$ 时，亦即 $\sigma_r < \dfrac{1}{2}(\sigma_l + \sigma_q)$ 时，则 σ_r 为负，管材壁厚减薄。

空拉时，管材壁厚沿变形区长度上也有不同的变化，由于轴向应力由模子入口端向出口端逐渐增大，而周向应力 σ_q 及径向应力 σ_r 必然逐渐减小，则 σ_q/σ_r 比值也是由入口向出口不断减小。因此，管材壁厚厚度在变形区内的变化是由模子入口处壁厚开始增加，达最大值后开始减薄，到模子出口处减薄最大，管材最终壁厚，取决于增壁与减壁幅度的大小。

51　管材短芯头拉伸时的变形与应力的关系如何？

图 3 - 22 所示是短芯头拉伸时的变形力学图。短芯头拉伸过程中，管材的变形分为两个阶段：

（1）由变形区入口到 $A - A$ 断面为减径区 I。管材内径在 $A - A$ 断面处等于芯头直径。此阶段相当于空拉，壁厚一般有所增加，其变形力学图和应力分布规律与空拉方式相同。而模孔施加给管材的压力在入口处较大并很快达到最大，随后开始减小。

（2）由 $A - A$ 断面到变形区出口为减壁区 II。在此阶段管材的内径不变，壁厚和外径减小。由于管材的内径有芯头起支撑的作用，管材内外表面均受到压应力，其管材的压力逐渐升高，达到最大值后开始减小。故 σ_r 的分布与空拉不同，在管材内径处的 σ_r 不等于零。在

临近出口处，模具有
一定径带，该段模具
直径不变，管材一般
只发生弹性变形。

　　由于减径区的存
在，对减壁区 Ⅱ 而言
存在着反拉力。同时
芯头表面与管材表面
产生摩擦，其摩擦力

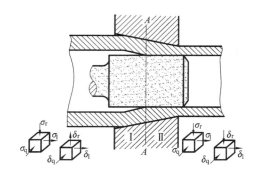

图 3 - 22　　短芯头拉伸时的变形力学图

的方向与拉伸方向相
反，因而使轴向应力增大，拉伸力增加。

52　管材游动芯头拉伸时的变形与应力的关系如何？

　　游动芯头拉伸时，芯头不固定，而是靠其自身的形状和芯头与管
材接触面间力平衡使之保持在变形区中处于动态平衡状态，完成减
径和减壁。当芯头处于稳定状态时，如图 3 - 23 所示，作用于芯头上
的摩擦力之水平分力的和等于正压力之水平分力，即

$$\sum N_2 \sin\beta - \sum T_2 \cos\beta - \sum T_1 = 0 \qquad (3-12)$$

式中：β 为芯头锥度与轴线的夹角，（°）；N_2 为圆锥段上的正压力，N；
T_1、T_2 为定径段、圆锥段上的摩擦力，N。

　　在拉伸过程中，管材内表面与芯头圆锥段和定径圆柱段相接触，
其产生的摩擦力 T_1、T_2 把芯头拉入模孔。而此金属作用于圆锥段上
的正压力 N_2 随变形程度的增加而增加。N_2 水平分力 $\sum N_2 \sin\beta$ 则把芯
头往后推。每当 T_1、T_2 使芯头向模孔方向运动时，管壁的压缩变形增
大，$\sum N_2 \sin\beta$ 也增大，即将芯头向后推的力增大，芯头趋于离开模孔
后移。一旦芯头退离模孔，管壁压缩变形减小，$\sum N_2 \sin\beta$ 降低，T_1、
T_2 又把芯头拉向前进。如此往复，发生芯头游动。达到新的平衡，使
拉伸过程得以继续进行。

　　拉伸变形时，管材在变形区内的变形过程与一般的衬拉不同，如
图 3 - 36 所示，变形区可分为六部分，即：

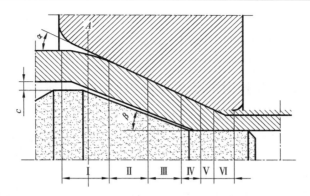

图 3 - 23　游动芯头拉伸时的变形区

Ⅰ为非接触变形区,在实际计算中常略去此区而假定管材变形从 $A - A$ 断面开始。

Ⅱ为空拉区,在此区管材内表面不与芯头接触。在管材与芯头的间隙以及其他条件相同情况下,游动芯头拉伸时的空拉区长度比固定芯头要长,故管材增厚量也较大。此区的受力情况及变形特点与空拉管的相同。

Ⅲ为减径区,管材在该区进行较大的减径,同时也有减壁,减壁量大致等于空拉区的壁厚增量,因此可以近似认为该区终了断面处管材的壁厚的增加,其壁厚与原始管材壁厚相同。

Ⅳ为第二段空拉区,管材由于拉应力方向的改变而稍微离开芯头表面。

Ⅴ为减径区,主要实现壁厚减薄变形。

Ⅵ为定径区,管材只产生弹性变形。

在拉伸过程中,由于外界条件的变化,芯头位置及变形区各部分的长度和位置也将改变,甚至有的区可能消失。

53　管材长芯杆拉伸时的变形与应力关系如何?

长芯杆拉伸时的应力和变形状态与短芯头拉伸时的基本相同。变形区也分为三个部分,即空拉段、减径段和定径段。但长芯杆拉伸时，由于管材变形时沿芯杆表面向后滑动，故芯杆作用于管材内表面上的摩擦力方向和拉伸力方向一致。在此情况下，摩擦力不但不阻碍拉伸过程，反而有助于减小拉伸应力，提高拉伸效率。

54 管材扩径拉伸时的变形与应力的关系如何？

压入扩径时的应力状态为两项压应力 σ_r、σ_l；和一项拉应力 σ_q，如图 3-24(a) 所示，在管材表面上的 σ_r 为零。变形状态为两项压缩变形 σ_r、σ_l 和一项延伸变形 σ_q，其拉伸后的管材为长度缩短、壁厚变薄、直径增大。

拉伸扩径的应力和变形状态除轴向应力 0″，变为拉应力外，其他与压入扩径相同。如图 3-24(b) 所示。

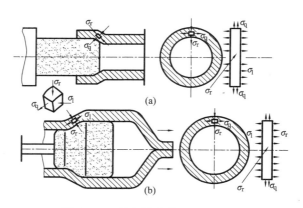

图 3-24 扩颈拉伸的力学变形图

(a)压入扩径；(b)拉伸扩径

55 影响拉伸力的主要因素有哪些？

（1）管材力学性能对拉伸力的影响。拉伸力与被拉管材的抗拉强度成线性关系，即随着被拉管材的强度增加，拉伸力也随着增大。

（2）变形程度对拉伸力的影响。随着变形程度的增加，需要的变形能也随之增加，同时增大了摩擦力，使拉伸力以近似于线性关系上升。

（3）模具形状对拉伸力的影响。模角增加，减小变形区的长度，降低垂直压力和所引起的摩擦力，但同时提高了水平方向的拉力。当模角较小时，前一因素占优势，因而随模角的增加拉伸力下降。当模角继续增大，后一因素占优势，所以拉伸力上升。当模角达到一定数值时，两个因素的影响达到平衡，使拉伸力最小，此时称为合理模角。

随着模具工作带加长，摩擦面积增大，增加了摩擦力，使拉伸力上升。

（4）润滑和摩擦条件对拉伸力的影响。模具材料硬度高，致密性好，表面光洁度高，拉伸中不易变形磨损，表面不易黏金属，可提高润滑效果，降低拉伸力和提高模具的使用寿命。被加工金属及润滑油的性质不同也使摩擦系数有所变化。

（5）拉伸速度对拉伸力的影响。在拉伸速度不太快的情况下，拉伸力随拉伸速度的提高而增加，当更进一步提高拉伸速度时，拉伸力不再增加。

56 拉伸变形的主要参数有哪些?

拉伸变形参数主要有：

（1）拉伸系数 λ：制品拉伸前的断面积与拉伸后的断面积之比，即

$$\lambda = \frac{F_0}{F_1} = \frac{(D_0 - t_0)t_0}{(D_1 - t_1)t_1} \qquad (3-13)$$

（2）加工率 ε：制品拉伸前、后断面积之差与拉伸前断面积之比的百分率，即

$$\varepsilon = \frac{F_0 - F_1}{F_0} \times 100\% \qquad (3-14)$$

（3）伸长率 δ：制品拉伸前、后断面积之差与拉伸后断面积之比的百分率，或拉伸后的长度与拉伸前的长度之差与拉伸前长度之比的百分率，即

$$\delta = \frac{F_0 - F_1}{F_0} \times 100\% = \frac{L_1 - L_0}{L_0} \times 100\% \qquad (3-15)$$

（4）断面收缩率 ψ：制品拉伸后的断面积与拉伸前的断面积之比的百分率，即

$$\psi = \frac{F_1}{F_0} \times 100\% \qquad (3-16)$$

以上各式中：F_0、F_1 为拉伸前、后断面积，mm^2；D_0、D_1 为拉伸前、后的管材外径，mm；L_0、L_1 为拉伸前后的管材长度，mm。

圆管截面积

$$F = \frac{\pi}{4}(D^2 - d^2) = \pi t(D - t) \qquad (3-17)$$

式中：D 为管材外径，mm；d 为管材内径，mm；t 为管材壁厚，mm。

根据提及不变原理，各种塑性变形参数之间的相互关系见表 3 – 12所示。

表 3 – 12　各种塑性变形参数之间的相互关系

参数名称	参数表示符号	变形参数				
		以断面积表示	以 λ 表示	以 ε 表示	以 δ 表示	以 ψ 表示
拉伸系数	λ	$\frac{F_0}{F_1}$	λ	$\frac{1}{1-\varepsilon}$	$1+\delta$	$\frac{1}{\psi}$
加工率	ε	$\frac{F_0-F_1}{F_0}$	$\frac{\lambda-1}{\lambda}$	ε	$\frac{\delta}{1+\delta}$	$1-\psi$
伸长率	δ	$\frac{F_0-F_1}{F_1}$	$\lambda-1$	$\frac{\varepsilon}{1-\varepsilon}$	δ	$\frac{1-\psi}{\psi}$
断面收缩率	ψ	$\frac{F_1}{F_0}$	$\frac{1}{\lambda}$	$1-\varepsilon$	$\frac{1}{1+\delta}$	ψ

57　无芯头拉伸（空拉）模具配置原则是什么？

在确定空拉的道次变形量时，需考虑金属出模孔的强度及管材在变形时的稳定性问题，主要遵循以下三个基本原则：

（1）合理的延伸系数。两次退火间的总延伸系数，硬合金可达1.5～1.8，软合金可以达到3.5。但在生产中往往不能采用最大的延伸系数，因为随着拉伸道次及延伸系数的增加，管材内表面产生粗糙或纵向皱纹，严重者报废。再者，管材壁厚变化更加复杂，容易造成尺寸超差，因此合理的延伸系数一般不超过 1.5。对于通过冷作硬化提高强度的合金，应加大冷变形量，如纯铝的冷变形量应控制在 50% 以上，3003 合金的冷变形量应控制在 25% 以上。

为了提高最终成品管材的尺寸精度，减小弯曲度，最后一道次空拉选用整径模空拉方式。其延伸系数较小，一般整径量为 0.5 ~ 1 mm，小直径管材选下限，大直径管材选上限。当直径大于 120 mm 时，由于整径量太小，容易产生空拉或脱钩，所以整径量可适当增大，根据管材直径大小，一般为 2 ~ 4 mm。

（2）拉伸的稳定性。对壁厚特别薄的管材（$t/D \leqslant 0.04$），主要是小规格管材，必须考虑道次变形量是否超过临界变形量 $\varepsilon_{d临界}$，否则会出现拉伸失稳现象，管材表面出现纵向凹下。

（3）壁厚变化规律。空拉时壁厚的变化趋势在本书中已定性分析过，它即与合金特性有关，也与拉伸道次、模孔角度及道次变形量等因素有关。因此，尽管成品壁厚相同的管材，不同的合金、不同的工艺所要求的管坯壁厚也不相同。这里推荐计算公式及一些经验数据：

按公式计算法配模。M·M·别伦什泰因公式（适于小直径管材）。

当模角 $\alpha = 12°$、道次变形量 $\varepsilon_d = 10\%$ 时，管坯壁厚计算公式为：

$$t_0 = \frac{t_1}{1 + 0.191 \dfrac{D_0 - D_1}{D_0 + D_1}\left[4.5 - 11.5\left(\dfrac{t_1}{D_0} + \dfrac{t_1}{D_1}\right)\right]} \tag{3-18}$$

当模角 $\alpha = 12°$、道次变形量 $\varepsilon_d = 20\%$ 时，管坯壁厚计算公式为：

$$t_0 = \frac{t_1}{1 + 0.09 \dfrac{D_0 - D_1}{D_0 + D_1}\left[8.0 - 22.8\left(\dfrac{t_1}{D_0} + \dfrac{t_1}{D_1}\right)\right]} \tag{3-19}$$

当模角 $\alpha = 12°$、道次变形量 $\varepsilon_d = 30\%$ 时，管坯壁厚计算公式为：

$$t_0 = \frac{t_1}{1 + 0.056 \dfrac{D_0 - D_1}{D_0 + D_1}\left[12.2 - 37\left(\dfrac{t_1}{D_0} + \dfrac{t_1}{D_1}\right)\right]} \tag{3-20}$$

式中：t_0 为管坯壁厚，mm；t_1 为成品管壁厚，mm；D_0 为管坯外径，mm；D_1 为成品管外径，mm。

根据经验配模法。表 3 - 13 列出了不同合金、状态空拉减径

1 mm，$t/D \leqslant 0.2$ 时，管材壁厚增加值。

表 3 – 13　空拉减径 1 mm 时管材壁厚增加值/mm

合金	毛坯不退火	毛坯退火
6063、6A02	0.0222	0.0222
5052、5A02	0.0163	0.0195
3004、3003	0.02 ~ 0.03	
1050	0.01352	0.0131
2024、2A12、2A11、2017	0.0203	0.0205

表 3 – 14 列出了空拉时管材毛坯的壁厚与成品壁厚之间的相互关系值。

表 3 – 14　空拉时管材毛坯的壁厚与成品壁厚之间的关系值

成品尺寸 /mm	不同合金的毛坯尺寸/mm				
	1070A	3A21	6A02	5A03	2A12
6 × 0.5	16 × 0.40	16 × 0.35	16 × 0.35		16 × 0.35
6 × 1.0	18 × 0.95	18 × 0.88	18 × 0.88	18 × 0.86	18 × 0.82
8 × 1.0	18 × 0.97	18 × 0.90	18 × 0.90	18 × 0.88	18 × 0.85
8 × 1.5	18 × 1.46	18 × 1.42	18 × 1.42	18 × 1.39	18 × 1.36
10 × 0.5	16 × 0.44	16 × 0.40	16 × 0.40	—	16 × 0.40
10 × 1.0	18 × 0.99	18 × 0.92	18 × 0.92	18 × 0.89	18 × 0.89
10 × 1.5	18 × 1.47	18 × 1.42	18 × 1.42	18 × 1.39	18 × 1.40
12 × 1.5	18 × 0.99	16 × 0.94	16 × 0.94	18 × 0.89	18 × 0.89
12 × 1.5	18 × 1.48	18 × 1.45	18 × 1.45	18 × 1.40	18 × 1.39
12 × 2.0	18 × 2.00	18 × 1.93	18 × 1.93	18 × 1.92	18 × 1.92
12 × 2.5	18 × 2.6	18 × 2.48	18 × 2.48	18 × 2.48	18 × 2.48

表 3 – 15 列出了壁厚为 0.5 ~ 0.75 mm 小直径管材空拉减径工艺。毛坯直径为 16 mm。

表 3 – 15　空拉时管材毛坯的壁厚与成品壁厚之间的关系值

成品直径/mm	道次配模直径/mm				
	1	2	3	4	5
6	15.5/15.0	12.5/11.5	10.5/9.5	7.5	6.0
8	15.5/15.0	12.5/11.5	1035/9.5	8.0	—
10	15.5/15.0	12.5/11.5	10.0	—	—
12	15.5/15.0	12.5/12.0	—	—	—
14	15.5/14	—	—	—	—
15	15.5/15	—	—	—	—

表 3 – 16 列出了壁厚为 1.0 ~ 2.5 mm 小直径管材空拉减径工艺。

表 3 – 17 列出了管材淬火后至整径成形前的间隔时间。

表 3 – 16　壁厚为 1.0 ~ 2.5 mm 小直径管材空拉减径工艺

外径直径/mm	合金	成品壁厚/mm	道次配模			
			1	2	3	4
φ6	2A11、2A12、5A02、5A03、2024、2014	1.0 ~ 1.5	17/12.5	9.5	7.2	6.0
	1070A、8A06、3A21、6A02、6061、6063		15.5/11.5	8.0	6.0	—
φ8	2A11、2A12、5A02、5A03、3A21、3003	2.0	16.5/12.5	11.5	9.5	8.0
	1070A、8A06	2.0				
	2A11、2017、2A12、2024、5A02、5052、5A03	1.0 ~ 1.5	16.5/12.5	9.5	8.0	—
	3A21、3003	1.5				
	1070A、8A06	1.0 ~ 1.5	15.5/11.5	8.0	—	—
	3A21、3003	1.0				

续表 3 – 16

外径直径 /mm	合金	成品壁厚 /mm	道次配模			
			1	2	3	4
φ10	2A11、2A12、5A02、5A03、3003	2.0	17/14	11.5	10.0	—
	2A11、2A12、5A02、5A03、3003	1.0~1.5	17/12.5	10.0	—	—
	1070A、8A06	1.5~2.0	15.5/10.0	—	—	—
	1070A、8A06	1.0				
φ12	2A11、2017、2A12、2524、5A02、5A03	1.0~2.5	17/14	12.0	—	
	1050、1070A、8A06、3A21	2.0~2.5	15.5/12.0	—	—	—
	1050、1070A、8A06、3A21	1.0~1.5				

表 3 – 17   管材淬火后至整径成形前的间隔时间

合金	管材形状	淬火出炉至整径 或成形间隔时间/s
2A11、2A12、2A14、2014、2024、7A04、7B04、7A09、7075、7001	圆形管	≤12
	异形管	≤4
6061、6063、6A02、6082	圆形管、异形管	不限

58   短芯头拉伸配模原则是什么？

铝合金管材短芯头拉伸配模计算，首先是确定壁厚减薄量和内径减缩量，由此确定总变形量及管材毛坯的规格。其基本原则如下：

（1）确定壁厚减壁量。带短芯头拉伸铝合金毛坯时，因合金牌号不同，其变形量大小也不同。对于纯铝、3A21、6A02、6063等塑性较好的合金，可以在满足实现拉伸过程的条件下，尽量给予较大的变形量，以提高生产效率。对于变形较困难的高镁合金，应适当控制变形量。拉伸工艺除满足实现拉伸过程外，还要保证管材的表面品质。当拉伸变形量增大时，因金属变形产生的变形热和摩擦热较高，会迅速提高金属、模具及润滑油的温度，导致润滑效果弱化，造成拉伸模及拉伸芯头黏金属的可能性增大，划伤管材表面而报废。根据拉伸加工的难易，按合金排列顺序为：5A06、5A05、5083、7001、2A12、5A03、2A11、5A02、3A21、6A02、6061、6063、纯铝。

表 3 - 18 是各种合金短芯头拉伸时，两次退火间的最大道次壁厚减缩比 t_0/t_1。按每道次壁厚的绝对减少量来分配拉伸道次时，可以参照表 3 - 18 中的经验值。

表 3 - 18　短芯头拉伸时两次退火间的最大道次壁厚减缩比 t_0/t_1

合金	两次退火间各道次壁厚减缩比 t_0/t_1			
	1	2	3	4
1070A、8A06、3A21、6063、6A02	1.3	1.3	1.2	空拉
	1.4	1.4	空拉	—
2A11、2017、2A12、2024、5A02、5052	1.3	1.1	空拉	—
5A03	1.3	空拉	—	—
5A05、5A06、5B70	1.15	空拉	—	—

注：1. 高镁合金每道次减壁量不大于 0.22 mm；

2. 2A11、2A12、5A02 等管材，在两次退火间只安排一次短芯头拉伸，如果需要第二次短芯头拉伸时，壁厚减缩量一般不大于 1:1。

表 3 - 19 为拉伸管材两次退火间冷作量。

表 3 - 19   拉伸管材两次退火间冷作量

合金牌号	两次退火间冷作范围/%
2A12、2024、2A14、2014、5A03	10 ~ 15
2A11、2017、5A02、5052	10 ~ 60
6A02、6061、6063、3A21	15 ~ 65
5083、5A05、5A06、5056	8 ~ 15
7A04、7B04、7A07、7057、7001	8 ~ 30

（2）毛坯壁厚的确定。管材毛坯壁厚的确定，首先要满足工艺流程是最合理的，其次是保证成品管材能符合技术标准要求。

拉伸毛坯除特殊要求外，一般选用热挤压方式提供。为了既充分利用材料的塑性特性，又减少拉伸道次，提高生产效率，一般高镁合金减壁 0.5 mm，硬合金减壁 1.0 mm，软合金减壁 1.5 mm 控制。对于经热处理处理的管材，其最终性能由热处理工艺来控制。对冷作硬化的合金，必须用控制拉伸变形量来保证其性能指标。根据技术条件的要求及生产经验，以冷作硬化状态交货的成品管材，其最终冷作变形量应按表 3 - 20 控制。

表 3 - 20   冷作硬化状态管材冷作变形量

合金	冷作变形量	
	t_0/t_1	δ/%
1060、1050	≥1.35	≥25
1035、8A60	≥2.0	≥55
5A02、5052	≥1.25	≥25
3A21、3003	≥1.35	≥25

（3）减径量的控制。为了使拉伸短芯头顺利地装入管材毛坯内孔中，在管材毛坯内径与芯头之间应留有一定间隙。由于拉伸后的管材内径即为芯头的直径，所以保留的间隙应是拉伸时内径的减径量。一般用短芯头拉伸时的内径减缩量按表 3 - 21 控制。

表 3 - 21　短芯头拉伸时内径减缩量

管材内径 ϕ/mm	>150	150 ~ 100	100 ~ 30	<30
退火后第一道次拉伸的内径减缩量/mm	5	4	3	2
后续各道次拉伸的内径减缩量/mm	4	3	2 ~ 3	2

根据拉伸道次和道次减缩量，可以计算出管材毛坯的内径尺寸，其计算公式为：

$$d_0 = d_1 + n\Delta + \Delta_{整} \qquad (3-21)$$

式中：d_0 为管毛坯内径，mm；d_1 为成品管材内径，mm；n 为拉伸道次；Δ 为道次内径减缩量，mm；$\Delta_{整}$ 为最终成品整径量，mm。

（4）管材毛坯长度的确定。影响管材毛坯长度的因素较多，一般选择长度为 3 ~ 5 mm。当毛坯长度太长时，首先是拉伸产生的变形热大，内壁润滑效果下降，容易产生擦划伤；其次在装料时容易形成封闭内腔，空气排不出来而使装料困难；第三是对拉伸设备要求长度要长，设备费用上升。当毛坯长度较短时，拉伸头尾料较多，几何废料上升，生产效率较低。管材毛坯长度可按（3 - 22）公式计算：

$$L_0 = \frac{L_1 - L_{余}}{\lambda} + L_{夹} \qquad (3-22)$$

式中：L_0 为管材毛坯长度，mm；L_1 为拉伸后成品管材长度，mm；$L_{余}$ 为工艺余量，一般取 500 ~ 700 mm；$L_{夹}$ 为拉伸夹头长度。当管坯外径小于 50 mm 时，夹头长度取 200 mm；当管坯外径为 50 ~ 100 mm 时，夹头长度取 250 mm；当管坯外径为 100 ~ 160 mm 时，夹头长度取 350 mm；当管坯外径大于 160 mm 时，夹头长度取 400 mm。λ 为拉伸系数。

（5）拉伸力计算及校对各道次安全系数。对于新的管材规格或新的合金材料，制定短芯头拉伸工艺时，必须进行拉伸力计算，即校对各道次安全系数，以便确定在哪一台拉伸机上拉伸。

59　游动芯头拉伸配模原则是什么？

游动芯头适用于小规格圆盘管材拉伸生产，拉伸变形程度相对较低，拉伸成立条件受到模角与芯头的角度配合及变形程度等条件的限制。

（1）游动芯头锥角和模角的不同对拉伸稳定性影响较大，一般采用芯头锥度 $\beta = 7° \sim 10°$，模角 $\alpha = 11° \sim 12°$。进行不同的搭配。当 $\alpha - \beta = 1° \sim 6°$ 时均可进行拉伸。当其他条件都相同时，选择 $\beta = 9°$ 与 $\alpha = 12°$、$11°$ 相配合，其所需的拉伸力前者比后者小 8.8%，说明前者拉伸较后者稳定。由此可得 $\alpha - \beta = 3°$ 时，拉伸过程比较稳定。

（2）变形程度控制应合理。当采用较大的变形程度时，拉伸应力相应增大，拉制出的管材表面光亮，但拉伸倾向不稳定。而采用较小的变形程度时，虽然拉伸过程稳定，但生产效率较低，表面品质也不好。其主要原因是变形程度大，拉伸后的晶粒细小，组织均匀，故表面品质好。但变形程度过大时，拉伸应力逼近材料的抗拉强度，拉伸时管材易断。因此，在保证拉伸稳定的前提下，尽量采用大的变形程度，以便提高生产效率。

（3）拉伸开始时，应采用较慢的拉伸速度，当稳定的拉伸过程建立起来后，就可采用较高拉伸速度，以达到提高生产效率和管材表面品质的目的。这是因为开始拉伸时，芯头进入工作区后，需有一个稳定过程，当拉伸速度过快，芯头容易前冲，而与模孔之间形成较小空间，壁厚减薄，造成断头现象，所以开始时应采用较慢的拉伸速度。拉伸过程中，在变形区内芯头与管材内壁间形成锥形缝隙。由于管内壁的润滑剂吸入锥形缝隙而产生流体动压力（润滑楔效应），可以使拉伸时管材与芯头的接触表面完全被润滑层分开，实现最好的液体润滑条件，从而降低摩擦系数。而流体动压力的大小随润滑剂黏度和拉伸速度的增大而增大。因此，采用黏度较大的润滑剂和提高拉伸速度可以充分发挥润滑楔效应的优势，改善内表面润滑条件，降低拉伸力，并减轻芯头表面黏结金属和磨损，从而提高拉伸过程的稳定性和管材的内表面品质。与此同时，金属外表面的润滑（边界润滑）也因这两因素而改善。当拉伸快要结束时，应采用减速拉伸，以防止芯头被甩出。

（4）拉伸开始时，芯头随管材一同向前运动而进入模孔，当芯头刚进入模孔时，由于管材减径，容易将芯头顶到后面而无法进入模孔工作位置，造成空拉。所以应在芯头后面一定位置打一小坑，以阻碍芯头从模孔中退出来，实现减壁拉伸。坑的深浅要适当，这样可以防止空拉和断头。

60　异型管材拉伸配模原则是什么？

异型管材是采用圆管毛坯拉伸到成品管材的外形尺寸，通过过渡模及异型管模子拉伸获得。在异型管材拉伸时，对过渡模的形状、尺寸要求较高。异型管材拉伸配模应注意以下几点要求：

（1）防止在过渡模拉伸时出现管壁内凹。因为过渡拉伸时多为空拉，周向压应力较大，很容易产生管壁内凹现象，尤其在异型管长短边长相差两倍以上时更加突出。

（2）保证成形拉伸时能很好成形，特别是保证有圆角处应很好充满。因为拉伸时金属变形是不均匀的，内层金属比外层金属变形量大，同时变形不均匀性随着管材壁厚与直径的比值 t/D 增大而增加。因此外层金属受到附加拉应力，导致金属不能良好地充满模角。所以，对于带有圆角的异型管材，所选用的过渡圆周长应是成品管材周长的 1.02～1.05 倍，其中壁厚较薄的取下限，壁厚较厚的取上限。同时 t/D 比值越大，过渡圆周长增加越大。

（3）对于内表面光洁度及内腔尺寸精度要求很高的异型管材，例如矩形波导管，过渡圆周长和壁厚亦必须比成品规格大一些，以便在成形拉伸时使金属获得一定量的变形，同时最后一道次拉伸一定要采用带芯头拉伸，以保证内表面的品质。

（4）要保证成形拉伸时能顺利地将芯头装入管毛坯内，应在芯头与管毛坯内径之间留有适当的间隙。波导管的过渡矩形与拉制成品时所装芯头之间的间隙值，一般每边的间隙选用 0.2～1。波导管规格小，间隙取下限，同时还要视拉伸时金属流动时的具体条件而定。对于大规格波导管，短轴的间隙比长轴的大；对于中小规格，短轴与长轴的间隙则相近或相等。一般过渡圆的内周长应为成品管材内周长的 1.05～1.15 倍，其中大规格管材取下限，小规格或长宽比大的取上限。同种规格时管壁较厚的取上限，否则过渡形的圆角不易充满，成品拉伸时装芯头困难。

（5）加工率的确定。对于拉伸异型管来说，为了获得尺寸精确的成品，加工率一般不宜过大。若加工率过大，则拉伸力增大，金属不易充满模孔，同时也使残余应力增大，甚至在拉出模孔后制品还会变形。

61 管材辊压矫直方法及原理是什么？

双曲线多辊式矫直是矫直铝及铝合金管材的主要方法之一。在矫直过程中，矫直辊子的轴线与被矫直管材运动方向有一定角度，主动辊是由电动机带动做同方向旋转，靠摩擦力带动管材旋转。从动辊作为压力辊，它们是靠着旋转着的管材产生的摩擦力使之旋转的。当工作辊旋转时，管材在主动辊的作用下，一面做旋转运动，一面向前做直线运动，在这个过程中，管材承受各方向的压缩、弯曲、压扁等变形，最后达到矫直的目的。

旋转矫直时，管材在矫直辊之间一面旋转着向前运动，一面进行反复弯曲矫直。管材轴向纤维经受较大的弹塑性变形之后，弹性回复能力逐渐趋于一致，各条纤维都经过一次以上的由小到大、再由大到小的拉伸压缩变形，即使是由于原始弯曲状态不同，受到的变形量互有差异，只要变形都是较大的，则弹性回复能力就必将接近。这种变形反复次数越多，弹性回复能力越接近一致，矫直品质越好。

图 3-24 所示为管材旋转矫直过程中所受到的弯矩及变形情况。图 3-24（a）表示管材一面弯曲、一面旋转前进的情况。图 3-24（b）表示在弯曲平面内的弯矩图。其 $M-X$ 关系为

$$M = XF/2$$

在 $X = l_t$ 处，$M = M_t = Fl_t/2$；在 $X = l_t \sim p/2$ 区间内，M 为弹塑性变形区内的弯矩，这个区间用 S 表示，则 S 代表弹塑性变形区长度。S 以外部分称为弹性变形区。这个区间的长度用 l_t 表示，而且两端是对称的。

图 3-38（c）所示为弹性区边界曲线（$\xi-x$ 曲线）。阴影线以外部

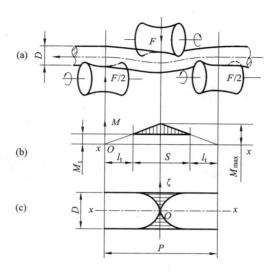

图 3 – 24　旋转矫直的弯矩与塑性变形区

分为弹性变形区，阴影线部分为弹塑性变形区。可以看出，在塑性区内随 x 的减小，ξ 值迅速减小，相对地说塑性变形迅速深入，直到管材内壁。管材通过矫直辊的过程恰好是塑性区由小到大，再由大到小的变化过程。因此每条轴向纤维的变形将是不一致的。但随着前进中旋转次数的增加，这种不一致性将明显减少。

62　辊数配置与摆放方式有哪些?

　　斜辊矫直机按辊子数目分为二辊、三辊、五辊、六辊、七辊、九辊等，一般选用七辊、九辊矫直机。矫直机的矫直品质与辊子数量有一定关系，但主要取决于矫直辊的摆放方式，矫直辊的摆放方式决定了矫直机的功能、矫直品质、管材的尺寸精度等技术指标。根据矫直辊的摆放方式，可以分为以下四种类型，如图 3 – 25 所示。图 3 – 25(a)称为 1 – 1 辊系，其特点是上下辊 1 – 1 交错；图 3 – 25(b)称为 2 – 2 辊系，其特点是上下辊成对排列，常见的辊数为 6 个辊；图 3 – 25(c)

称为复合辊系，其复合方式多种多样，有 2 - 1 - 2 式、2 - 1 - 2 - 1 式、1 - 2 - 1 - 2 - 1 式、2 - 2 - 2 - 1 - 1 - 1 式等；图中 3 - 25(d) 称为 3 - 1 - 3 辊系，这种都是 7 个辊子。

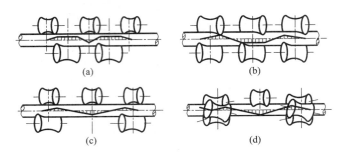

图 3 - 25　辊系摆放方式与弯矩分配情况

　　1 - 1 辊系选择长、短两种长度的矫直辊，长矫直辊直径大，为主动辊，一般数量少于被动辊。被动辊为短辊，直径小于主动辊。管材在矫直辊之间受到弯曲变形，中间的辊压力较大，两边的矫直辊压力较小。由于管材只受到辊子从一个方向施加压力，对消除管材的椭圆度效果稍差一些。对于软合金管材或壁厚较薄的管材，矫直时容易产生矫直环线。由于入口第一个辊子是被动辊，其咬入条件较差，对弯头较大或端头太扁的管材，入口时就很难被咬入。所以当弯头太大或端头太扁时，必须切掉端头。

　　2 - 2 辊系一般上、下辊都是主动辊，因此咬入条件好，且不宜产生表面划伤，能保证冷加工的表面品质。成对配置的两个辊子可以给管材同时施加压力，管材长轴被压缩，短轴方向变长，使管材的椭圆度减轻直至消除。由于咬入条件好，辊子的压下力可适当小一些，故矫直时不容易产生矫直环线，对于大直径薄壁管材效果更好。

　　各种复合辊系常兼备上述两种辊系的优点，根据不同的使用要求，调整辊子的摆放方式，以达到最佳效果。例如 2 - 2 - 2 - 1 - 1 - 1 辊系，在 3 个对辊的作用下，管材的椭圆度被很好的校整，同时在 6 个辊子的相互作用下，管材多次弯曲变形，达到了矫直目的。直径

200 mm 管材的直线度可控制在 1 mm/m 之内。

3 - 1 - 3 辊系是一种较新的辊系，其特点是咬入条件好，工作稳定，圆度校整性好，矫直鹅头弯的效果好。这种辊系矫直鹅头弯主要依靠前后两组 3 辊的作用。前鹅头弯将在后 3 辊处矫直，后鹅头弯将在前 3 辊处矫直。驱动辊只有两个，使传动得到简化，所有的调节辊都不驱动，使调节方便。

63　管材直径与矫直辊倾斜角关系如何？

管材直径与矫直辊倾斜角有相互关系，当矫直机的矫直直径范围一定时，矫直机的辊子直径确定。在矫直管材直径范围内，随着管材直径增大，矫直辊倾斜角逐渐增大。因为矫直辊是由双曲线组成的曲面，当辊子与矫直机轴线方向的倾斜角较小时，辊子在矫直机轴线方向的曲率半径大，而在垂直方向的曲率半径小，与小直径管材可以有较长的接触区，使管材变形均匀，有利于提高矫直品质。当倾斜角较大时，辊子在矫直机轴线方向的曲率半径减小，而大直径管材的曲率半径较大，与矫直辊的曲率半径相适应，适合于矫直大规格管材。

矫直辊的倾斜角调整不合适，矫直辊在垂直矫直机轴线方向的曲率半径与管材的曲率半径将无法很好地配合。当矫直辊大于管材的曲率半径时，管材与矫直辊的接触面积减小，管材表面单位压力增大，表面容易产生矫直环线。当矫直辊小于管材的曲率半径时，管材与矫直辊之间的接触面不是全接触，而是辊子两端与管材接触，中间没有接触上。在矫直辊的压力下，接触点压力大，有塑性变形，同时在两个方向的压力下，金属向中间未接触面上变形，使矫直后的圆度和表面品质下降，严重时可矫直成多边形。

64　如何控制矫直速度？

当辊子直径和辊子转数确定之后，矫直速度 V_x 与辊子倾斜角 α 的关系式为

$$V_x = V_g \sin\alpha \qquad (3-23)$$

式中：V_g 为辊子的线速度。

矫直速度的大小影响着管材的表面品质。因为管材经挤压、拉伸、淬火等工序，存在着均匀弯曲或方向不一致的复合弯曲。当管材被咬入矫直辊中间时，管材边旋转边向前作着直线运动。矫直机在入口端和出口端没有对管材固定，管材在旋转过程中受到离心力的作用，甩动较大，当矫直软合金或壁厚较薄的管材，容易产生辊子硌伤。速度越快，甩动越大，缺陷越严重。所以对于软合金或壁厚较薄的管材，矫直速度选择低速。

65　如何控制张力矫直？

张力矫直也称为拉伸矫直。其矫直原理是将管材的两端夹住，沿纵向拉伸变形，拉伸变形量超过金属的屈服强度，并达到一定程度，一般伸长变形量控制在 $1\% \sim 3\%$，使各条纵向纤维的弹性恢复能力趋于一致，在弹性恢复后各处的残余变形弯曲量不超过允许值。拉伸机结构见图 3 – 26。

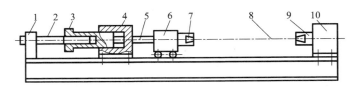

图 3 – 26　张力矫直机简图

1—尾架；2—回程柱塞；3—单回程油缸柱塞；4—带工作油缸的固定架；5—拉杆；
6—活动机架；7—活动夹头；8—被矫直管材；9—固定夹头；10—固定架。

管材的拉伸变形曲线如图 3 – 27 所示。当管材因原始弯曲造成纵向纤维单位长度的差为 Oa 时，经较大的拉伸变形后，原来短的纤维拉长为 Ob，原来长的纤维拉长为 ab。卸载后，各自的弹性恢复量为 bb 及 bc。这时残留的长度差变为 cd，cd 明显小于 Oa，使管材的平直度得到很大改善。如果管材的强化特性越弱，这种残留的长度差越小，即矫直品质越高。当管材的强化特性较大时，一次拉伸后有可

能达不到矫直目的，即 cd 大
于允许值，则应该进行二次
拉伸。如果在第二次拉伸之
前对材料进行时效处理，则
矫直效果会更显著。另外，
由于管材的实际强化特性并
不是完全线性的，越接近强
度极限，应力与应变之间的
线性关系越弱。因此在接近

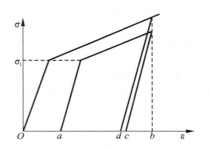

图 3 - 27　原长度与拉伸变形的关系

强度极限的变形条件下，可以得到很好的矫直效果。但这样的做法
是比较危险的，不仅易出现表面粗糙，而且容易拉断。

　　张力矫直主要适用于异型管材和需张力拉伸的管材。拉伸时，
由于拉伸钳口夹住管材两端，管材两端将被夹扁，随着外形尺寸增
大，端头变形长度也将增长，使几何废料增加。所以张力矫直时应在
管材内装入拉伸芯头，以减少端头的变形量，减少切头量。拉伸芯头
尺寸应与管材内径尺寸接近，间隙过大起不到减少端头变形量的作
用，而间隙过小又难以装卸，一般间隙控制在 2 ~ 5 mm。

66　如何控制型辊矫直？

　　异型管材经张力矫直后，很难完全达到技术条件的要求，须经过
型辊矫直和手工矫直工序。矫直原理是采用在两支点上放好异型管
材，使其凸起处向上，在两支点的中间，从上方向下施加一个压力
辊，然后用压力辊击压凸起部位使其向反方向弯曲，以达到矫直
目的。

　　型辊矫直机采用十辊和十二辊的较多，一般采用上、下各两个
辊，上、下辊相互错开的方式，使前三个辊组成反弯的方向与后三个
辊组成反弯的方向相反，在矫直时相当于同时按两个方向各矫直了
一遍，提高了生产效率。

　　矫直品质与合金特性、外形尺寸、管材壁厚等因素有关。随着合
金刚性越大，压弯后的残余曲率的均一性越差，而这种差值将随着反

弯次数的增加而减小。

67　如何控制扭拧矫直？

　　异型管材（非圆形管材）经型辊矫直、拉伸矫直等方式，只能对弯曲进行校正，而对扭拧缺陷则无法消除，须经设备或人工扭拧矫直。扭拧矫直就是在管材上找到两个支点，在两支点处施加一旋转方向的力矩，两力矩方向相反。在两相反方向力矩的作用下，型管沿其轴线进行扭转变形，当扭转变形达到一定程度后，即抵消原扭拧变形，则实现了扭拧矫直。

　　扭拧矫直关键找到扭拧点，点找不准则容易产生新的扭拧点，形成一段一段的扭拧缺陷。矫直力应慢慢增大，扭转变形也应适当控制，否则在力矩点产生急剧变形，造成局部扭拧。扭拧变形过大，变形量超过原始扭拧度，造成新的扭拧度不合格。所以在生产中必须根据实际情况控制力矩点及力矩大小。

68　管材矫直品质如何控制？

　　铝及铝合金管材按断面形状主要分为圆形、正方形、矩形及其他异型管。对于不同断面的管材，应采用不同的矫直方法。圆形管材一般采用辊式矫直。当管材直径超出矫直机的能力范围时，也采用拉伸矫直。也有些管材由于工艺要求而采用拉伸矫直。用于轧制的管材毛坯，根据矫直设备能力，可选用拉伸或辊矫方式。其他断面形状管材一般采用拉伸矫直。对于正方形、矩形管材，当管材的尺寸偏差接近下限值，采用型辊矫直方式可减小尺寸变化。当间隙向下凹或向上凸的较大时，拉伸矫直将使下凹或上凸更为严重，应采用型辊矫直方式。当型管扭拧度不合格时，应采用手工扭拧矫直，或采用设备扭拧矫直。

　　（1）管材在矫直之前表面应清洁，不得黏有金属屑和灰尘。矫直辊表面也应光滑，无金属屑等脏物，以防矫直中划伤管材表面或造成管材表面的金属或非金属压入。

　　（2）辊矫时，应在矫直辊上浇机油，一是可以使管材更好地被辊子咬入，使矫直顺利进行；二是矫直时管材与辊子之间相互摩擦，容易掉下金属屑，可通过机油流动带走金属屑；三是可以降低矫直时产生的摩擦热。

（3）淬火后的管材，应尽可能在其塑性最好的时间内矫直完毕，以防时效硬化影响矫直效果。一般在 24 h 之内完成。

（4）对于淬火后需要进行人工时效的管材，应在淬火与人工时效的时间间隔内矫直完毕。人工时效后一般不进行矫直。7A04、7A09、7075 合金厚壁管材在人工时效后不允许进行矫直加工，只允许进行轻微的手工校正。

（5）退火管材应在退火前进行矫直，退火后只能进行手工矫直。

（6）淬火后不再进行整径加工的弯曲度较大的管材，在淬火前要进行预矫直。

（7）矫直时，应注意矫直辊压下量的调节及角度的调节，避免在矫直后的管材表面出现明显的、具有一定深度的矫直螺旋线。

（8）对于壁厚薄、直径大的管材，采用两次以上的矫直次数，避免压伤管材表面。

（9）对于管材端头有较大弯头或鸭嘴形时，应尽量切掉。当中间有过大的局部硬弯，应从硬弯处切断，防止对设备造成损伤。

（10）管材经辊矫后其尺寸会发生一定的变化，长度变短，直径增大。对于尺寸精度要求高的产品，应注意直径变化对其精度可能带来的影响。对于定尺管材则应在矫直后切定尺。

（11）管材进行拉伸矫直时，在夹头部位的管材内孔中应塞入与之相配套的拉伸芯头，以减少管材头部压扁变形的长度。

（12）管材拉伸矫直前应仔细测量断面尺寸。当尺寸接近负偏差极限时，应控制变形量，防止拉伸后尺寸超负偏差。对于正方形、矩形断面的管材，可在型辊矫直机上矫直。当管材尺寸为正偏差时，可适当增加变形量，但变形量一般不要超过 3%，以防止造成表面粗糙或拉断。

第4章　铝及铝合金线(杆)材生产技术

1　铝合金线材的特点及分类方法是什么?

线材产品是通过挤压或挤压后拉伸(又称冷拔)制成,为实心压力加工产品,一般成卷交货。线材产品沿其纵向全长,横断面对称、均一,且呈圆形、椭圆形、正方形、长方形、等边三角形、正五边形、正六边形、正八边形等正多边形。

按其用途可以分为铆钉线、导电线、焊条线。轧制工艺主要用于生产电工圆铝杆。具体分类有:

(1)挤压线材

铝合金线的挤压与挤压小直径棒材基本相同,但希望挤出的线越长越好,并且挤出后卷成卷。为了获得较长的线,提高挤压机生产效率及减少卷线机的台数,故多采用4~6孔模挤压,并且在可能的条件下,采用较大的挤压筒和较长的铸锭。

(2)拉伸线材

线材拉伸与管材拉伸大同小异,是在拉伸力的作用下,使线材坯料通过截面逐渐减小的拉伸模孔,拉制成所要求截面的线材,这一生产过程称为线材拉伸。在拉伸过程中,线材的坯料横截面减小而长度增加。

(3)连铸连轧线材

采用在线连续铸造,并通过两机架以上的轧制设备连续轧制制成的线材或线卷。

2　铝合金线材拉伸有哪些主要方法和特点?

线材常用的拉伸方法有一次拉线和多次拉线,一次拉线是在一次拉线机上进行的,一次拉线机是线材从进线到出线只通过一个模子的拉伸机。它用于生产成品直径较大、强度较高、塑性较差的而且线坯不焊接的线材。多次拉线是在多次积蓄式无滑动拉线机上进行的。多次拉线机是线材连续通过几个规格逐渐减小的模子和其后的收线绞盘而实现拉伸的拉线机。它用于生产较小规格、中等强度的铝合金线材和纯铝导线。

用拉伸方法生产线材有如下特点：

(1)拉伸的线材尺寸精确，表面光洁。

(2)拉伸线材的品种规格多。

(3)线材拉伸过程是在冷状态下进行的，金属产生一定的冷作量，所以拉伸线材的机械性能较高。

(4)线材的拉伸工艺，及所需设备和工具都较简单，容易操作，生产效率高。

3　铝合金线材拉伸的必要条件及其主要参数是什么?

1. 拉伸的必要条件

铝合金线材采用一次拉线机或积蓄式无滑动拉线机进行拉伸，因此，不可考虑绞盘间的速比和滑动问题。但是，线材在拉伸过程中，拉伸应力必须小于被拉出线材自身的屈服强度，即

$$\delta_n < \delta_s$$

式中：δ_n 为拉伸应力；δ_s 为金属变形后的屈服强度。

由于铝合金加工硬化后屈服强度 δ_s 的数值十分接近于金属的抗拉强度 δ_b，因此，只有当 $\delta_n < \delta_b$ 时，才可能防止被拉线材的过拉和断线现象。

被拉金属的抗拉强度与拉伸应力的比值，称为安全系数，用 K 表示，即：

$$K = \frac{\delta_b}{\delta_n} \tag{4-1}$$

所以，实现拉伸过程的必要条件是 $K > 1$。

在拉伸过程中，K 值越大越安全，越不易断线。但是，当 K 值过大时，没有充分利用金属的塑性，相应地增加了拉伸道次，降低了生

产效率，不经济，因此 K 值不能过大。相反，如 K 值太小，则说明拉伸应力很接近于金属的抗拉强度，在拉伸过程中，如果拉伸条件稍有不利，就可能断线，从而降低了成品率和生产效率。因而，选择合适的安全系数是制定合理的线材拉伸工艺所必须的。根据现场经验，铝合金线材拉伸时的安全系数与线材直径的关系见表 4 - 1。从表中可见，随着线材直径的减小，K 值增加，这是因为线材直径愈小，线材内部缺陷显露到表面上来，易造成断线。

表 4 - 1   安全系数与拉伸线径关系

拉伸线材直径/mm	安全系数，K
16.00 ~ 4.50	1.3 ~ 2.0
4.50 ~ 1.00	1.4 ~ 2.1
1.00 ~ 0.40	1.6 ~ 2.4
0.39 ~ 0.10	1.8 ~ 2.7

2. 拉伸延伸系数

铝合金线材拉伸的延伸系数等于线材拉伸后的长度 L_K 与拉伸前的长度 L_0 之比，或者是拉伸前的断面积 F_0 与拉伸后断面积 F_K 之比：

$$\lambda = \frac{L_K}{L_0} = \frac{F_0}{F_K} = \frac{d_0^2}{d_K^2} \qquad (4-2)$$

式中：d_0、d_K 为拉伸前后的线材直径。

3. 拉伸加工率

铝合金线材加工率等于线材拉伸前的断面积 S_0 和拉伸后的断面积 S_K 之差与拉伸前断面积之比的百分率：

$$\delta = \frac{F_0 - F_K}{F_0} \times 100\% = \frac{d_0^2 - d_K^2}{d_0^2} \times 100\% \qquad (4-3)$$

线材拉伸加工率的主要确定原则如下：

（1）在金属塑性和拉线机机械性能允许的情况下，应尽量采用大的加工率。

（2）合理地选择两次退火间的加工率，详见表 4 - 2。

（3）对于拉伸前需要进行焊接的铝合金线毛料，由于焊缝处强度较低，在第一、第二道拉伸时，其加工率应适当减小，以保证焊接头不致开裂。第一道的加工率一般为20%左右，第二道的加工率可在15%～35%之间。

表4-2　推荐铝及铝合金线材道次加工率及两次退火间的变形量

合金牌号	道次加工率/%	两次退火间的变形量/%
1070A、1060、1050A、1035、1200、8A06、5052、5A03、3003、4032	15～45	不限
2A01、2A04、2B11、2B12、2A10、2A11、2024、2A16、7A03、5A05	10～40	<80

注：①对1050A导电线成品冷作量应控制在85%～95%。

②铆钉线材的成品率冷作量不应小于40%，但对2A10合金铆钉线材5.0 mm以上，9.0 mm以下的成品冷作量不应小于50%，而9.0 mm以上的铆钉线冷作量不小于40%。

4. 拉伸延伸率

铝合金延伸率等于线材拉伸后的长度 L_K 与拉伸前的长度 L_0 之比，或者是拉伸前的断面积 S_0 与拉伸后断面积 S_K 之比：

$$\varepsilon = \frac{L_K - L_0}{L_0} \times 100\% \qquad (4-4)$$

5. 拉伸断面收缩系数

铝合金拉伸的断面收缩系数等于线材拉伸后的断面积与拉伸前的断面积之比：

$$\psi = \frac{F_K}{F_0} \qquad (4-5)$$

4　铝合金线材拉伸前毛坯料有哪些控制要点？

（1）控制线毛料的尺寸偏差。铝与铝合金拉伸用线毛料，大多数

都是由热挤压方法提供。通常情况下，热挤压线毛料尺寸偏差按
表4-3控制。

表4-3　热挤压线毛料尺寸偏差

拉伸线材直径/mm	允许偏差/mm	每根线毛料的最小重量/kg
12.0	+0.1 -0.7	4
10.6	+0.2 -0.5	4
8.0	+0.1 -0.3	4

（2）焊接。为了增加线捆重量，提高拉伸效率，对热挤压的软铝
合金线毛料常采用对头焊接，以增加线毛料的长度。对头焊接是在
专用焊接设备上进行的。应使焊缝处的尺寸大致与原直径相同，在
焊接处经过反复弯曲两次不断时，方可进行拉伸。

（3）碾头。为了实现拉伸过程，线材端头应碾细穿过模孔，碾头
是在专用的碾头机上进行的。要求把端头碾成圆滑的锥形，不应有
飞边，折叠等缺陷，碾头长度为100～150 mm。

（4）退火。硬铝合金线材拉伸前需要退火，一般条件下的推荐退
火制度见表4-4。

表4-4　线材推荐退火制度

合金牌号	退火温度/℃	保温时间/min	冷却方式
1070A、1060、1050A、1035、1200、8A06、5052、5A05、5A06、5B05、5A12、3003	370～410	90	出炉空冷
2B11、2B12、2014	370～410	90	炉内冷却到270℃以下

续表 4 - 4

合金牌号	退火温度/℃	保温时间/min	冷却方式
2A01、2A10	370~410	120	出炉空冷
2A04、2A06	380~410	120	炉内冷却到270℃以下
7A03、7A04、7A10、7075	320~350	120	炉内冷却到260℃以下
2A16	350~370	90	炉内冷却到270℃以下

5 铝合金线材拉伸配模的主要原则及其计算方法是怎样的?

1. 线材拉伸配模的主要原则

(1)在保证线材尺寸精确、表面良好和机械性能完全合格的条件下,尽量减少拉伸道次;

(2)在保证线材不断头的前提下,充分利用金属塑性,最大限度的提高劳动生产率;

(3)应尽量减少模子磨损和动力消耗;

(4)不发生拉断和拉细线材的现象。

2. 配模计算

铝合金线材的拉伸大多数是一次拉伸及多次积蓄式无滑动拉伸。一次拉伸配模比较简单,主要考虑使拉伸应力小于被拉金属的抗拉强度和退火间道次加工率的合理分配。对于二次或多次积蓄式无滑动拉伸而言,其拉伸机的各个绞盘的动作,在很大程度上与其他绞盘动作没有多大关系,因此,配模也比较简单,多次拉伸配模计算如下:

(1)当道次的延伸系数 λ 都相等时,即在 $\lambda_{n-1} = \lambda_n = \lambda_{n-1} = \lambda_c$ 条件下,所需的拉伸道次按下式确定:

$$n = \frac{\lg\lambda_\Sigma}{\lg\lambda_c} \qquad (4-6)$$

式中: λ_Σ 为总延伸系数, $\lambda_\Sigma = \dfrac{F_0}{F_x}$; λ_c 为根据实际允许选择的平均延伸系数, $\lambda_c = \dfrac{F_{n-1}}{F_n}$; F_x 为成品线材断面积, mm^2 ; F_0 为线毛料断面积, mm^2 ;

n 为所需拉伸道次或多次拉伸时的模子数目。

　　n 值可根据图 4 – 49 来确定, 若已知 λ_Σ 及 n 时, 也可由图 4 – 1 查出 λ_c, 例如, 已知 $\lambda_\Sigma = 20$, $n = 9$ 查图 4 – 49 可得 $\lambda_c = 1.395$, 如图中虚线所示。

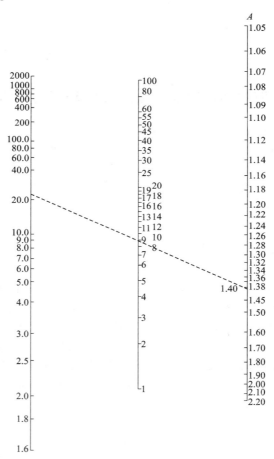

图 4 – 1　当 $\lambda_{n-1} = \lambda_n = \lambda_{n-1}$ 时确定拉伸道次 n 或

平均延伸系数 λ_c 的计算图

当 $\lambda_{n-1} = \lambda_n = \lambda_{n-1}$ 时，各道次中间配模的直径可由图 4 - 2 来确定。

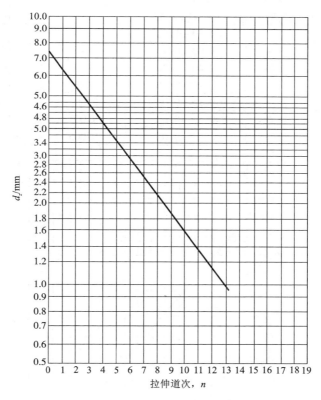

图 4 - 2　当 $\lambda_{n-1} = \lambda_n = \lambda_{n-1}$ 时拉伸配模计算图

（2）当道次延伸系数逐渐减小时，即：$\lambda_{n-1} > \lambda_n > \lambda_{n-1}$ 时，其拉伸配模可按下式计算：

$$n = \frac{\lg\lambda_总}{c' - a'\lg\lambda_c} \qquad (4-7)$$

式中：n 为所需道次或拉伸模子系数；$\lambda_总$ 为总延伸系数；c'、a' 为与被拉伸线材直径有关的系数，其值可由表 4 - 5 查得。

表 4 - 5   线材退火制度

拉线级别	拉线种类	被拉线材直径/mm	a'值	c'值
1	特粗	16.00 ~ 4.50	0.03	0.18
2	粗	4.50 ~ 1.00	0.03	0.16
3	中	1.00 ~ 0.40	0.02	0.12
4	较细	0.40 ~ 0.20	0.01	0.11
5	细	0.20 ~ 0.10	0.01	0.10
6	微细	0.10 ~ 0.05	0.005	0.09
7	特细	0.05 ~ 0.03	0.005	0.08
8	极细	0.03 ~ 0.01	0.005	0.07

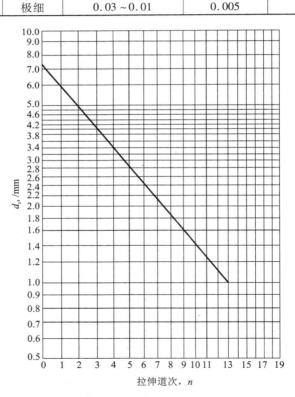

图 4 - 3   当 $\lambda_{n-1} > \lambda_n > \lambda_{n-1}$ 时拉伸配模计算图

6　1050A 纯铝和工业纯铝导线拉伸配模工艺如何?

1050A 纯铝导线拉伸配模工艺见表 4 - 6。

表 4 - 6　1050A 纯铝导线拉伸配模工艺

成品直径 /mm	成品总加工率 /%	毛料直径 /mm	各道次的模子直径/mm											
			1	2	3	4	5	6	7	8	9	10	11	12
5.0	77	12.0	9.5	6.5	5.0									
4.5	82	12.0	9.5	7.0	5.0	4.5								
4.0	85.2	12.0	9.5	7.0	5.0	4.5	4.0							
3.5	88.3	10.5	8.0	6.0	4.8	4.0	3.5							
3.0	91.3	10.5	8.0	6.0	4.7	3.6	3.0							
2.5	94.3	10.5	8.0	6.0	4.7	3.7	3.0	2.5						
2.0	96.7	10.5	8.0	6.0	4.7	3.7	3.0	2.4	2.0					
1.5	98.5	10.5	8.0	6.0	4.7	3.7	3.0	2.4	2.0	1.7	1.5			
1.0	99.9	10.5	8.0	6.0	4.8	3.8	3.0	2.4	2.0	1.4	1.2	1.0		
0.8	99.4	10.5	8.0	6.0	4.7	3.7	3.0	2.4	2.0	1.4	1.2	1.0	0.9	0.8

各种工业纯铝的线材拉伸配模工艺见表 4 - 7。

表 4 - 7　各种工业纯铝的线材拉伸配模工艺

成品直径 /mm	成品加工率 /%	毛料直径 /mm	各道次的模子直径/mm											
			1	2	3	4	5	6	7	8	9	10	11	12
9.0	44	12.0	10.0	9										
8.0	56	12.0	10.0	8										

续表 4-7

成品直径 /mm	成品加工率 /%	毛料直径 /mm	各道次的模子直径/mm												
			1	2	3	4	5	6	7	8	9	10	11	12
7.5	49	10.5	8.0	7.5											
7.0	55	10.5	8.0	7.4	7.0										
6.5	62	10.5	8.0	7.4	6.5										
6.0	68	10.5	8.0	6.5	6.0										
5.5	73	10.5	8.0	6.0	5.5										
5.0	77	10.5	8.0	6.0	6.0										
4.5	82	10.5	8.0	6.0	4.5										
4.0	85.5	10.5	8.0	6.0	4.7	4.0									
3.5	88.8	10.5	8.0	6.0	4.8	4.0	3.5								
3.0	91.8	10.5	8.0	6.0	4.7	3.6	3.0								
2.5	94.3	10.5	8.0	6.0	4.7	3.7	3.0	2.5							
2.0	96.7	10.5	8.0	6.0	4.7	3.7	3.0	2.4	2.0						
1.5	98.5	10.5	8.0	6.0	4.7	3.7	3.0	2.4	2.0	1.7	1.5				
1.0	98.9	10.5	8.0	6.0	4.8	3.8	3.0	2.4	2.0	1.4	1.2	1.0			
0.8	99.4	10.5	8.0	6.0	4.7	3.7	3.0	2.4	2.0	1.4	1.2	1.0	0.9	0.8

7 5系合金焊条线的拉伸配模工艺如何？

5 系合金焊条线的拉伸配模工艺见表 4-8。

表4-8　5系合金焊条线的拉伸配模工艺

成品直径/mm	毛料直径/mm	各道次的模子直径/mm							
		1	2	3	4	5	6	7	8
10.0	12.0	10.0	9.5						
9.0	※12.0	※10.4	8.3	9.0					
8.0	※12.0	※10.5	8.0	8.0					
8.0	10.5	8.5	7.5						
7.5	※10.5	9.3	7.0						
7.0	※10.5	※9.2	7.0						
6.5	※10.5	※8.5	6.5	6.5					
6.0	※10.5	※8.0	6.0	6.0					
5.5	※10.5	※8.0	5.7	5.5					
5.0	※10.5	※8.0	5.8	5.0					
4.5	※10.5	※8.1	※5.7	4.5					
4.0	※10.5	※8.0	※5.8	4.0					
3.5	※10.5	※8.1	※5.8	4.2	3.5				
3.0	※10.5	※8.1	※5.8	※4.0	3.0				
2.5	※10.5	※8.0	※5.8	※4.0	3.0	2.5			
2.0	※10.5	※8.0	※5.7	※4.0	※2.8				
1.5	※10.5	※8.0	※5.7	※4.0	※2.8	※2.0	1.5		
1.0	※10.5	※8.0	※5.7	※4.0	※3.0	※2.4	※1.9	※1.4	※1.0
0.8	※10.5	※8.0	※5.7	4.0	※2.8	※2.0	※1.6	※1.0	0.8

注：※表示该规格需退火,后表中※含义同。

8　焊丝以外的 5 系合金线材的拉伸配模工艺如何？

焊丝以外的 5 系合金线材的拉伸配模工艺的拉伸配模工艺见表 4 – 9。

表 4 – 9　焊丝以外的 5 系合金线材的拉伸配模工艺的拉伸配模工艺

成品直径/mm	成品加工率	毛料直径/mm	各道次的模子直径/mm								
			1	2	3	4	5	6	7	8	9
10.0	31	※12.0	10.0								
9.0	44	※12.0	10.5	9.0							
8.0	42	※10.5	8.0								
7.5	49	※10.5	9.7	7.5							
7.0	56	※10.5	8.0	7.0							
6.5	40	※10.5	※8.4	6.5							
6.0	43	※10.5	※8.0	6.0							
5.5	44	※10.5	※8.0	6.5	5.5						
5.0	40	※10.5	※8.0	6.4	5.0						
4.5	41	※10.5	※8.0	※5.8	4.5						
4.0	51	※10.5	※8.0	※5.7	4.0						
3.5	40	※10.5	※8.0	※5.7	※4.5	3.5					
3.0	44	※10.5	※8.0	※5.7	※4.0	3.0					
2.5	46	※10.5	※8.0	※5.7	※4.0	※3.4	2.5				
2.0	49	※10.5	※8.0	※5.7	※4.0	※2.8	2.2	2.0			
1.6	47	※10.5	※8.0	※5.7	※4.0	※2.8	※2.2	1.8	1.6		
0.8	55	※10.5	※8.0	※5.7	※4.0	※2.8	2.2	※1.8	1.6	※1.2	0.8

9 4 系合金焊条线材的拉伸配模工艺如何?

4 系合金焊条线材的拉伸配模工艺的拉伸配模工艺见表 4 – 10。

表 4 – 10　4 系合金焊条线材的拉伸配模工艺的拉伸配模工艺

成品直径/mm	毛料直径/mm	各道次的模子直径/mm							
		1	2	3	4	5	6	7	8
10.0	10.0	10.0							
9.0	10.5	9.0							
8.0	10.5	8.0							
7.5	10.5	※8.2	7.5						
7.0	10.5	※8.0	7.0						
6.5	10.5	※8.0	6.5						
6.0	10.5	※8.0	6.0						
5.5	10.5	※8.0	6.2	5.5					
5.0	10.5	※8.1	6.0	5.0					
4.5	10.5	※8.0	※5.8	4.5					
4.0	10.5	※8.0	※5.7	4.0					
3.5	10.5	※8.0	※5.8	4.2	3.5				
3.0	10.5	※8.0	※5.7	※4.0	3.0				
2.5	10.5	※8.0	※5.7	※4.0	3.0	2.5			
2.0	10.5	※8.0	※5.7	※4.0	※3.0	2.4	2.0		
1.6	10.5	※8.0	※5.7	※4.0	3.0	※2.4	2.0	1.5	
0.8	10.5	※8.0	※5.7	※4.0	3.0	※2.4	1.9	1.4	0.8

10 3003 合金线材的拉伸配模工艺如何?

3003 合金线材的拉伸配模工艺的拉伸配模工艺见表 4 - 11。

表 4 - 11 3003 合金线材的拉伸配模工艺的拉伸配模工艺

成品直径/mm	毛料直径/mm	各道次的模子直径/mm											
		1	2	3	4	5	6	7	8	9	10	11	12
10.0	12.0	10.0											
9.0	12.0	10.5	9.0										
8.0	10.5	8.5	8.0										
7.5	10.5	8.0	7.5										
7.0	10.5	8.0	7.0										
6.5	10.5	8.0	7.4	6.5									
6.0	10.5	8.0	6.0										
5.5	10.5	8.0	6.0	5.5									
5.0	10.5	8.0	6.0	6.0									
4.5	10.5	8.0	6.0	4.5									
4.0	10.5	8.0	6.0	4.7	4.0								
3.5	10.5	8.0	6.0	4.8	4.0	3.5							
3.0	10.5	8.0	6.0	4.7	3.5	3.0							
2.5	10.5	8.0	6.0	4.7	3.7	3.0	2.5						
2.0	10.5	8.0	6.0	4.7	3.7	3.0	2.4	2.0					
1.6	10.5	8.0	6.0	4.7	3.7	3.0	2.4	1.9	1.6				
0.8	10.5	8.0	※6.0	4.8	3.8	3.0	2.4	1.9	1.4	1.2	1.0	0.9	0.8

11　2 系合金铆钉线材的拉伸配模工艺如何？

2 系合金铆钉线材的拉伸配模工艺的拉伸配模工艺见表 4－12。

表 4－12　2 系合金铆钉线材的拉伸配模工艺的拉伸配模工艺

成品直径/mm	成品加工率/%	毛料直径/mm	各道次的模子直径/mm							
			1	2	3	4	5	6	7	8
10.0	—	12.0	10.0							
9.0	44	※12.0	9.5	9.0						
8.0	42	※10.5	8.6	8.0						
7.5	49	※10.5	8.0	7.5						
7.0	56	※10.5	8.0	7.4	7.0					
6.5	50	※10.5	※9.2	7.1	6.5					
6.0	51	※10.5	※8.6	6.4	6.0					
5.5	53	※10.5	※8.0	6.0	5.5					
5.0	61	※10.5	※8.0	5.7	5.0					
4.5	51	※10.5	※8.2	※6.4	4.5					
4.0	51	※10.5	※8.1	※5.7	4.0					
3.5	62	※10.5	※8.1	※5.7	4.0	3.5				
3.0	51	※10.5	※8.0	※5.7	4.3	3.0				
2.5	61	※10.5	※8.0	※5.7	※4.0	3.0	2.5			
2.0	56	※10.5	※8.0	※5.7	※4.0	※3.0	2.5	2.0		
1.6	71	※10.5	※8.0	※5.7	※4.0	※3.0	2.5	2.0	1.8	1.6

12 特种用途 2B11、2B12 合金铆钉线材的拉伸配模工艺如何?

特种用途 2B11、2B12 合金铆钉线材的拉伸配模工艺的拉伸配模工艺见表 4 - 13。

表 4 - 13 特种用途 2B11、2B12 合金铆钉线材的拉伸配模工艺的拉伸配模工艺

成品直径/mm	成品加工率/%	毛料直径/mm	各道次的模子直径/mm						
			1	2	3	4	5	6	7
10.0	—	12.0	10.0						
9.0	44	※12.0	9.5	9.0					
8.0	42	※10.5	8.4	8.0					
7.5	49	※10.5	9.1	7.5					
7.0	56	※10.5	8.0	7.4	7.0				
6.5	42	※10.5	※8.5	7.1	6.5				
6.0	46	※10.5	※8.2	6.4	6.0				
5.5	55	※10.5	※8.2	6.0	5.5				
5.0	61	※10.5	※8.0	5.7	5.0				
4.5	42	※10.5	※8.1	※5.9	4.5				
4.0	51	※10.5	※8.0	※5.7	4.0				
3.5	62	※10.5	※8.0	※5.7	4.0	3.5			
3.0	44	※10.5	※8.0	※5.7	※4.0	3.0			
2.5	61	※10.5	※8.0	※5.7	※4.0	3.0	2.5		
2.0	41	※10.5	※8.0	※5.7	※4.0	3.0	※2.6	2.0	
1.6	59	※10.5	※8.0	※5.7	※4.0	3.0	※2.5	1.8	1.6

13 线材拉伸润滑的目的及其对润滑剂的要求是什么?

1.线材拉伸润滑的主要目的

(1)减少线材与拉伸配模之间的摩擦力和它们相互间的磨损;

(2)降低金属变形抗力和动力消耗;

(3)改善线材的表面质量,提高模子的使用寿命。

2.线材拉伸的主要要求

(1)在特定拉伸条件下,具有良好的润滑效果;

(2)易于在线材表面和拉伸模的摩擦面上形成一层不破坏的润滑膜;

(3)润滑油在线材进行热处理时易于挥发。

(4)润滑油应保持清洁,严禁混入汽油、煤油、水和砂土等物,要经常检验润滑油的质量,发现不好的应及时更换新油。

14 怎样预防铝熔体的"爆炸"事故?

铝在熔炼过程中,熔体温度高达 720℃ 以上,炉膛温度能达到 1000℃,若在加入炉料或熔剂以及操作工具带入水、冰雪或潮气与铝液相遇时,会立即过热到沸点以上随即气化变成高温蒸气,其体积急剧膨胀为原始状态的 1603 倍,会在一瞬间发生猛烈的"水蒸气爆炸"。"水蒸气爆炸"的压力是在 0.1 ms 的时间间隔内完成的(爆炸时间间隔是指爆炸时产生的压力达到峰值后,下降到压力最低点的时间)。

"水蒸气爆炸"的气流使液态铝发生猛烈的喷溅,同时伴随大量的铝液喷射和溢流的连锁反应,继而形成铝熔体的连锁"爆炸"事故,将造成严重的人身伤害和设备事故。为此必须采取以下防范措施:

(1)加入炉内的炉料特别是废料必须严格认真检查、清除冰雪和污垢,预先晾晒或烘干确认无水气。

(2)现场必须有应急的散装并事先经过干燥的耐火材料和消防灭火工具、器材。

(3)炉门冷却水管及消防水系统不能有泄漏隐患。

（4）使用的精炼剂和氮气精炼装置、浇注系统（放铝口、流槽、浇包，过滤板等）、操作平台和所有的工器具等，均应预先烘干，保持干燥。

（5）炉前必须有备用的塞头，用石棉绳缠裹成锥形塞头，外面涂耐火泥。

（6）由于高温铝液和混凝土地面接触后会发生爆裂飞溅，所以静置炉铝液转注（灌铝）口和清渣口，以及浇注系统现场的地面必须铺设耐火混凝土层；扒渣、铝液出口处流槽附近的地面最好用铸铁砖铺设。

（7）扒出炉外的炉渣应妥善处理，应及时装入专用的铁制锥形渣斗内，防止自燃和误进入水而发生事故。

（8）万一突发铝液溢出事故，应立即关闭事故现场有关设备的电源，只能用干燥的耐火材料围堵。

（9）铝冶炼行业操作人员必须牢记一条行规：铝液可以流入水池中，而绝对不能用水浇入铝液中。"向铝液浇水是铝行业熔铸工艺操作中的大忌"。

（10）岗位操作人员应穿戴必要的劳保防护用品，高腰皮鞋、脚盖、高温作业手套、防护眼镜、面罩等，严格遵守安全操作规程。

15 热轧有什么特点？热轧温度有哪些确定原则？

1. 热轧的特点

热轧是指金属在再结晶温度以上的轧制过程。金属在热轧过程中，变形金属同时存在硬化和软化过程，因变形速度的影响，只要回复和再结晶过程来不及进行，金属随变形程度的增加会产生一定的加工硬化。在热轧温度范围内，硬化过程起主导作用。因而，在热轧终了时，金属的再结晶常常是不完全的。

热轧有如下特点：

（1）热轧可以把塑性较低的铸造组织过渡到塑性较高的变形组织，改善金属的力学性能。

（2）热轧时金属塑性高，变形抗力低，大大减少了金属变形的能量消耗，能显著地降低成本。

（3）热轧能改善金属的加工工艺性能，即将铸造状态的粗大晶粒破碎，使显微裂纹缺陷"黏合"，减少或消除铸造缺陷，将铸态组织转变为变形组织，提高金属的加工性能。

（4）热轧通常采用大铸锭、大压下量轧制，不仅提高了生产效率，而且为提高轧制速度，为实现轧制过程的连续化和自动化创造了条件。

（5）热轧不能很精确地控制产品的力学性能，热轧制品的组织和性能不够均匀，其强度指标低于冷轧硬化制品。而高于完全退火制品；塑性指标高于冷作硬化制品，而低于完全退火制品。

（6）热轧制品的厚度尺寸控制精度较低，且热轧制品的表面较冷轧制品粗糙，Ra 值一般为 $0.5 \sim 1.5$ μm，因此，热轧制品一般多作为供给冷轧加工或其他后续加工工序的坯料，例如，电工圆铝杆就属于供给制作导电线、电缆用于拉制线材的过渡坯料。

2. 热轧温度的确定原则

（1）合金的状态图。它能够初步给出热轧温度范围，是确定热轧温度的一个重要依据。图 4 - 14 为部分固溶状态图，从图中可看出，热轧温度的上限应低于固相线温度 T_0。为防止锭坯加热时过热和过烧，通常热轧温度的上限取 $0.85 \sim 0.90 T_0$。而热轧温度的下限，对于单相合金取 $0.65 \sim 0.70 T_0$。对于两相以上的合金，如图 4 - 4 中 $I - I$ 位置上的

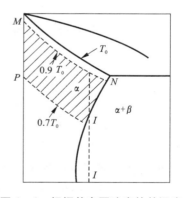

图 4 - 4　根据状态图确定热轧温度

合金，其热轧温度下限应高于相变点 $50℃ \sim 75℃$，以防止热轧过程中发生相变。因为相变会造成合金的组织不均匀，而且由于性质不同的两相存在，在热轧时将产生较大的变形和应力的不均匀性，结果增加了晶间的副应力和降低了合金的加工性能，因此通常希望热轧温

度在单相区内，即图4-4中的影线区内。但也有例外，某些合金在单相区内，由于该相硬而脆，反而引起塑性降低，而在两相区塑性较高，此时热轧温度定在两相区内较好。因此不能一概认为，凡是两相区都不如单相区，合金状态图只能大概地给出一个范围，要想准确确定热轧温度还必须参考金属与合金的塑性图。

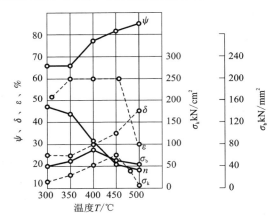

图4-5 铝合金2A12塑性图范围示意图

ψ—断面收缩率；ε—压缩率；σ_k—动载荷；σ_b—静载荷

（2）金属与合金的塑性图。塑性图是金属或合金的塑性在高温下随变形状态和加载方式而变化的综合曲线图。这些曲线可以是冲击韧性σ_k、断面收缩率ψ、延伸率δ、扭转角n以及镦粗ε出现第一个裂纹时的最大压缩率ε_{max}等。通常认为，利用塑性图中拉伸破断时断面收缩率ψ和镦粗ε出现第一个裂纹时的最大压缩率ε_{max}，这两个塑性指标来衡量热轧时的塑性较为适宜。利用金属与合金的塑性图就能选择塑性较高的热轧温度范围。

图4-5为铝合金2A12的塑性图，从图中不难看出，2A12的最高塑性的温度范围在350℃~450℃。塑性图不能反映热轧终了时的金属组织性能，故还必须依据第二类再结晶图确定热轧终轧温度。

（3）第二类再结晶图。通常热轧终轧温度不宜过高，因为温度过高容易发生聚集再结晶，产生粗大晶粒。但温度过低也会引起金属的硬化和能耗增加。所以热轧终轧温度要参照第二类再结晶图来确定，以保证得到较好的晶粒度。

终轧温度还取决于相变温度，在相变温度以下，将有第二相析出，其影响由第二相的性质决定，一般会造成组织不均匀，降低合金塑性，造成裂纹以致开裂。铝及铝合金在热轧开坯轧制时的终轧温度一般都应控制在再结晶温度线以上，即相变温度以上 20℃ ~30℃。无相变的合金，终轧温度可取合金熔点温度的 0.65~0.70。为保证终轧温度，采用多机架连轧是最为有效的工艺手段。

表 4-14 列出了铝及铝合金热轧的开轧和终轧温度控制范围。

表 4-14   部分铝及铝合金热轧温度范围

合金	热粗轧轧制温度/℃		热精轧轧制温度/℃	
	开轧温度	终轧温度	开轧温度	终轧温度
1×××系	420~500	350~380	350~380	230~280
3003	450~500	350~400	350~380	250~300
5052	450~510	350~420	350~400	250~300
5A03	410~510	350~420	350~400	250~300
5A05	450~480	350~420	350~400	250~300
5A06	430~470	350~420	350~400	250~300
2024	420~440	350~430	350~400	250~300
6061	410~500	350~420	350~400	250~300
7075	380~410	350~400	350~380	250~300

16   热轧冷却润滑的目的和乳化液系统是怎样的?

1. 热轧冷却润滑的目的

乳化液的基本功能就是满足铝在热轧过程中的冷却与润滑，其中水起冷却作用，油起润滑作用。

（1）使用有效的润滑剂（俗称乳化液或乳浊液），可以大大降低轧辊与变形金属之间的摩擦力，以及由于摩擦阻力而引起的金属附加变形抗力，从而减少轧制过程中的能量消耗。

（2）采用有效的防黏、降磨型润滑剂，有利于提高轧制产品的表面质量。

（3）减少轧辊磨损，延长轧辊使用寿命。

（4）利用乳化液的冷却性能，并通过控制乳化液的温度、流量、喷射压力，能有效控制轧制温度、轧辊温度、辊型和工艺参数，从而达到控制产品质量。铝杆生产常用的乳化液组成成分见表4-15。

表4-15　轧制铝杆常用乳化液的成分与性能

乳液类型	乳液成分/%		主要使用性能
水包油	矿物油($V_{20℃} = 5 \times 10^{-6} m^2/s$)	35.1	有较好的润滑、冷却性能，适用于铝杆连铸连轧生产
	甲醚(脂)混合物	3	
	山梨(糖)醇单油酸脂	0.8	
	聚氧乙基山梨(糖)醇单油酸脂硬铝酸脂		
	硬脂酸铝	0.3	
	水	60	

2. 铝杆生产线的乳化液系统

用于年产2万吨铝杆连铸连铸生产线的乳液系统（见图4-6），由下列主要设备组成：

（1）乳液池。有效容积80 m³，分为供、回两部分，用水泥砌筑，不能有渗漏现象。

（2）离心水泵四台。型号为：IS100-65-200B；流量：86 t/h；扬程：38 m；功率：15 kW。其中两台备用。

（3）GL-100型缝隙式过滤器两台。

（4）高温80型冷却塔一台。流量：80 t/h。

（5）Dg80 电动阀门一台。

（6）系统安装有压力表、温度表、阀门等。

对于国产 LZG/1600 型铝杆生产线的乳液系统，除去冷却、润滑轧件外，还有一个重要功能是润滑轧机机架的机械传动系统的轧辊、轴承、伞齿轮、导卫等，所以，乳化液纯净度要高，必须保持清洁干净，要定期检查化验乳液成分和浓度，发现指标不合格时，应及时补充更新。

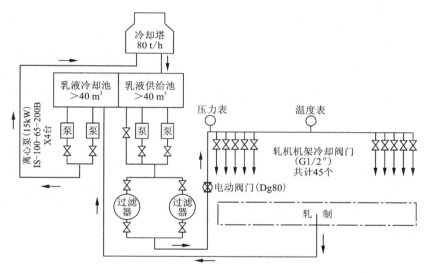

图 4 - 6 铝杆轧机乳液系统示意图

3. 乳化液的管理

（1）浓度：检测乳化液中的含油量，最少每隔五天应检测一次，做到及时准确地添加新油和水。

（2）黏度：主要检测疏水物黏度，每周至少测试一次，观察变化趋势，及时采取调整措施。

（3）生物活性：利用细菌培养基片检测乳化液中的细菌含量，正常状况，每周一次，异常状况应加大检测频次。一般细菌含量小于

10^6 个属于正常，不需要采取措施，当细菌含量 $\geqslant 10^6$ 个时，应积极采取有效措施加以控制，如加杀菌剂或提高乳液温度等。

（4）乳化液的温度：乳液回液池内乳化液温度一般应控制在 $60℃ \pm 5℃$，供液池乳化液温度一般应控制在 $30℃ \pm 5℃$。

（5）过滤：为去除乳化液中的金属及非金属残渣物，减小金属皂及机械油对乳化液使用品质的影响，乳化液必须经过过滤器过滤。铝杆生产线配备了缝隙式过滤器，过滤器每个班必须断续运转一个小时，每隔 7 天定期排污。

（6）设备的清洗及乳液置换：应定期对轧机本体以及对乳化液有沉淀的地方和乳液池底部进行清刷，同时用新油对乳化液进行部分置换，保持乳液的稳定和清洁度，维持乳液组分的平衡。

17　连轧的特点及其基本理论是什么？

1. 连轧的特点

同时把多个轧机布置在一条生产线上，连续一次性完成制品轧制过程的轧制方法称为连轧。连轧可分为热连轧和冷连轧。金属在再结晶温度以上的连轧称为热连轧，热连轧具有生产率高、金属消耗少、产品成本低和质量高等特点，电工圆铝杆的生产就是典型的热连轧。

2. 连轧的基本理论

（1）流量方程

流量方程也称秒流量相等法则或连续方程，它表达了连轧过程中几个主要工艺参数之间在稳定状态时的关系，当各个道次机架间张力都为零时，其关系式为：

$$V = b_n h_n v_n (n = 1, 2, \cdots, n) \qquad (4-8)$$

即

$$V_n = V_{n-1} = V_{n-2} = \cdots = V_1 \qquad [4-8(a)]$$

即在连轧过程中，轧件在每个机架出辊处的宽度 b、厚度 h 和速度 v 的乘积应互等，即体积流量相等。如果流量方程用秒流量的方式表示，即第 n 道次单位时间内通过的金属体积 V_n：

$$V_n = \frac{\pi \cdot D_{Gn} \cdot N_n \cdot F'_n}{60} \ \mathrm{mm^3/s} \qquad (4-9)$$

式中：D_{Gn} 为第 n 道次轧辊的工作辊直径，mm；N_n 为第 n 道次轧辊的转速，r/min；F'_n 为第 n 道次轧件的截面积，$\mathrm{mm^2}$。

当机架间张力系数 ψ 不等于零时，其流量方程为：

$$V_n = V_{n-1} \cdot (\psi_n + 1) = \cdots = V_1 \cdot (\psi_2 + 1) \qquad (4-10)$$

式中：ψ_n、ψ_{n+1} 为第 n、$\cdots n-1$ 道次的张力系数。

由于轧制过程中受到前滑值 S_n 的影响，轧件的实际出辊速度 v'_n 不等于轧辊的线速度 v_n 其数值为：

$$v'_n = v_n (1 + S_n)$$

因此流量方程最终变为：

$$V' = F'_n v'_n = \cdots = F'_{n+1} v'_{n+1} \qquad (4-11)$$

应当指出，严格地讲，上述流量方程的几种表达方式并不完全符合连轧过程的实际情况。连轧过程是一个复杂的综合运动过程，连轧过程中各个工艺参数都是随时间而不断变化的。因此，在连轧过程中的任一时刻，在各机架出辊参数间并不完全符合上公式。但从实用和近似的观点看，上述几个公式又在一定的精度的范围内清楚地表达了各个参数间的基本关系，所以它是连轧过程的重要基础理论方程。

（2）张力方程

张力是连轧过程的一个重要现象，各机架通过张力传递影响、传递能量而互相发生联系。张力是由于速度差而产生的，对连轧而言，张力是由于两机架间的速度不协调所产生。张力可通过张力公式表达：设在某一时刻 t 时，两机架处于稳定轧制状态，此时机架间张力为 Q_n，在此张力作用下 n 机架出辊速度为 v_n，而 $n+1$ 机架入辊速度为 v'_{n+1}，由于处于稳定状态，所以 $v_n = v'_{n+1}$。如设轧件断面为 $F = bh$，则单位张力 $q_n = Q_n/F$；根据虎克定律 $\varepsilon_n = q_n/E$。如果两机架间距离为 L，轧件在张力作用下其绝对伸长量为 l，则：

$$\varepsilon_n = \frac{l}{L-l} \qquad (4-12)$$

式中：$L-l$ 为轧件不受张力作用时的原始长度。

如果某一瞬间稳定状态遭到破坏，使 $v'_{n+1} > v_n$，则在时间 $t + dt$ 时张力将变化为 Q'_n：

$$Q'_n = Q_n + dQ_n$$

因此 $q'_n = q_n + dq_n$

$$\varepsilon'_n = \varepsilon_n + d\varepsilon_n$$

而　　　　　　　　　$d\varepsilon_n = dl/(L-1) \approx dl/L$

考虑到所增加的 dl 是由速度差 $v'_{n+1} - v_n$ 引起的，因此：

$$v'_{n+1} - v_n = dl/dt = L \cdot (d\varepsilon_n/dt) = (L/E) \cdot (dqn/dt)$$

即

$$dq_n/dt = (E/L) \cdot (v'_{n+1} - v_n) \tag{4-13}$$

积分上式，则：

$$q_i = \frac{E}{L}\int(v'_{n+1} - v_n)\,dt \tag{4-14}$$

上两式为连轧常用的张力微分方程和积分方程，在用此公式时还需将 v'_{n+1} 和 v_n 的具体公式代入才行。

18　什么是型辊轧制？型辊轧制有何特点？

1. 型辊轧制

在刻有轧槽的轧辊中轧制各种型材的方法称为型辊轧制，它是纵轧形式之一。由两个或两个以上轧辊轧槽形成的几何空间称为孔型。一般来说，轧件在其宽度上的压下量是不同的，所以在轧制过程中轧件的变形更加复杂。与平辊轧制板材相比，不均匀变形是其显著特点之一。

2. 型辊轧制的特点

（1）基本参数的变化

在平辊轧制板材时，沿轧件宽度上的延伸系数 μ，轧制速度 v，轧辊工作直径 D_G，轧制前后轧件高度 H 与 h，咬入角 α 等［图 4-7(a)］都是相同的，因此沿其宽度上的变形比较均匀。在用平辊轧制圆形坯料时，由于其高度 H 不同，故其宽度上的不均匀变形有所增加［图 4-7(b)］。其中，H、α、μ 是可变参数。

在型辊轧制时，基本参数是变化的，例如，在对称于轧辊垂直轴线的椭圆形孔型中轧制高度 H 相同的方形轧件时，轧辊工作直径 D_G 和咬入角 α、轧件的高度 h 是不同的。轧辊工作直径 D_G 的变化是图 4－6(c)与图 4－7(b)显著不同之处，它将引起沿孔型宽度上轧辊圆周速度的不相等，这也就大大的增加了轧件的不均匀变形。在图 4－7(c)中，除去 H 外，其他都是可变参数。

图 4－7(d)所示系在方孔型中轧制椭圆形轧件，它是图 4－7(b)和图 4－7(c)所示不均匀变形的综合例子。在这里 D_G、α、H、h 四个参数均为变值，因此不均匀变形程度更大。

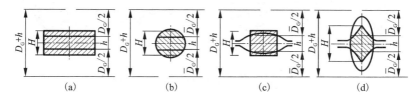

图 4－7   平辊轧制与型辊轧制的比较

从上述分析可得知：它们的共同特点是轧辊孔型和轧件形状均对称于轧辊垂直轴线和水平轴线。至于轧制不对称型材时，其轧制条件更加复杂，轧件的不均匀变形也就更加严重。表 4－16 示出各种轧制情况下基本参数变化的比较。

表 4－16   各种轧制情况下基本参数变化比较

轧制情况	不变参数	不变参数
图 5－43(a)	D_G、H、h、α、μ、$D+h$	
图 5－43(b)	D_G、h、$D+h$	H、α、μ
图 5－43(c)	$-H$	D_G、h、α、μ、$\overline{D_G}+\overline{h}$
图 5－43(d)		D_G、h、α、μ、D_G+h

（2）过充满和欠充满

型辊轧制时的第二个特点是：在轧制过程中会出现轧件过充满和欠充满现象（图4-8），轧件过充满和欠充满对制品质量均有不良影响，过充满［图4-8（a）］的轧件在下一道次孔型轧制中易产生折叠或夹层等缺陷，在铝杆轧制中，会出现"耳子"。欠充满［图4-8（b）］易产生几何形状不规整，使制品几何尺寸不合格，局部表面短缺、表面粗糙等缺陷。

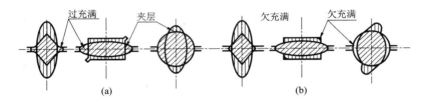

图4-8　过充满和欠充满对产品质量的影响

3. 型辊轧制不均匀变形的特点

研究金属在孔型中变形的不均匀性，对轧辊孔型的设计是十分重要的。与平辊轧制一样，型辊轧制过程中也存在不均匀变形。不能简单地将平辊轧制时的压下量、宽展和延伸等计算方法用于型辊轧制。

在型辊轧制中一般是沿轧件宽度上的相对压下量和绝对压下量不等，这种不均匀压下有三种情况：

（1）轧件轧前的断面形状和孔型形状相似，并沿轧件宽度上绝对压下量相等，但相对压下量不同，变形比较均匀。

（2）沿轧件宽度上绝对压下量不等，但相对压下量相同（如菱形孔型中轧制菱形轧件），变形不均匀。

（3）最常见的情况是沿轧件宽度上的绝对压下量和相对压下量都不等，如在椭圆孔型中轧制方形轧件或在方形孔型中轧制椭圆轧件等情况，变形很不均匀。不均匀的压下量和复杂的孔型形状，使轧件在孔型中的宽展不同于平辊轧制，凹形轧槽会使宽展阻力增加，限制轧件在孔型中的宽展，而凸形轧槽相反，可减少宽展的阻力，且促进轧件在孔型中的宽展变形。

　　轧件在孔型中轧制时，沿轧槽宽度上的压下量、宽展和延伸都是不均匀的。如把送入椭圆孔型中变形的方轧件沿其宽度上分成 b_1、b_2、b_3 等许多等宽小片，并且假设令相邻金属片之间相互无影响，则在忽略宽展的情况下，很容易算出各片的延伸量，通常称它为"自然延伸"。由图 4-9 看出，方轧件在椭圆孔型中最大自然延伸发生在方轧件的边缘，而最小自然延伸出现在轧件的中间部位。

　　实际的延伸分布是很复杂的。图 4-9 所示的延伸系数在孔型宽度上的分布曲线，已明确说明了这种压下和延伸极其不均匀的程度。

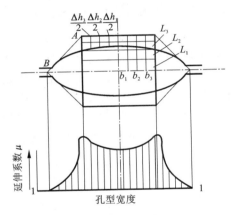

图 4-9　方轧件在椭圆孔型中变形时
延伸在孔型宽度上的分布

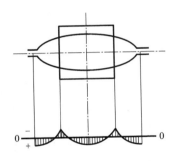

图 4-10　方轧件在椭圆孔型中
变形后的残余应力

　　然而，金属轧件是一个整体，各片之间彼此互相牵连着，且在变形后长度几乎相等。可见，在变形过程中压下、延伸和宽展之间是互相制约的，延伸较大的部分将受到"压副应力"的作用，迫使其减少自然延伸。延伸小的部分受到"拉副应力"作用，迫使轧件增加其自然延伸，即所谓的"拉缩"现象。由于这种不均匀变形，必然出现残余应力，其分布如图 4-10 所示。如孔型设计不当，轧件会出现裂纹，甚至会发生拉断现象。轧件沿孔型宽度上的变形相当不均匀。一般地说，孔型边缘部分宽展量较大，中部较小；靠近中心层宽展量较大，而上下层较小。这一现象再一次的证实：金属是按照最小阻力规律流动的。

综上所述，由于轧件与孔型形状失去了相似性，则金属质点在变形区内各方向上的阻力不同。金属质点总是向阻力小的方向流动；按封闭形法则，金属质点的流动又要受到其整体性的相互作用，结果金属流动不均匀，轻则使轧件内部产生附加应力，甚至发生扭曲；重则出现拉缩和裂纹等质量问题。可见，在孔型设计中如何减少和限制不均匀变形是一个十分重要的问题。

19 什么是轧制中心、轧辊名义直径和轧辊的平均工作直径？

轧机机架孔型的设计中心就是该机架的轧制中心。在多个机架连轧时，其连轧的轧制中心就是各个机架孔型中心的连线，轧制中心是连轧孔型设计的基础依据。按连轧设计要求，连轧轧制中心应是一条直线，但有时为了满足延伸系数、张力系数、机架结构等方面的要求，个别机架的轧制中心允许在孔型的垂直平面的一定范围内作适当调整，就是说连轧的轧制中心也可以是一条稍有波动的折线。

机架轧辊轴的中心线至轧制中心线的距离，叫做轧辊的名义半径，在连轧孔型设计中，为了设计计算的方便，通常用到的是轧辊的名义直径，也称为轧辊假想直径（图 4 - 11、图 4 - 12 中的 D_H）。

轧辊与轧件相接触的轧辊直径称做轧辊工作直径，又称为轧制辊径。

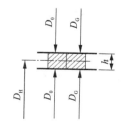

图 4 - 11 平辊轧制时的工作直径示意图

在平辊轧制时（图 4 - 11），轧辊工作直径沿轧件宽度上不变，所以其工作直径等于轧辊直径：

$$D_0 = D_G = D_H - h \qquad (4-15)$$

式中：D_0 为轧辊直径；D_G 为轧辊工作直径；D_H 为轧辊名义直径；h

为轧件厚度。

在型辊轧制时,轧辊工作直径沿轧件宽度呈曲线(折线)变化(图4-12)。

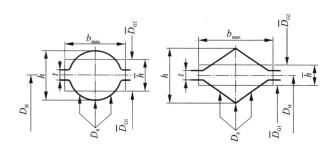

图4-12 型辊轧制时的工作直径示意图

在孔型设计中为了方便计算,通常以轧辊平均工作直径代替轧辊工作直径,即:

$$\overline{D_\mathrm{G}} = D_\mathrm{H} - \frac{\overline{h}}{2} = D_\mathrm{H} - \frac{F}{2b_{\max}} \qquad (4-16)$$

在两辊轧制中,如果上、下轧辊工作直径不等时,则取其平均值:

$$\overline{D_\mathrm{G}} = \frac{D_{\mathrm{G1}} + D_{\mathrm{G2}}}{2} \qquad [4-16(\mathrm{a})]$$

式中:D_{G1}、D_{G2} 为上、下轧辊平均工作直径。

轧制中心、轧辊名义直径和轧辊工作直径在孔型设计、轧制力计算中是很重要的参数。

20 型辊轧制压力及道次电机功率是怎样计算?

1. 轧制力的计算

型辊轧制中,常常伴随有极其严重的不均匀变形,而在计算金属对轧辊的压力时,一般把它看作均匀变形过程,这样使计算出的压力值与实际值相差较大。在这种情况下,为要使计算结果能接近实际,必须采取实测与计算相结合的方法才能得到较为合理的结果。我们知道,金属对轧辊的压力等于平均单位压力 $\bar{p}$ 乘以金属与轧辊的接触面积 F,即:

$$p = \bar{p}F \qquad\qquad (4-17)$$

式中: $F = \bar{b}\sqrt{\dfrac{D_G \Delta h}{2}}$。

此处, $\bar{b}$ 为孔型近似宽度,即轧件在变形区内与轧辊接触面的平均宽度。

所以: $\bar{b} = (b_0 + b_1)/2$;

式中: b_0 为轧件轧前宽度; b_1 为轧件轧后宽度。

这样金属对轧辊压力计算公式可写成:

$$p = \bar{p}\bar{b}\sqrt{\dfrac{D_G \Delta h}{2}} \qquad\qquad (4-18)$$

上式计算结果的正确程度,主要取决于平均单位压力值的确定。根据实际计算验证,利用轧制温度与纯铝平均单位压力关系曲线(见图 4 – 13)计算铝对轧辊的压力,其结果比较准确,一般误差不超过 10% 。

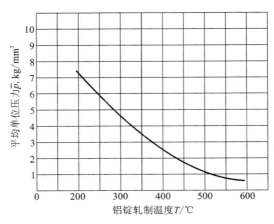

图 4 – 13　轧制温度与纯铝平均单位压力关系曲线

在实际生产中,难以找到每一种金属或合金的轧制温度与平均单位压力曲线。但是发现各种金属或合金的平均单位压力与它们的抗拉强度存在着一定关系。如铝及铝合金的平均单位压力一般为其抗拉强度的两倍左右。高温时取下限,低温时取上限。这样计算出的结果比较准确。

2. 金属轧制中转动轧辊所需的力矩

金属轧制时主电机轴上转动轧辊所必需的力矩由以下四部分组成:

$$M = \frac{M_Z}{i} + M_m + M_k + M_d \qquad (4-19)$$

式中:M_Z 为轧制力矩,即用于轧制金属变形的力矩;i 为轧辊与主电机间的传动比;M_m 为克服金属轧制时发生在轧辊轴承、传动机构等的附加摩擦力矩;M_k 为空转力矩,即克服空转时的摩擦力矩;M_d 为轧辊速度变化时的动力矩。

组成转动轧辊力矩的前三项称为静力矩,即指轧辊做匀速转动时所需的力矩。这三项对任何轧机都是必不可缺少的。在一般情况下,以轧制力矩为最大。

在静力矩中,轧制力矩是有效部分,至于附加摩擦力矩和空转力矩是由于轧机的机构和零件的不完善引起的有害力矩。

换算到主电机轴上的轧制力矩与静力矩之比的百分数称为轧机的效率 η:

$$\eta = \left[\frac{M_Z}{i} \Big/ \left(\frac{M_Z}{i} + M_m + M_k \right) \right] 100\% \qquad (4-20)$$

随轧制方法和轧机结构的不同(主要是轧机轴承构造),轧机的效率在很大的范围内波动,$\eta = 50\% \sim 95\%$。

在转动轧辊所需的力矩中,轧制力矩是最主要的。确定轧制力矩有两种方法:轧制力计算和利用能耗曲线计算。前者对板、带材等矩形断面轧件计算比较精确,后者用于计算各种非矩形断面轧件的轧制力矩。

3. "Y"形三辊轧机的轧制力矩

对于"Y"形三辊轧机,其道次轧制力矩可按下式计算:

$$M_Z = \frac{3\bar{p} \times 0.55 \left[\sqrt{D_G \cdot \Delta h/2} + f_i d_i \right]}{1000}$$

即

$$M_Z = \frac{1.65\bar{p} \left[\sqrt{D_G \cdot \Delta h/2} + f_i d_i \right]}{1000} \qquad (4-21)$$

式中：0.55 为热轧时的轧制力臂系数；f_i 为摩擦系数（液体润滑滚柱式轴承为 0.002~0.003）；d_i 为轧辊轴径；D_G 为轧辊工作直径；$\bar{p}$ 为轧件的平均单位压力［按公式（4-12）计算或查图 4-23］。

4. 道次电机功率的计算

在型辊轧制中，道次电机轧制功率包括：轧机空转功率；实现金属塑性变形所需的轧制功率；克服辊颈在轴承中摩擦所需的功率；克服传动损失所需的功率等。确定道次电机功率最佳方法是利用单位电能消耗曲线法。也可用下面的近似计算法。

$$N_W = \frac{M_d \cdot n}{975} \qquad (4-22)$$

式中：N_W 为轧制功率；n 为电机转速；M_d 为换算到电机轴上的轧制力矩：

$$M_d = \frac{M_Z}{i \cdot \eta} \qquad (4-23)$$

式中：i 为速比；η 为传动效率。

为了简化计算过程，摩擦消耗和空载功率约为总功率的15%，故总功率为：

$$N = 1.15 \sum N_W \qquad (4-24)$$

21　孔型的设计要求和孔型的组成及分类？

沿轧辊辊身上的轧槽所构成的空间称作孔型，沿轧辊轴线用来把轧槽与轧槽分开的辊身部分称为辊环，两辊环之间的缝隙称为辊缝。

1. 孔型设计要求和步骤

正确合理的孔型设计应该保证：制品尺寸精确，性能良好，表面

光洁；无过充满和欠充满缺陷；轧制过程中变形尽可能均匀；制造成
本低，操作方便；易于实现机械化和自动化。

孔型设计步骤是：

(1)根据产品技术条件、材料性能、加工率和铸锭锭坯尺寸形状
选择最合适的孔型系。如图 4 - 14 所示轧制同一圆棒材可使用不同
的孔型系。其中箱 - 平 - 方孔型系(a)和方 - 椭 - 方孔型系(c)适于
轧制塑形较好的金属，因为这两种孔型系可采用较大的道次加工率，
且节省能量。而菱 - 方 - 菱孔型系(b)的道次加工率较小，常用于轧
制塑形较差的金属，但制品表面质量较好。

(2)根据被加工金属
的工艺要求和产品产量，
予选主体轧制设备，然后
确定轧制道次，分配各道
次的延伸系数。以及设计
孔型各部形状和尺寸。

(3)设计配辊图。根
据有利于实现轧机机械
化、自动化和高产、优质、
低成本、安全的原则把设
计好的孔型合理地分配在
各个道次机架的轧辊上，
绘制出配辊图。

(4)校核孔型充满情
况和咬入角，计算轧制
力，校核轧辊强度和确定
主电机功率等。

(5)设计各道次导卫
装置。

(6)确定轧机工作制

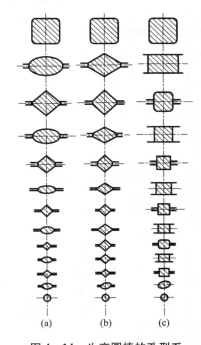

图 4 - 14　生产圆棒的孔型系

(a)方 - 椭 - 方孔型系；(b)菱 - 方 - 菱孔型系；

(c)箱 - 平 - 方孔型系

度，绘制轧机工作图表，计算轧机生产能力。

　　2. 轧制有色金属及合金型材、杆、线材生产常用孔型

　　有色金属及合金型、杆、线材轧制生产常用孔型系有以下几种类型(见图4－15)：

　　①箱型孔型系；②方－六角－方孔型系；③方－椭－方孔型系；④菱形孔型系；⑤弧－菱形孔型系；⑥弧三角－圆孔型系(或菱－方菱孔型系)；⑦圆－椭－圆孔型系；⑧弧三角－圆孔型系(用于Y形三辊连轧机)；⑨平三角孔型系等。表4－17为常用孔型系形状和应用范围。

　　由上述两个或两个以上孔型系组成的孔型系称为复合孔型系，例如，箱－方－椭－圆复合孔型系。由于各孔型系之间互相配合能更好地发挥各自的优点，所以复合孔型系在型、线材生产中得到了广泛应用。

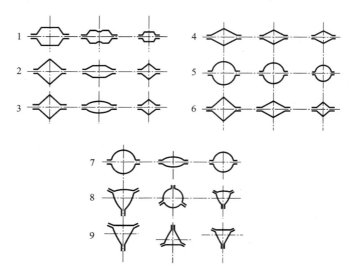

图4－15　有色金属轧制常用孔型系

表 4 - 17　常用孔型系形状和应用范围

孔型名称	孔型形状	应用范围
箱形孔		三辊粗轧机、连续式型材轧机、轧钢用于初轧机和型钢初轧机
六角孔		三辊粗轧机、六角 - 方形的延伸机、六角型材的成品孔和成品前孔
方形孔		椭圆孔 - 方形或六角孔 - 方形延伸孔型、菱形 - 方形延伸孔、方形型材的成品孔
椭圆孔		椭圆 - 方形或椭圆 - 圆形延伸孔型、圆形线材成品前孔型
菱形孔		菱形 - 菱形或菱形 - 方形延伸孔型、方形型材的成品前孔、六角型材的成品孔
圆形孔		椭圆 - 圆的延伸孔、圆形线材成品孔
扁孔型		铜、铝排轧制的中间延伸孔型、铜、铝矩形型材中间延伸及成品孔
立式孔		矩形型材粗轧和成品前孔型、高精度的矩形型材成品孔型
多角孔		大直径圆形棒材的成品前孔型
平三角孔		线材连轧机平三角 - 圆孔型系的延伸孔型
孤三角孔		线材连轧机弧三角 - 圆孔型系的延伸孔型或成品前孔型
角形孔		角型材粗轧孔型或成品前孔型

22 铝合金线(杆)材连轧孔型设计的主要参数及其选择原则?

1. 延伸系数

延伸系数 μ 分为总延伸系数 μ_Σ、道次 n 延伸系数 μ_n 和平均延伸系数 $\bar{\mu}$,其计算公式分别为:

$$\mu_\Sigma = \frac{F_0}{F_{成}} \tag{4-25}$$

式中:F_0 为选定的铸锭锭坯断面积;$F_{成}$ 为给定的轧件成品断面积。

相邻道次间的延伸系数 μ_n 为相邻道次间轧件面积 F'_{n-1} 与 F'_n 之比:

$$\mu_n = \frac{F'_{n-1}}{F'_n} \tag{4-26}$$

根据选定的轧制道次 n 和总延伸系数 μ_Σ,可求出平均延伸系数 $\bar{\mu}$:

$$\bar{\mu} = \sqrt[n]{\mu_\Sigma} \tag{4-27}$$

道次平均延伸系数是根据被选定金属或合金的塑性性能而定,塑性较好的金属,则选择较大的平均延伸系数。如铝在热轧时为1.60左右。在轧制过程中,由于各个孔型性能的不同,所以各道次的延伸系数分配也不尽相同,要根据被加工金属的塑性和选用孔型的特点进行合理分配,并要遵循下列原则:

(1)充分利用金属的塑性

一般来说,轧制开始初期轧件温度高,金属塑性好,变形抗力低,有利于轧制。所以,在轧辊咬入允许的条件下,道次应尽量采用较大的延伸系数,如图4-16中的曲线1所示。当在连铸连轧生产中使用铸锭锭坯时,在第1~3道次粗轧孔型内应尽可能采用较大延伸系数,这样可以把铸锭组织中部分铸造缺陷(缩松、微量的气孔、裂纹等)在轧制中得到黏结而被"焊合",从而提高了制品质量和产量。但是,在轧制塑性较低的金属时,轧制过程中锭坯易被轧裂,要适当降低延伸系数,在这种情况下要按图4-16中曲线2分配延伸系数。

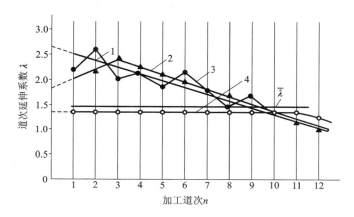

图 4 - 16　轧制道次延伸系数分配图

（2）符合秒流量相等法则

在连轧生产中，要使连轧过程能顺利进行，必须符合秒流量相等法则，即单位时间内通过每道次的金属体积（流量）V 应相等。

即：

$$V_n = V_{n-1} = V_{n-2} = \cdots = V_1 \qquad (4-28)$$

随着轧制道次的延伸，轧件温度逐渐降低，金属塑性变差，变形抗力增大。这时轧辊强度和电机能力成为限制变形量的主要因素。因此，随着轧制道次的增加，延伸系数应适当递减（如图 4 - 16 中的1、2、3 分配方案）。

2. 充满系数

轧件的实际断面积 F'_n 与孔型的设计面积 F_n 的比值 η_n 称为充满系数，也称充填率：

$$\eta_n = \frac{F'_n}{F_n} \times \% \qquad (4-29)$$

在连轧生产中，当 $\eta > 1$ 时，轧件面积大于孔型设计面积，产生过充满现象；反之 $\eta < 1$ 时，轧件面积小于孔型设计面积，产生欠充满现象。在连轧孔型中，为了保证成品几何尺寸达到设计要求，其最

后一道成品精轧道次的充满系数应达到98%~99.8%。为防止过充满出现"耳子",其余粗轧、半精轧道次的充满系数均应小于99%,张力系数和前滑值对充满系数影响很大。在"Y"形铝杆连轧孔型设计中,弧圆、圆孔型为88%~98%;平三角孔型为75%~82%。

为了防止过充满和欠充满现象的发生,其延伸系数的分配可参考图4-26中的折线3。

3. 张力和张力系数

在型辊连轧中,理想的工作状态,应该是金属在通过每个轧制道次时,其理想状态是秒流量恒等,但在实际生产中是难以实现的,为了稳定轧制工艺,在轧制中都必须考虑张力。

在铝杆连轧中,相邻机架之间的张力用张力系数 ψ 表示,它是相邻道次 n 与 $n-1$ 道次间的秒流量 V 之差与 $n-1$ 道次秒流量 V_{n-1} 之比:

$$\psi_n = \frac{V_n - V_{n-1}}{V_{n-1}} = \frac{V_n}{V_{n-1}} - 1 \qquad (4-30)$$

上式中秒流量:$V_n = \pi \cdot D_{Gn} \cdot N_n \cdot F'_n /60$,则式(4-30)可转换为:

$$\psi_n = \frac{\pi \cdot D_{Gn} \cdot N_n \cdot F'_n /60}{\pi \cdot D_{Gn-1} \cdot N_{n-1} \cdot F'_{n-1} /60} - 1 \qquad [4-30(a)]$$

式中:D_{Gn}、D_{Gn-1} 为相邻道次轧辊工作直径,mm;N_n、N_{n-1} 为相邻道次轧辊的转速,r/min;F'_n、F'_{n-1} 为相邻道次的轧件面积(热态),mm^2。

令:$\dfrac{F'_n}{F'_{n-1}} = \dfrac{1}{\mu_n}$ $\dfrac{N_n}{N_{n-1}} = i_n$($i_n$ 为相邻道次轧辊转速的速比)

得:

$$\psi_n = \frac{i_n \cdot D_{Gn}}{\mu_n \cdot D_{Gn-1}} - 1 \qquad [4-30(b)]$$

当 $\psi=0$ 时,轧制道次间为零张力;$\psi>0$ 时,轧制道次间为正张力;$\psi<0$ 时,轧制道次间为负张力。

根据上式可得出相邻道次间轧辊工作直径的关系为:

$$D_{Gn-1} = \frac{i_n \cdot D_{Gn}}{\mu_n \cdot (\psi_n + 1)} \qquad (4-31)$$

在15道次铝杆连轧孔型设计中,为了保证产品质量和提高生产效率,通常在第 2 ~ 5 道次间采用负张力系数,最大值可达到 -4.0%,负张力的大小随轧制道次的增加依次减小。第 6 ~ 9 道次的张力系数接近于零,由微负张力逐渐过渡到微正张力。第 10 ~ 15 道次的张力系数采用依次递增的正张力系数,最大值约 1.0%。张力系数的分布见图 4 - 17。

如此设计张力系数的优点是:

①在初轧道次,锭坯温度较高,金属变形抗力较低,塑性好,采用较大的负张力可以加大锭坯的断面积,提高生产效率,而且可以减少因锭坯缺陷造成的断锭停车事故。因此,在第 1 ~ 2 道次、第 2 ~ 3 道次间采用了较大的负张力,在负张力的作用下,轧件是被"推着走"。

②轧件在负张力的作用下,能把铸锭中部分微量的铸造缺陷得到黏结"焊合",改善制品质量。

③中间道次采用接近于零的张力系数,能减少断锭和堆料事故,保证轧制顺利进行。

④在精轧道次,轧件温度逐渐降低,轧件变形抗力增加,轧制速度逐渐加快,轧件断面变小,采用正张力系数,可以减少"堆料"事故,保证最终成品的尺寸精度。在正张力作用下,轧件是被"拉着走"。

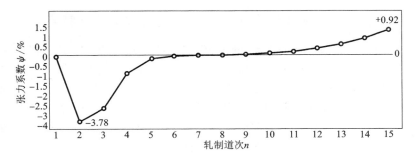

图 4 - 17　15 道次"Y"形孔型铝杆连轧张力系数设计分配图

（4）咬入角的计算

轧件与轧辊相接触的圆弧
所对应的圆心角称为咬入角，
也叫接触角，图4-18中的角
α。轧件与轧辊相接触的圆弧
的水平投影长度（AC）称为接
触弧长度，也叫变形区长度。
从图中可看出：

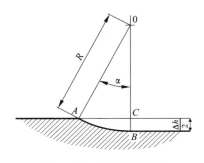

图4-18　咬入角示意图

$$\cos\alpha = \frac{OC}{OA}; \quad OC = R - \frac{\Delta h}{2};$$

$$OA = R$$

所以

$$\cos\alpha = \frac{R - \dfrac{\Delta h}{2}}{R} = 1 - \frac{\Delta h}{2R} = 1 - \frac{\Delta h}{D} \qquad (4-32)$$

式中：R、D 为轧辊的半径、直径；$\dfrac{\Delta h}{2}$ 为轧件压下量。

或者

$$\sin\frac{\alpha}{2} = \frac{1}{2}\sqrt{\frac{\Delta h}{R}} \qquad (4-33)$$

铝杆轧制时要求咬入角：$\alpha \leqslant 22°$。

23　铝合金线（杆）材连轧"Y"形孔型的种类及其特点？

由三个互成120°的轧辊组成的孔型称为"Y"形孔型，其轧机俗称
"三辊轧机"。在"Y"形孔型的三辊轧机中，轧辊排列互成120°角布
置，在轧制过程中轧件从三个方向同时被轧辊压缩，在下一道次轧制
中又从另外三个方向被压缩，使三角形轧件在每次都从最高点被压
下。这样，轧件在六个方向被反复压缩，因此轧件变形和冷却比较均
匀，这对提高轧制杆的质量和成材率极为有利。

三辊孔型与两辊孔型相比，三辊孔型轧件变形均匀，两辊孔型轧
件压下量比三辊孔型大，从锻造理论分析，两辊孔型轧件的"锻造比"
（变形量）比三辊孔型要大，能改善成品铝杆的力学性能。

　　三辊"Y"形孔型是由具有形状不同的三角孔型组成，常用的孔型系主要有以下几个类型：

　　(1)弧三角孔型系

　　弧三角孔型系(图 4 - 19)由三个弧形轧辊组成，其特点是：

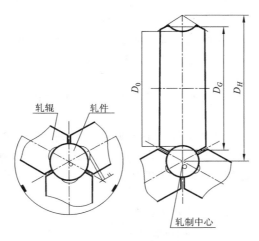

图 4 - 19　弧三角孔型系

　　①轧槽为弧形，轧件在孔型中的宽展裕量较大，可用同一套孔型轧制不同性能的金属，轧制时轧件不易产生"耳子"和折皱。

　　②由于变形均匀，轧件喂料进入轧辊时的劈头和堆料事故少。

　　③在连轧中，道次延伸系数较大，且分配均匀，一般为 1.25 ~ 1.50，这有利于各轧机采用相同速比，使轧机设计简化，制造成本降低。

　　④由于弧形轧辊各点的线速度不相等，与轧件各接触点的速度差较大，轧件摩擦损耗较大，因而轧辊的磨损也较大，与平三角孔型相比，其轧辊使用寿命短。

　　⑤弧形孔型对辊缝的对称误差和对辊缝值的要求精度高，调整不当会影响孔型面积，维修调整费时麻烦，需要具有一定专业技术水平且素质较高的操作人员方可胜任。

（2）平三角孔型系

平三角孔型系（图4-20）由平轧辊组成，与弧三角孔型系相比，平三角孔型有以下特点：

①道次延伸系数大，可达1.60，各道次的压下量Δh和宽展量Δb较大，表4-11是15道次铝杆连轧机两种孔型的实测比较值。平三角孔型不限制宽展量，能改善轧件的机械性能；

②轧件与轧辊各接触点无速度差，这就大大地减少了轧制过程中因附加摩擦而引起的轧辊磨损，大幅度延长了轧辊使用寿命，轧件损耗也较小；

③平三角孔型的辊缝调整误差不影响孔型面积，维修调整简单、省时、快捷；

④轧辊磨损后的重复利用率比弧形轧辊高一倍，它可以按轧制道次的顺序依次递减使用，而弧形轧辊只能按奇、偶数隔道次使用；

⑤平三角孔型的导卫装置的设计、制造、维修都比弧形孔型简单，制造成本较低；

⑥平三角孔型的轧件喂入轧辊的性能比弧形轧辊略差，当轧制中心线调整不当时，会增加堆料事故。

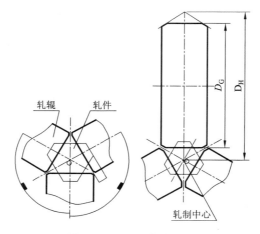

图4-20   平三角孔型系

（3）弧三角 – 圆孔型系和圆 – 平三角 – 圆孔型系

弧三角 – 圆孔型系（图 4 – 21），它可以在一套孔型中轧制出直径不同的圆棒、杆、线材，轧制比较稳定，其延伸系数较小，轧辊磨损较大，而且若孔型调整和操作不当时，发生堆料、断头的事故较多，产品质量波动也较大。

图 4 – 21　弧三角 – 圆孔型系

图 4 – 22　圆 – 平三角 – 圆孔型系

圆 – 平三角 – 圆孔型系（见图 4 – 22）主要用于精轧，其延伸系数较小，轧辊磨损较大，轧制不够稳定。上述两种孔型，只用于杆、线材轧制的最后几道成品精轧孔型。

表 4 – 18　弧三角孔型与平三角孔型压下量 Δh 和宽展量 Δb 比较表

轧制道次		1	2	3	4	5	6	7	8
Δh	弧三角	8.5	7.2	5.9	4.4	4.2	2.4	3.6	2.9
	平三角		8.0	7.6	7.2	5.6	5.3	5.0	3.8
Δb	弧三角		0	0.2	0	0.46	0	0.37	0
	平三角		3.2	2.95	2.31	1.96	1.95	1.15	1.6

轧制道次		9	10	11	12	13	14	15
Δh	弧三角	2.7	1.9	1.6	1.38	1.34	1.08	1.1
	平三角	3.1	2.2	1.8	1.6	1.4	1.2	1.1
Δh	弧三角	0.48	0	0.46	0	0.17	0	0.12
	平三角	1.2	1.11	0.40	1.5	0.10	1.2	0.14

注：表中平三角孔型中：第 1 道次为弧孔型，第 11、13、15 道次为圆孔型，其余均为平三角孔型。

　　有研究者对国内使用最多 LGZ/1500 型 15 道次铝杆连轧机的弧三角 – 圆孔型系，对其实际轧制过程进行了深入细致的取样分析研究，为了使每道次的轧件取样真实，不使用开倒车退料的操作方法，而是在轧机随机停车后，从每个道次中间采用分段锯切的方法截取轧件实样，经精确加工后，室温状态下用容重法（精确到 0.001 g）计算出轧件面积，再用每道次的实际轧制温度下的热膨胀系数加以修正，还原热轧状态下每道次的瞬时真实面积，并用该面积计算出延伸系数、张力系数等主要轧制参数，实测结果见表 4 – 19。

　　通过实测计算得出的数据分析发现：

　　①张力系数的分布值（图 4 – 23）不符合轧制规律，可能是原设计者考虑到铝的塑性高，延伸率大，在设计中忽略了张力系数；

　　②实际的轧件面积与孔型设计面积的误差随机波动较大；

　　③由于轧件面积变动较大，影响到延伸系数也偏离设计值。

　　④孔型调整用塞规原设计未考虑热膨胀因素，设计公差大，制造精度低，例如，第一道次塞规直径 ϕ48.71 mm 到第 15 道次塞规直径 ϕ9.5 mm，全部都采用同一公差值 ±0.10 mm，显然很不合理。

　　⑤另一个重要原因是操作人员素质低，操作不精心，孔型的辊缝调整不对称，辊缝值调整误差大，不符合设计要求。

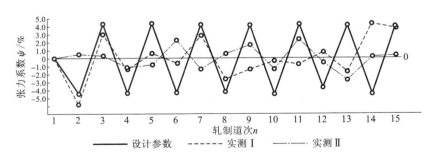

图 4 – 23　弧三角 – 圆孔型系张力系数实测比较图

表4-19 弧三角-圆孔型系设计主要参数与随机实测数据比较表

轧制道次		锭坯	1	2	3	4	5	6	7
塞规直径/mm			48.71	36.85	38.19	29.04	30.10	22.98	23.82
轧辊工作直径/mm			212.79	221.363	222.022	228.149	229.083	233.75	234.53
轧件面积(热态)/mm²	设计	2443.7	1931.0	1423.4	1182.5	880.65	731.44	549.38	455.85
	实测I	2443.7	1931.0	1400.9	1133.1	870.88	696.5	541.89	444.28
	实测II	2320.0	1849.6	1429.6	1143.7	880.94	696.47	557.17	438.21
延伸系数 μ	设计		1.265	1.357	1.204	1.343	1.204	1.331	1.205
	实测I		1.265	1.379	1.236	1.301	1.250	1.285	1.220
	实测II		1.254	1.294	1.250	1.298	1.265	1.250	1.271
张力系数 ψ/%	设计			-4.22	4.18	-4.36	4.25	-4.17	4.08
	实测I			-5.75	1.48	-1.27	0.409	-0.74	2.801
	实测II			0.446	0.343	-1.04	-0.781	2.037	-1.32

表4-19 弧三角-圆孔型系设计主要参数与随机实测数据比较表(续)

轧制道次		8	9	10	11	12	13	14	15
塞规直径/mm		18.22	18.89	14.48	15.01	11.53	11.95	9.19	9.53
轧辊工作直径/mm		238.157	238.778	241.613	242.069	244.337	244.77	246.527	246.78
轧件面积(热态)/mm²	设计	344.53	286.16	216.68	180.06	136.89	113.76	86.55	71.96
	实测I	340.59	267.76	211.57	167.31	133.53	104.9	86.35	71.69
	实测II	346.85	281.86	220.28	180.37	141.78	111.11	88.25	70.57
延伸系数 μ	设计	1.323	1.204	1.321	1.203	1.315	1.203	1.314	1.203
	实测I	1.304	1.272	1.267	1.263	1.253	1.272	1.207	1.204
	实测II	1.263	1.231	1.280	1.221	1.272	1.276	1.258	1.2505
张力系数 Ψ/%	设计	-4.06	4.09	-4.25	4.10	-3.81	4.09	-4.19	4.01
	实测I	-2.66	-1.47	-0.17	-0.843	0.948	-1.63	4.31	3.927
	实测II	0.501	1.81	-1.18	2.568	-0.56	-1.86	-0.002	0.063

从以上的分析结果得知孔型的设计参数和实测数据存在很大误差,但为什么多数生产线都还能正常生产运行? 这是因为铝杆的原材料是纯铝,在热轧温度范围内,其塑性极好,延伸率高达 30% 以上,孔型在一定范围内的调整误差,在轧制过程中不会造成频繁的断头、堆料、停车等事故,因而掩盖了孔型设计、调整误差、操作不当等因素的影响。但最终将影响铝杆的内在质量,明显影响力学性能,其伸长率降低,特别在生产高强度合金铝杆时,产品合格率明显降低,而且断轧停车事故也会增加。

其次,铝杆是拉拔铝线材的中间过渡性产品,是铝杆生产企业的销售商品,大多数电解铝厂生产的铝杆不进行后续拉拔加工,对铝杆企业的销售没有多大影响。所以铝杆生产企业也就无须去花费精力整改。

此外,还有一个重要原因,设计和设备制造单位,把孔型设计的基本参数作为商业机密保密,国内只有少数企业制造,近乎是垄断性生产,缺少竞争机制,有个别制造商甚至连轧辊图纸都不向用户提供。国产 15 道次铝杆连轧机问世 40 多年来,孔型设计几乎没有升级进步。

24 铝合金线(杆)材连轧"Y"形孔型的设计要素及其计算公式?

"Y"形孔型的设计要素除去前面介绍的延伸系数、充满系数、张力系数、咬入角以外,尚有孔型塞规、孔型面积、轧辊工作直径等有关要素,为计算方便引入下列代表符号:

n——轧制道次;

d_n,d_{n-1},d_{n-2},…——第 n,$n-1$,$n-2$,…道次塞规直径(孔型内切圆直径);

R——孔型圆弧面半径;

b——孔型的理论宽度;

K——孔型的形状要素;

r——孔型的短半轴,$r = d/2$;

h'——孔型的长半轴；

β——轧辊弧面所对应的圆心角；

α——咬入角；

F——孔型的理论设计面积；

F'——轧件热态面积；

λ_n——各道次轧件的热膨胀系数（本文选择：$\lambda = 1.015 \sim 1.031$）；

D_H——轧辊名义直径；

D_G——轧辊工作直径；

Δ_H——轧制中心线与孔型中心线变动值；

D_0——轧辊的喉径（即弧、圆形轧辊的最小直径）；

μ_n、μ_{n-1}、μ_{n-2}、……——第 n，$n-1$，$n-2$，…道次的延伸系数；

i_n、i_{n-1}、i_{n-2}、……——第 n，$n-1$，$n-2$，…相邻道次的转速比；

N_n、N_{n-1}、N_{n-2}、……——第 n，$n-1$，$n-2$，…道次的转速；

η_n、η_{n-1}、η_{n-2}、……——第 n，$n-1$，$n-2$，…道次的充满系数；

u_n、u_{n-1}、u_{n-2}、……——第 n，$n-1$，$n-2$，…道次的轧制速度；

ρ——填充裕度：$\rho_n = h_n - \left(\dfrac{d_{0n}}{2} + \dfrac{\Delta b_n}{2} \right)$；

θ——填充裕度系数；

V_n、V_{n-1}、V_{n-2}、……——第 n，$n-1$，$n-2$，…道次的秒流量；

ψ_n、ψ_{n-1}、ψ_{n-2}、……——第 n，$n-1$，$n-2$，…相邻道次的张力系数；

G、M、L、W——与 K 值有关的孔型设计计算用模数。

1. 孔型的形状要素（孔型特征）K

由于孔型随着辊面的曲率半径 R 以及孔型的理论宽度 b 的变化，使孔型形状有所不同，故以 b 与 R 的比值 K 作为孔型的设计基础参数，来计算确定"Y"形孔型的其他参数：

$$K = \frac{b}{R} \qquad (4-34)$$

式中：K 为其值在 $0 \sim \sqrt{3}$ 之间变化，则孔型形状为曲率不同的弧三角孔型，K 值越小，孔型的弧面曲率越小。K 值越大，则曲率越大。当

$K=0$ 时，孔型形状为平三角孔型。当 $K=\sqrt{3}$ 时，孔型形状为圆形孔型。

2. 孔型各部几何尺寸的计算

以孔型的塞规直径 d_0 作为基本参数来计算各部尺寸。

（1）型理论宽度 b

由孔型的几何关系得出（见图 4-24）：

$$\frac{d_0}{2} = \overline{OE} + \overline{ED}$$

而　　$\overline{OE} = \frac{1}{3}h$　　$\overline{ED} = \frac{b}{2} \cdot \tan\frac{\beta}{4}$　　$h = \frac{\sqrt{3}}{2}b$；

所以　$\dfrac{d_0}{2} = \dfrac{1}{3} \cdot \dfrac{\sqrt{3}}{2}b + \dfrac{b}{2} \cdot \tan\dfrac{\beta}{4} = \dfrac{b}{2}\left(\dfrac{\sqrt{3}}{3} + \tan\dfrac{\beta}{4}\right)$

令　　　　$G = \dfrac{\sqrt{3}}{3} + \tan\dfrac{\beta}{4} = 0.5774 + \tan\dfrac{\beta}{4}$ 　　　　　（4-35）

则 $d_0 = bG$　即：$b = \dfrac{d_0}{G}$ 　　　　　　　　　　　　　　（4-36）

对于平三角孔型：

$$b = 1.732d \qquad\qquad [4-36(a)]$$

（2）孔型弧面对应的圆心角 β

从图 4-34 中的数学关系可得出：$\sin\dfrac{\beta}{2} = \dfrac{\frac{b}{2}}{R} = \dfrac{KR}{2R} = \dfrac{K}{2}$（其中：$b = KR$）

$$\frac{\beta}{2} = \arcsin^{-1}\frac{K}{2} \qquad \beta = 2\arcsin^{-1}\frac{K}{2} \qquad (4-37)$$

（3）孔型的短半轴 r 和长半轴 h'

$r = \dfrac{d_0}{2} = \dfrac{h}{3}$　　$h' = \dfrac{2}{3} \cdot \dfrac{\sqrt{3}}{2}b = \dfrac{\sqrt{3}}{3}b$　　而　$h = \dfrac{\sqrt{3}}{2}b$，

则　　　　　　　　$h' = \dfrac{2}{3} \cdot \dfrac{\sqrt{3}}{2}b = \dfrac{\sqrt{3}}{3}b$

即：$h' = 0.57735b$

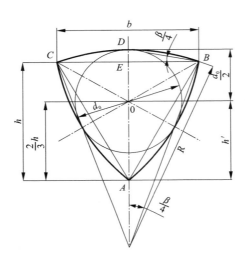

图 4 - 24　弧形孔型形状及各部尺寸

3. 孔型面积 F 及轧件面积 F'

（1）孔型面积 F

对于弧三角孔型如图 4 - 34 所示，孔型的面积为正三角形面积 $F_{\triangle ACB}$ 及 3 个弓形面积 F_{CEBD} 之和，

即：$F = F_{\triangle ACB} + 3F_{CEBD}$

其中：$F_{\triangle ACB} = \dfrac{1}{2}bh$；$h = \dfrac{b}{2\tan 30°} = \dfrac{\sqrt{3}}{2}b$

所以 $F_{\triangle ACB} = \dfrac{\sqrt{3}}{4}b^2 = 0.433b^2$

$F_{CEBD} = F_{CEBO'} - F_{CBO'}$ 而 $F_{CEBO'} = \dfrac{\pi R^2 \cdot \beta}{360}$，$F_{CBO'} = \dfrac{R^2 \cdot \sin\beta}{2}$

所以 $F = \dfrac{\sqrt{3}}{4}b^2 + 3\left(\dfrac{\pi R^2 \beta}{360} - \dfrac{R^2 \cdot \sin\beta}{2}\right)$

由式（4 - 46）及式（4 - 48）可知：$R = \dfrac{b}{K}$，$b = \dfrac{d_0}{G}$

则：
$$F = d_0^2\left[\frac{\sqrt{3}}{4G^2} + \frac{3}{2}\cdot\frac{1}{K^2\cdot G^2}\left(\frac{\pi\beta}{180} - \sin\beta\right)\right]$$

$$= \frac{d_0^2}{G^2}\left[\frac{\sqrt{3}}{4} + \frac{\sqrt{3}}{2K^2}\left(\frac{\pi\cdot\beta}{180} - \sin\beta\right)\right]$$

令：
$$M = \frac{1}{G^2}\left[\frac{\sqrt{3}}{4} + \frac{\sqrt{3}}{2K^2}\left(\frac{\pi\cdot\beta}{180} - \sin\beta\right)\right] \qquad (4-38)$$

$$L = \frac{\sqrt{3}}{4} + \frac{3}{2K^2}\left(\frac{\pi\beta}{180} - \sin\beta\right) \qquad (4-39)$$

故
$$M = \frac{L}{G^2} \qquad (4-40)$$

$$F = Md_0^2 \qquad (4-41)$$

$$F = Md_0^2 = d_0^2\cdot\frac{L}{G^2} = Ld_0^2\cdot\frac{1}{\left(\dfrac{d_0}{b}\right)^2} = L\cdot b^2 \qquad [4-41(\text{a})]$$

对于平三角孔型面积(见图 4-25)：

$$F_\Delta = \frac{\sqrt{3}}{4}b^2 = 0.43301b^2 \qquad (4-42)$$

或
$$F_\Delta = 1.299035d_0^2 \qquad [4-42(\text{a})]$$

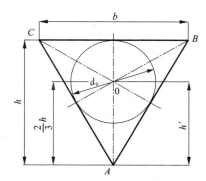

图 4-25 平三角孔型形状图及各部尺寸

（2）轧件面积 F'

在实际生产中，轧机采用铸坯的几何形状与轧制道次孔型的几何形状完全没有相似性，轧机轧出的轧件形状极不对称，在国产十五道次"Y"形铝杆连轧中，从第 11 道次以后，轧件才逐渐趋向于基本对称。因而轧件的面积很难找到一个合适准确的计算公式。

轧件面积的计算过程比较复杂，即便在轧件假想完全对称的条件下，也只能用近似计算方法，计算值误差较大。而且，轧件面积的实际大小与孔型调整的精确度和轧制工艺参数的选择密切相关，在多种影响因素影响下，随机误差很大。故在实际应用中，一般采用作图方法初步求出设计值，试轧后采用随机取样法取样，容重法计算面积，并用热膨胀系数校正后得出。

4. 轧制道次 n 的确定

将截面积 F_0 的锭坯轧制为截面积为 F_n 成品杆材，假设为 n 道次，道次平均延伸系数为 $\bar{\mu}$，则总延伸系数 μ_Σ 为：

$$\mu_\Sigma = \bar{\mu}^n \qquad\qquad (4-43)$$

或

$$n = \frac{\lg\mu_\Sigma}{\lg\bar{\mu}} \qquad\qquad [4-43(\text{a})]$$

5. 轧制中心和轧辊名义直径 D_H 的确定

在铝杆连轧生产中，其理想的各道次机架孔型的轧制中心连线应是一条直线。但由于机架结构的条件限制，孔型的设计要同时满足各项工艺参数的要求，往往需要微调个别机架的轧制中心线的高度尺寸，即适当改变轧辊名义直径。轧件在粗轧道次其运动速度较低，机架轧制中心线高度变动值可以控制在 $\Delta_H \leqslant \pm 2.0$ mm，在精轧道次轧制速度较快，为了稳定轧制工艺，其轧制中心线变动值应控制在 $\Delta_H \leqslant \pm 0.5$ mm。

轧制中心线变动后，轧辊名义直径 D'_H 的计算公式为：

$$D'_H = D_H \pm 2\Delta_H \qquad\qquad (4-44)$$

6. 咬入角 α 的确定

铝杆轧制中，通常要求轧件咬入角 $\alpha \leqslant 22°$，按式（4 - 27）、式（4 - 28）计算。在满足咬入角要求的前提下，应尽量选择较小的轧辊直径，使轧机结构紧凑、体积小、重量轻、制造成本低。

7. 轧辊工作直径 D_G 的确定

在平三角孔型轧制中，轧辊的外圆直径就是其轧辊工作直径，轧辊外圆的线速度与轧件的运动速度相同，无速度差。

在弧三角孔型和圆三角孔型轧制中，轧辊弧形各点的线速度不相同，与轧件的运动速度有误差。在孔型设计计算中，取轧件的运动速度与轧辊孔形内轧件的平均线速度相等的 M 点（图 4 - 26），则对应 M 点的辊径称为该轧辊的平均工作直径，作为该孔型设计的计算用轧辊工作直径 D_G，一般用下述方法确定：

$$D_G = D_H - 2\left(\frac{h}{3} + \overline{AD} \right) \qquad (4-45)$$

式中：$h = \dfrac{\sqrt{3}}{2}b$；$\overline{AD} = \dfrac{F_{\triangle BCA}}{b} = \dfrac{\dfrac{1}{2}R^2\left(\dfrac{\pi}{180} \cdot \beta - \sin\beta \right)}{b}$

又：$b = \dfrac{d_0}{G}$　　$R = \dfrac{b}{K}$　　即：$R = \dfrac{\dfrac{d_0}{G}}{K} = \dfrac{d_0}{GK}$

所以 $\overline{AD} = \dfrac{d_0}{2GK^2}\left(\dfrac{\pi\beta}{180} - \sin\beta \right)$

$$D_G = D_H - 2\left[\frac{\sqrt{3}}{6} \cdot \frac{d_0}{G} + \frac{d_0}{2GK^2}\left(\frac{\pi\beta}{180} - \sin\beta \right) \right]$$

$$D_G = D_H - \frac{d_0}{G}\left[\frac{\sqrt{3}}{3} + \frac{1}{K^2}\left(\frac{\pi\beta}{180} - \sin\beta \right) \right]$$

令：

$$W = \frac{1}{G}\left[\frac{\sqrt{3}}{3} + \frac{1}{K^2}\left(\frac{\pi\beta}{180} - \sin\beta \right) \right] \qquad (4-46)$$

则：

$$D_G = D_H - Wd_0 \qquad (4-47)$$

对于平三角孔型：

$$D_G = D_H - d_0 \pm 2\Delta_H \qquad [4-47(a)]$$

对于弧、圆形孔型的喉径：

$$D_0 = D_H - d_0 \qquad [4-47(b)]$$

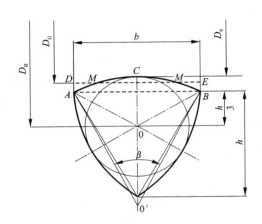

图 4 – 26　轧辊的工作直径

8. 轧件宽展 Δb 的计算

在"Y"形孔型的连轧过程中的宽展计算是十分困难的，因为影响宽展的因素很多。比如：压下量的大小、轧件的原始宽度、轧辊的直径、轧制温度、摩擦系数、孔型形状、以及轧制张力等均对宽展有不同程度的影响。其中起主要作用的是压下量、摩擦系数和张力系数。

根据金属塑性变形理论之一的最小阻力定律，当轧件在咬入弧方向上摩擦阻力增大时，金属就会向两旁宽展。图 4 – 27 所示为宽展图像。

目前宽展计算的公式很多，根据经验推荐按巴赫诺夫公式，加以修正。因为此公式考虑了摩擦系数、压下量变形区域长度对宽展的影响，其计算结果与实际情况相接近。其计算公式为：

$$\Delta b = 1.15 \frac{\Delta h}{2h'} \left(\sqrt{R \cdot \Delta h} - \frac{\Delta h}{2f} \right) \qquad (4-48)$$

式中：Δh 为轧件的绝对压下量；h' 为轧件的轧前高度；f 为摩擦系数。

　　在铝杆轧制中，轧件的宽展也可用作图法求得，实测轧件计算后校正。

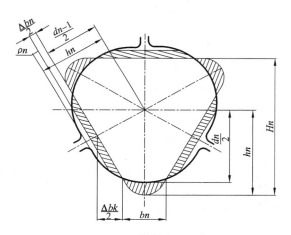

图 4 - 27　轧制宽展图像

9. 塞规直径 d

塞规直径 d 为"Y"形孔型的内切圆直径。

（1）弧三角 - 圆 - 弧三角 - 圆孔型系塞规的计算

1）最后成品 n 道次的塞规直径按室温状态下的成品直径乘以该道次的热膨胀系数 λ_n :

$$d_n = \lambda_n \cdot d_{成品}$$

2）成品前一道（d_{n-1}）弧三角孔型塞规的直径的计算。

成品道次与成品前一道次之间轧件面积关系为：

$$\frac{F'_{n-1}}{F'_n} = \mu_n \qquad (4-49)$$

而

$$F'_{n-1} = F_{n-1} \cdot \eta_{n-1} \qquad F'_n = F_n \cdot \eta_n$$

$$又\ F_{n-1} = M_{n-1} \cdot d^2_{n-1} \qquad F_n = M_n \cdot d^2_n$$

因为 $\mu_n = \dfrac{M_{n-1} \cdot \eta_{n-1} \cdot d_{n-1}^2}{M_n \cdot \eta_n \cdot d_n^2}$，所以

$$d_{n-1} = \sqrt{\dfrac{M_n \cdot \eta_n \cdot \mu_n}{M_{n-1} \cdot \eta_{n-1}}} \cdot d_n \qquad (4-50)$$

3）弧三角孔型的各道次塞规直径的计算

铝杆 15 道次连轧"Y"形弧 – 圆孔型系设计中，从第 $n-1$ 道次开始，每隔一道次为弧三角孔型，即第 $n-3$、$n-5$、$n-7$…均为弧三角孔型，因此弧孔型道次的轧件面积之间的相互关系为：

$$\dfrac{F'_{n-3}}{F'_{n-1}} = \mu_{n-3} \cdot \mu_{n-1}$$

而 $F'_{n-3} = F_{n-3} \cdot \eta_{n-3}$ $F'_{n-1} = F_{n-1} \cdot \eta_{n-1}$

又 $F_{n-3} = M_{n-3} \cdot d_{n-3}^2$ $F_{n-1} = M_{n-1} \cdot d_{n-1}^2$

因此 $\overline{\mu}^2 = \dfrac{M_{n-3} \cdot d_{n-3}^2 \cdot \eta_{n-3}}{M_{n-1} \cdot d_{n-1}^2 \cdot \eta_{n-1}}$

所以

$$d_{n-3} = \sqrt{\dfrac{M_{n-1} \cdot \eta_{n-1}}{M_{n-3} \cdot \eta_{n-3}}} \cdot \overline{\mu} \cdot d_{n-1} \qquad (4-51)$$

（2）平三角孔型塞规的计算：

由公式（4 – 50a）变化可得：

$$d_{n-1} = \sqrt{\dfrac{F_{n-1}}{1.299035}} \qquad (4-52)$$

或

$$d_{n-1} = \sqrt{\dfrac{F_{n-1}}{1.299035}} = \sqrt{\dfrac{\dfrac{F'_{n-1}}{\eta_{n-1}}}{1.299035}} = \sqrt{\dfrac{\mu_n \cdot F'_n}{1.299035 \eta_{n-1}}} \qquad [4-52(a)]$$

10. 各道次轧制速度

$$u_n = \dfrac{\pi d_n N_n}{60 \times 1000} \qquad (4-53)$$

根据计算初步结果，校核张力系数、咬入角、轧辊工作直径等参数，进行验算，对其进行必要的调整。

25　铝合金线（杆）材连轧 $\phi9.5$ mm"Y"形孔型的设计实例?

孔型的设计及计算原则，必须按实际轧制温度选择和计算孔型的各项参数。本节介绍的国产十五道次铝杆连轧机 $\phi9.5$ mm 孔型，是经过生产实践验证考核证明成功的设计。

1. 按产品要求设定的参数

（1）选择和确定：锭坯温度为 510℃，第一道次进轧温度为 490℃，第十五道次终轧温度为 315℃，为了计算方便，假设在轧制过程中各道次的降温梯度是平均下降，则每道次轧制温度下降幅度 12.5℃。

（2）根据产品要求，生产线成品为：$\phi9.5$ mm、$\phi12$ mm、$\phi15$ mm 三种规格。

（3）轧制用铸造锭坯断面积：室温下为：$F_{0室} = 2370$ mm^2。

（4）选择轧制道次：$n = 15$。

（5）根据轧机齿轮箱设计，轧机相邻道次间的传动比：$i = 1.25$（其中第十一道次为 1.253）。

2. 设计参数及其选择原则

（1）工艺参数

热轧状态下的锭坯面积：第一道次轧制温度 490℃，热膨胀系数 $\lambda_0 = 1.0311$；则热状态下的锭坯断面积：$F'_0 = 2370 \times 1.0311 = 2443.71$ mm^2；

第十五道次终轧温度为 315℃，$\lambda_{15} = 1.0171$，室温状态下 $\phi9.5$ mm，铝杆断面积：$F_{15} = 70.882$ mm^2，则热状态下的 $\phi9.5$ mm 铝杆断面积：$F'_{15} = 70.882 \times 1.0171 = 72.094$ mm^2；

根据公式（4 - 20）总延伸系数（热态）为：$\mu_\Sigma = \dfrac{2443.71}{72.094} = 33.896$；

根据公式（4 - 22）平均延伸系数 $\bar{\mu}$（热态）为：$\bar{\mu} = \sqrt[15]{33.896} = 1.2647 \approx 1.265$；

在粗轧道次锭坯的温度高，塑性好，应选取较大的延伸系数，但考虑第一道次的锭坯是铸态组织，其延伸系数应略低些，选取 $\mu_1 = 1.213$，第二道次选取 $\mu_2 = 1.325$。从第二道次以后延伸系数依次降低。

延伸系数的选取应与张力系数、轧辊工作直径等参数综合考虑。

（2）塞规直径

塞规直径必须按道次轧制温度下的热态计算其尺寸，第十五道次成品孔型塞规直径为：

$$d_{15} = 2 \cdot \sqrt{\frac{F_{15}}{\pi}} = 2 \cdot \sqrt{\frac{72.094}{\pi}} = 9.58 \text{ mm}$$

为了减少成品外形的轧痕，选择弧面半径：$R_{15} = 4.92$ mm。

根据产品规格要求，第十三、第十一道次选择近似圆孔型，选择：

$d_{13} = 12.10$ mm，$R_{13} = 6.14$ mm；

$d_{11} = 15.12$ mm，$R_{11} = 7.90$ mm；

考虑便于喂料，第一道次选择弧圆孔型，其余各道次都为平三角孔型，塞规直径按轧制工艺要求计算选取。

（3）充满系数 η 的选择

第十五道次成品孔型 $\eta_{15} = 99\% \sim 99.5\%$；

第十三、第十一道次为近视圆孔型，$\eta = 97\% \sim 98\%$；

第一道次弧圆孔型，$\eta_1 = 88\% \sim 90\%$；

其余平三角孔型选择 $79\% \sim 81\%$。

（4）张力系数 ψ_n 的选择

选择：$\psi_n = -4\% \sim 1.0\%$，逐渐由"负"到"正"平缓递增。

3. 各道次孔型几何尺寸的计算

道次孔型的计算步骤可以从粗轧到精轧，也可以从精轧逆算到粗轧。

（1）第一道次孔型的计算

选择：$\mu_1 = 1.213$，$d_1 = 51$ mm，$R_1 = 34.86$ mm，$b_1 = 50.617$ mm；

根据公式（4-29）孔型形状要素：$K_1 = \frac{1}{R_1} = 1.452$；

已知铸锭锭坯热态面积：$F'_0 = 2443.71 \text{ mm}^2$，

根据公式（4 – 21）第一道次轧件面积：$F'_1 = \dfrac{F'_0}{\mu_1} = \dfrac{2443.71}{1.213} = 2014.60 \text{ mm}^2$

根据公式（4 – 32）：孔型弧面对应的圆心角：$\beta_1 = 2 \cdot \arcsin^{-1} \dfrac{K}{2} = 2 \times \arcsin^{-1}(1.452/2) = 93.1042°$

根据公式（4 – 30），孔型形状模数 G_1：

$$G_1 = \frac{\sqrt{3}}{3} + \tan \frac{\beta_1}{4} = 0.5774 + \tan \frac{\beta_1}{4} = 0.5774 + \tan(93.1042°/4) = 1.00754;$$

根据公式（4 – 33）孔型形状模数 M_1：

$$\begin{aligned}
M_1 &= \frac{1}{G_1^2}\left[\frac{\sqrt{3}}{4} + \frac{\sqrt{3}}{2K_1^2}\left(\frac{\pi \cdot \beta_1}{180} - \sin\beta_1 \right) \right] \\
&= \frac{1}{1.00754^2}\left[0.4330 + \frac{1.732}{2 \times 1.452^2}\left(\frac{93.10785° \cdot \pi}{180} - \sin 93.10785° \right) \right] \\
&= 0.8656258
\end{aligned}$$

根据公式（4 – 34）孔型形状模数 L_1：

$$L_1 = \frac{\sqrt{3}}{4} + \frac{3}{2K_1^2}\left(\frac{\pi\beta_1}{180} - \sin\beta_1 \right) = 0.433 + \frac{3}{2 \times 1.452^2} \times (0.626509) = 0.87873;$$

根据公式（4 – 41）孔型形状模数 W_1：

$$\begin{aligned}
W_1 &= \frac{1}{G_1}\left[\frac{\sqrt{3}}{3} + \frac{1}{K_1^2}\left(\frac{\pi\beta_1}{180} - \sin\beta_1 \right) \right] = 1/1.00754[0.57735 + \\
&\quad (1/1.452^2) \times 0.626509] = 0.867967
\end{aligned}$$

则，根据公式（4 – 36）孔型面积为：

$F_1 = M_1 d_1^2 = 0.8656 \times 51^2 = 2251.40 \text{ mm}^2$；

第一道次的轧件面积采用作图法得出，与实测的轧件室温面积用热膨胀系数修正后比较确定：

$F'_1 = 2014.60 \text{ mm}^2$；

用温度膨胀系数修正后得室温面积为：$F_{室1} = 2014.60/1.0268 =$

1962.02 mm^2;

根据公式(4-24)充满系数为:

$$\eta_1 = \frac{F'_1}{F_n} \times 100\% = \frac{2014.60}{2251.40} \times 100\% = 89.48\%;$$

考虑到连轧机机架的结构,选择公称轧辊名义直径确定为:255 mm,由于锭坯形状与孔型形状差别较大,考虑到机架的结构限制,选择第一道次轧辊名义直径变动值为:

$$\Delta_H = 1.5 \text{ mm};$$

根据公式(4-39),第一道次轧辊名义直径为:$D'_{H1} = 255 + 2 \times 1.5 = 258$ mm;

则第一道次轧辊工作直径(公式4-42):$D_{G1} = D'_{H1} - W_1 d_1 = 258 - 0.86967 \times 51 = 213.647$ mm;

根据以上计算值,画出第一道次孔型图(见图4-28)。

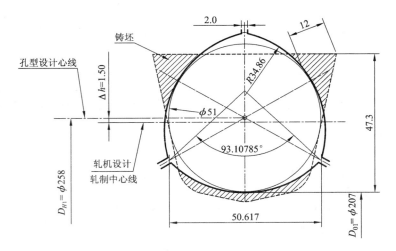

图4-28　第一道次孔型图

从孔型图中可知,轧件的最大压下量为:$\Delta h/2 = 12$ mm,$\Delta h = 24$ mm;

根据公式(4-42b)轧辊的喉径：$D_{01} = D'_{H1} - d_1 = 258 - 51 = 207$ mm；

根据公式(4-27)验算咬入角：$\cos\alpha_1 = 1 - \dfrac{\Delta h}{D_G} = 1 - \dfrac{24}{213.647} = 0.88766$；

咬入角：$\alpha_1 = 27.419°$。其结果大于22°；从理论上讲会影响轧件的喂入，但在实际生产中，锭坯在进入轧机之前，液压剪已把锭坯前端的尖角修整为半圆形倒角，而且喂料过程中还有人工助推，故不会影响喂料。

根据轧辊结构，确定孔型辊缝值：$t_1 = 2.0$ mm

(2)第二道次孔型的计算

已知，轧制温度：477.5℃；轧件膨胀系数：$\lambda_2 = 1.0261$；

选择，第二道次为平三角孔型：

延伸系数：$\mu_2 = 1.325$；充满系数：$\eta_2 = 8502\%$；

则 $F'_2 = 2014.60/1.325 = 1520.21$ mm^2；

$F_2 = 1520.21/0.8502 = 1788.06$ mm^2；

$F_{室2} = 1520.21/1.0261 = 1481.54$ mm^2

根据公式(4-47)孔型塞规直径：$d_2 = \sqrt{F_2/1.29904} = \sqrt{1788.06/1.29904} = 37.10$ mm；

根据公式[4-31(b)]孔型理论宽度：$b_2 = 1.732d_2 = 1.732 \times 37.1 = 64.257$ mm；

选择：公称轧辊名义直径为：$D_{H2} = 255$ mm，$\Delta_H = 0$；

根据公式[4-42(a)]轧辊工作直径：$D_{G2} = 255 - 37.1 = 217.90$ mm；

根据公式[4-25(b)]，第一、第二道次之间的张力系数为：

$$\psi_2 = \frac{1.25 \times 217.9}{1.325 \times 213.647} - 1 = 0.96218 - 1 = -3.782\%；$$

根据计算值画出第二道次孔型图(见图4-29)。

从图中可知，轧件的最大压下量为：$\Delta h/2 = 8.2$ mm，$\Delta h = 16.4$ mm；

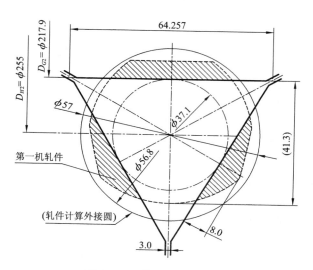

图 4 – 29   第二道次孔型图

根据公式 (4 – 27) 验算咬入角：$\cos\alpha_2 = 1 - \dfrac{\Delta h}{D} = 1 - \dfrac{16.4}{217.9} = 0.924736$；

咬入角：$\alpha_2 = 22.341° \approx 22°$，基本符合设计要求。

根据轧辊结构，确定孔型辊缝值：$t_2 = 3.0$ mm。

（3）第三道次孔型的计算

已知，轧制温度：465℃；轧件膨胀系数：$\lambda_3 = 1.0255$

选择，第三道次为平三角孔型；

延伸系数：$\mu_3 = 1.319$；充满系数：$\eta_3 = 79.06\%$；

则 $F'_3 = 1520.21/1.319 = 1152.55$ mm²；

$F_3 = 1152.55/0.7906 = 1457.81$ mm²；

$F_{室3} = 1152.55/1.0255 = 1123.89$ mm²；

孔型塞规直径：$d_3 = \sqrt{1457.81/1.29904} = 33.50$ mm；

孔型理论宽度：$b_3 = 1.732d_3 = 1.732 \times 33.5 = 58.02$ mm；

选择轧制中心变动值 $\Delta_H/2 = 0.5$ mm，$\Delta_H = 1$ mm；

轧辊名义直径为：$D'_{H3} = 255 + 2 \times 0.5 = 256$ mm；

轧辊工作直径：$D_{C3} = 256 - 33.5 = 222.50$ mm；

根据公式[4-25(b)]，第二、第三道次之间的张力系数为：

$$\psi_3 = \frac{1.25 \times 222.50}{1.319 \times 217.90} - 1 = -3.23\% ;$$

根据计算值画出第三道次孔型图(见图4-30)。

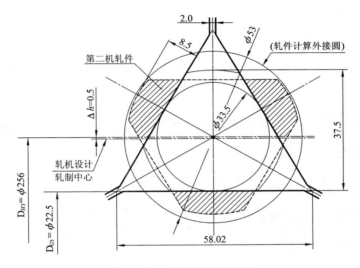

图4-30 第三道次孔型图

从图中可知，轧件的最大压下量为：$\Delta h/2 = 8.5$ mm，$\Delta h = 17$ mm；

根据公式(4-27)验算咬入角：

$$\cos\alpha_3 = 1 - \frac{\Delta h}{D} = 1 - \frac{17}{222.5} = 0.92359$$

咬入角：$\alpha_3 = 22.54°$，基本符合设计要求。

根据轧辊结构，确定孔型辊缝值：$t_3 = 2.0$ mm。

按照上述方法依次计算和画出第四、五、六、七、八、九、十、十二道次平三角孔型（图 4 – 42）。轧机道次之间的传动速比 $i = 1.25$。（其中 $i_{11} = 1.253$）。

（4）第十五道次成品孔型的计算

已知：$F'_{15} = 72.094 \ \text{mm}^2$，$d_{15} = \phi 9.58 \ \text{mm}$，$R_{15} = 4.92 \ \text{mm}$。

选择孔型形状系数：$K_{15} = 1.70874$，轧辊公称名义直径：$D_{H15} = 255 \ \text{mm}$；

则，孔型宽度：$b_{15} = R_{15} \cdot K_{15} = 4.92 \times 1.70874 = 8.407 \ \text{mm}$；

孔型弧面圆心角：$\beta_{15} = 2 \cdot \arcsin^{-1} \dfrac{K}{2} = 2 \times \arcsin^{-1} (1.70874/2) = 117.3804°$；

孔型形状模数：$G_{15} = \dfrac{\sqrt{3}}{3} + \tan \dfrac{\beta_{15}}{4} = 0.5774 + \tan \dfrac{\beta_{15}}{4} = 0.5774 + \tan (117.3804°/4) = 1.13961$；

$$L_{15} = \frac{\sqrt{3}}{4} + \frac{3}{2K_{15}^2} \left(\frac{\pi \beta_{15}}{180} - \sin \beta_{15} \right) = 0.433 + \frac{3}{2 \times 1.7087^2} \times (1.1607) = 1.02929；$$

$$\begin{aligned} M_{15} &= \frac{1}{G_{15}^2} \left[\frac{\sqrt{3}}{4} + \frac{3}{2K_{15}^2} \left(\frac{\pi \cdot \beta_{15}}{180} - \sin \beta_{15} \right) \right] \\ &= \frac{1}{1.13961^2} \left[0.4330 + \frac{3}{2 \times 1.70874^2} \left(\frac{117.3804° \cdot \pi}{180} - \sin 117.3804° \right) \right] \\ &= 0.79254 \end{aligned}$$

$$W_{15} = \frac{1}{G_{15}} \left[\frac{\sqrt{3}}{3} + \frac{1}{K_{15}^2} \left(\frac{\pi \beta_{15}}{180} - \sin \beta_{15} \right) \right] = 1/1.13961 \times [0.57735 + (1/1.7087^2) \times 1.1607] = 0.85546$$

$F'_{15} = M_{15} d_{15}^2 = 0.79262 \times 9.58^2 = 72.743 \ \text{mm}^2$；

$F_{室15} = 72.094/1.0171 = 70.882 \ \text{mm}^2$

轧辊工作直径：

$D_{G15} = D_{H15} - W_{15} d_{15} = 255 - 0.85546 \times 9.58 = 246.80 \ \text{mm}$

充满系数：$\eta_{15} = 72.094/72.743 = 0.9910 = 99.10\%$。

根据轧辊结构，确定辊缝值：$t_{15} = 0.866$。

从第四道次以后，轧件压下量逐步减小，轧辊直径逐步加大，咬入角依次减小，其值均未超过 22°，故咬入角的验算省略。

根据计算值画出第十五道次孔型图(图 4－31)。

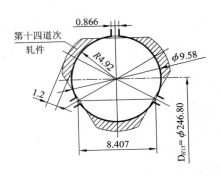

图 4－31　第十五道次孔型图

(5)第十四道次孔型计算

已知，轧制温度：327.5℃；轧件膨胀系数：$\lambda_3 = 1.0178$；

选择，平三角孔型：

$\mu_{15} = 1.244$，$\eta_{14} = 79.83\%$，$D_{H14} = 255$ mm；

则：$F'_{14} = \mu_{15} \cdot F'_{15} = 1.244 \times 72.094 = 89.691$ mm^2；

$F_{14} = 89.691/0.7983 = 112.353$ mm^2

$F_{室14} = 89.691/1.0178 = 88.122$ mm^2

$d_{14} = \sqrt{\dfrac{112.353}{1.29904}} = 9.30$ mm；

$b_{14} = 1.732 \times 9.30 = 16.108$ mm；

$D_{G14} = 255 - 9.30 = 245.70$ mm；

第十五、第十四道次之间的张力系数为：

$\psi_{15} = \dfrac{1.25 \times 246.79}{1.244 \times 245.70} - 1 = 0.00928 = 0.928\%$。

按上述方法可计算出第十三、第十一道次圆孔型的形状模数(表 4－13)，孔型各部尺寸(表 4－14)，孔型设计图(图 4－32)。

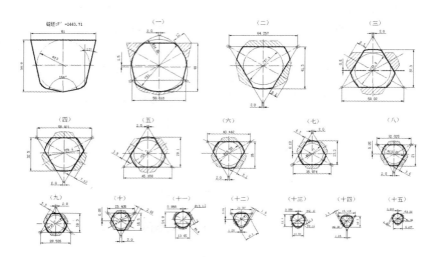

图 4 – 32   φ9.5 平三角 – 弧圆孔型设计图

表 4 – 20   弧圆孔型形状模数计算表

道次	1	11	13	15
孔型宽度 b/mm	50.618	13.45	10.56	8.407
孔型弧面半径 R/mm	34.86	7.90	6.14	4.92
K	1.452	1.70253	1.71987	1.70874
弧面圆心角 β/(°)	93.1042	116.6992	118.6185	1.139560
G	1.00754	1.135654	1.146691	117.3804
L	0.89673	1.02470	1.03703	1.029293
M	0.865626	0.794520	0.788678	0.792619
W	0.867967	0.85573	0.85170	0.85562
轧辊喉径 D_0/mm	207	240	243	245.42

4. 各道次的轧制速度

主电机最高转速为 750 r/min，根据连轧机齿轮箱设计第十五道次轧辊的最高转速为 745.74 r/min，各道次的轧辊转速的速比见表 4 – 14。

根据公式（4 – 48），$u_n = \dfrac{\pi D_{Gn} N_n}{1000 \times 60}$m/s

当轧机主电机转速为 750 r/min 时，第十五道次最高轧制（出线）速度为：

$$u_{15} = \frac{\pi \times 246.8 \times 745.74}{1000 \times 60} = 9.64 \text{ m/s}$$

与其对应，第一道次最快进轧速度为：

$$u_1 = \frac{\pi \times 213.65 \times 30.535}{1000 \times 60} = 0.34 \text{ m/s}$$

依次可计算出各道次的轧制速度。

26 铝合金线(杆)材连轧 ϕ9.5 mm"Y"形孔型塞规如何设计?

在正常轧制温度下，轧辊、机架、牌坊等机件受热后膨胀，其中轧辊比其他机件的温度高 10℃～15℃，即轧辊的热膨胀尺寸大于机架体的热膨胀尺寸，即轧制状态下的孔型面积比室温状态下的面积要小，在室温状态下，调整孔型能通过的塞规，处于轧制时的热状态下就通不过了。所以要想保证在轧制时的热状态参数，保证热状态下孔型的设计面积，就必须适当加大塞规的制作尺寸。

理论上从钢材膨胀系数的计算和结合实际测试得知：在 ϕ9.5～ϕ51 mm 的范围内，热状态下的孔型比室温状态下的孔型，相差 0.15%～0.5%，用塞规测量时，热态孔型比室温孔型缩小 0.03～0.06 mm。所以塞规的制作尺寸应在室温孔型设计的基础上增加适当的修正量，同时，塞规的制造精度必须精确控制，制造公差应按塞规的尺寸大小分段控制在 ±0.005～0.020 mm 以内，不能采用同一制造公差。在调整弧、圆孔型时，辊缝必须符合设计要求，只有这样才能保证在轧制热状态下正确的孔型设计面积。

塞规通、止端尺寸相差 0.06～0.10 mm。两端头部应镀铬或淬硬。上述"Y"形 ϕ9.5 孔型的塞规设计尺寸见表 4 – 21 和图 4 – 33。

表 4-21　$\phi 0.5\ \text{mm}$ "Y" 形平三角-圆孔型设计参数计算表（$\Sigma\mu=33.89$）

孔型	道次 n	选择或设定参数 延伸系数 μ	充满系数 η/%	张力系数 ψ/%	塞规设计直径 d/mm	孔型弧面半径 R/mm	孔型理论宽度 b/mm	孔型设计面积 F/mm²	轧件热态面积 F″/mm²	设计计算参数 轧辊名义直径 D_H/mm	轧辊工作直径 D_C/mm	压下量 Δh/2 /mm	工艺条件 道次轧制温度 /℃	道次轧件膨胀系数 λ	轧件室温面积 F′/mm²	辊缝设计值 l/mm	相邻道次转速比 i	道次 n
	铸坯												510	1.0311	2370.0			铸坯
○	1	1.213	89.48		51	34.86	50.618	2251.40	2014.60	258	213.65	8.5	490	1.0268	1962.02	2.0	1.25	1
△	2	1.325	85.02	-3.78	37.1		64.257	1788.01	1520.45	255	217.9	7.6	477.5	1.0261	1481.78	2.0	1.25	2
▽	3	1.319	79.07	-3.23	33.5		58.022	1457.81	1152.72	256	222.5	8.0	465	1.0255	1124.06	2.0	1.25	3
△	4	1.28	80.20	-1.07	29.4		50.921	1122.84	900.56	254.8	225.4	7.10	452.5	1.0248	878.76	2.0	1.25	4
▽	5	1.27	79.52	-0.18	26.2		45.378	891.713	709.10	254.8	228.6	5.90	440	1.0241	692.41	2.0	1.25	5
△	6	1.266	79.08	0.01	23.35		40.442	708.265	560.11	254.9	231.55	5.1	427.5	1.0235	547.25	2.0	1.25	6
▽	7	1.265	79.01	0.02	20.77		35.973	560.40	442.78	255.14	234.37	4.3	415	1.0228	432.91	2.0	1.25	7
△	8	1.262	79.00	0.04	18.49		32.025	441.115	350.85	255.2	236.71	3.6	402.5	1.0221	343.26	2.0	1.25	8
▽	9	1.258	78.96	0.05	16.47		28.526	352.378	278.233	255	238.53	3.3	390	1.0214	272.40	2.0	1.25	9
△	10	1.257	79.18	0.11	14.67		25.408	279.565	221.346	254.8	240.13	2.65	377.5	1.0208	216.84	2.0	1.25	10
○	11	1.257	96.95	0.20	15.12	7.90	13.450	181.639	176.091	254.8	241.96	2.0	365	1.0200	172.64	0.866	1.253	11
△	12	1.255	80.55	0.36	11.58		20.057	174.196	140.311	254.8	243.22	1.90	352.5	1.0192	137.67	1.25	1.253	12
○	13	1.253	97.00	0.48	12.10	6.14	10.560	115.47	111.980	255.2	244.98	1.5	340	1.0184	109.964	0.866	1.25	13
△	14	1.247	79.93	0.54	9.30		16.108	112.354	89.800	255	245.70	1.3	327.5	1.0178	88.230	1.25	1.25	14
○	15	1.245	99.11	0.85	9.58	4.92	8.407	72.743	72.094	255	246.80	1.2	315	1.0171	70.882	0.866	1.25	15

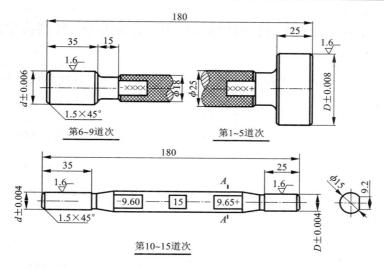

图 4 – 33　"Y"形 ϕ9. 5 平三角 – 弧圆孔型塞规设计图

表 4 – 22　"Y"形 ϕ9. 5 平三角 – 弧圆孔型塞规设计数据

道次	公称尺寸/mm	通端 d/mm	止端 D/mm
1	51	50. 97	51. 08
2	37. 10	37. 07	37. 17
3	33. 50	33. 48	33. 57
4	29. 40	29. 38	29. 47
5	26. 20	26. 19	26. 28
6	23. 35	23. 34	23. 42
7	20. 77	20. 76	20. 84
8	18. 49	18. 48	18. 56
9	16. 47	16. 46	16. 54
10	14. 67	14. 65	14. 72
11	15. 12	15. 11	15. 18
12	11. 58	11. 57	11. 64
13	12. 10	12. 09	12. 16
14	9. 30	9. 29	9. 35
15	9. 58	9. 57	9. 63

27 铝合金线(杆)材连轧的轧制力、轧制力矩、轧制功率的计算?

以国产 LZG – 1600/15 Y 形改进型连轧机为例。其配套直流主电机为:

Z4—315—42/315 kW/750 r/min;

计算条件:设正常生产时主电机转速为 700 r/min;齿轮传动效率为 0.85。

第一道次计算:

已知,工作辊直径:$D_G = 213.65$ mm;从孔型图 4 – 38 中得知:$\frac{\Delta h}{2} = 12$ mm;

轧件平均宽度:$\bar{b} = 46.05$ mm;

则咬入弧投影长度:$\sqrt{D_G \cdot \Delta h/2} = \sqrt{213.65 \times 12} = 50.634$ mm;

投影面积:$F = \bar{b} \cdot \sqrt{D_G \cdot \Delta h/2} = 46.05 \times 50.634 = 2331.70$ mm^2;

第一道次轧制温度为 490℃,查图 4 – 23 轧制温度与纯铝平均单位压力关系曲线图得:

$\bar{p'} = 1.40$ kg/mm^2;

单位压力:$\bar{p'} = \overline{KP} = 1.1\bar{p} = 1.1 \times 1.40 = 1.54$ kg/mm^2(其中 $K = 1.1$);

根据公式(4 – 12)轧制力:$p = F \cdot \bar{p'}$,

即 $P = 2331.70 \times 1.54 = 3590.82$ kg $= 3.591$ t;

根据公式(4 – 16)作用在三个轧辊上的力矩为:

$$M_H = \frac{1.65\bar{p}[\sqrt{D_G \cdot \Delta h} + f_i d_i]}{1000}$$

$$= \frac{1.65 \times 3.591 \times [50.634 + 0.003 \times 70]}{1000}$$

$$= 301.258 \text{ kg} \cdot \text{m}$$

其中,传动机构摩擦系数:$f_i = 0.003$(可从有关资料中查到);

机架轧辊轴径:$d = 70$ mm;

根据公式(4 – 18)换算到电机轴上的轧制力矩:

$$M_d = \frac{M_H}{i \cdot \eta} = \frac{301.258}{22.925 \times 0.85} = 15.460 \text{ kg} \cdot \text{m}$$

其中,速比:$i = 32.712/750 = 22.925$;

齿轮传动效率:0.85;

则根据公式(4-17)轧制功率:

$$N_W = \frac{M_d \cdot n}{975} = \frac{15.460 \times 700}{975} = 11.099 \text{ kW}$$

为了简化计算过程,摩擦消耗和空载功率约为轧制功率的 15%,根据公式(4-19)得合计功率为:

$$N_1 = 1.15 N_{W1} = 1.15 \times 11.099 = 12.764 \text{ kW}$$

按此方法依次计算出其余各道次的轧制力、轧制力矩和轧制功率。计算结果为:

换算到电机轴上的转矩:290.506 kg·m;

轧制总功率为:$\sum N = \sum M_d \cdot n / 975 = 290.506 \times 700 / 975 = 208.6 \text{ kW}$;

轧机主电机在 700 r/min 时的额定功率为:$M_{额} = 315 \times \frac{700}{750} = 294 \text{ kW}$;

其消耗功率约为电机额定功率的:$208.6/294 = 70.95\% \approx 71\%$;

当配套电机为 250 kW/500 r/min,轧制 A_6 型铝杆,主电机电压调整为 400v(电机转速约为 455 r/min),轧机主电机在 455 r/min 时的额定功率为:$M_{额} = 250 \times \frac{455}{500} = 227.5 \text{ kW}$;

实际生产记录证明,电流表显示电流为:~ 420 A,轧制消耗功率粗略估算约为:

$$420 \text{ A} \times 400 \text{ V} = 168 \text{ kW};$$

轧制消耗功率约占总功率的:$168/227.55 = 73.8\%$。

上述计算结果与实际数据相比较,二者数据很接近,说明其计算是准确的(表 4-23)。

表4-23　φ9.5 mm "Y"形孔型轧制力、轧制力矩和转矩计算表

道次	轧件高度 h'/mm	压下量 Δh/2 /mm	轧辊工作辊径 D_G /mm	咬入弧投影长度 $\sqrt{D_G \Delta h/2}$ /mm	轧件平均宽度 $\bar{b'}$/mm	投影面积 F/mm²	轧制温度 /℃	单位压力 $\bar{P}$ kg/mm²	压力 $P'=1.15\bar{P}$/t	轧制力 P/t	f·d 0.03×70	三个轧辊上的轧制力矩 M_d kg·m	轧机电机转速 n_d r/min	轧辊转速 n r/min	传动速比 i	传动效率 η	换算到电机轴上的转矩 M_d /kg·m
1	48	10	213.65	50.634	46.05	2331.7	490	1.40	1.54	3.591	0.21	301.258	700	30.535	22.925	0.85	15.460
2	41.3	8.5	217.9	44.774	49.53	2217.66	477.5	1.52	1.672	3.708	0.21	275.221	700	38.168	18.340	0.85	17.655
3	37.3	9.0	222.5	44.749	38.65	1729.55	465	1.68	1.848	3.196	0.21	237.087	700	47.710	14.672	0.85	19.011
4	32.5	6.1	225.6	39.097	37.70	1398.54	452.5	1.82	2.002	2.800	0.21	181.598	700	59.638	11.738	0.85	18.201
5	29.10	5.5	228.2	35.427	32.05	1135.44	440	1.96	2.156	2.448	0.21	143.218	700	74.547	9.390	0.85	17.944
6	26	4.8	237.65	33.775	27.42	926.11	427.5	2.20	2.42	2.241	0.21	125.665	700	93.184	7.512	0.85	19.681
7	23.2	4.1	234.43	31.00	21.86	677.66	415	2.42	2.662	1.804	0.21	92.900	700	116.480	6.010	0.85	18.185
8	21	3.4	236.61	28.363	19.582	555.41	402.5	2.63	2.893	1.607	0.21	75.763	700	145.600	4.808	0.85	18.538
9	18.3	3.2	238.63	27.634	16.86	465.90	390	2.83	3.113	1.450	0.21	66.617	700	182.000	3.846	0.85	20.378
10	16.5	2.7	240.43	25.478	14.96	381.16	377.5	3.12	3.432	1.308	0.21	55.440	70	227.500	3.077	0.85	21.197
11	14.9	1.9	242.16	21.470	14.39	308.95	365	3.38	3.718	1.149	0.21	41.102	700	284.375	2.462	0.85	19.641
12	13.3	1.7	241.52	20.263	12.831	260.00	352.5	3.60	3.96	1.030	0.21	34.794	700	356.364	1.964	0.85	21.045
13	11.7	1.4	244.78	18.513	11.08	205.12	340	3.90	4.29	0.880	0.21	27.186	700	445.455	1.571	0.85	20.359
14	10.7	1.2	245.70	17.171	9.66	172.40	327.5	4.20	4.62	0.796	0.21	22.828	700	556.818	1.257	0.85	21.366
15	9.6	1.0	246.80	16.098	8.62	138.76	315	4.55	5.005	0.694	0.21	18.674	700	696.023	1.0057	0.85	21.845

合计：290.506

28　如何合理的选择铝合金线 (杆) 材连轧主要工艺参数?

1. 轧制温度

进轧温度指锭坯进入轧机第一道次的温度，一般为 440℃ ～ 540℃，抗拉强度低、伸长率大的铝杆选用较高的进轧温度；抗拉强度大、伸长率低的铝杆选用较低的温度。终轧温度 (在收线筐内测量) 一般为 280℃ ～ 320℃。进轧温度的测量可用接触式双针数字快速测温计，该温度计使用方便，测量数值比较准确。也可用非接触式红外线测温计，但由于铝的白度较大，红外线测温计的测量数值不稳定。

2. 轧制速度

轧制速度是轧制工艺的重要参数，轧制速度的快慢直接影响铝杆的力学性能。在主电机最高转速为 500 r/min 的轧机中，轧制速度的一般选择范围在 5.0 ～ 6.3 m/s 之间。抗拉强度大、伸长率低的铝杆选用较慢的轧制速度；反之选用较快的轧制速度。因为，轧制速度较慢时，轧件在轧机内延长了轧制时间，轧件降温梯度加大，轧件变形抗力增加，所以使其强度增加。

有的轧机操作台上没有显示轧制速度的仪表，多数是轧机主电机的调速电压表，经过换算后，轧制速度的一般主电机电压选择范围为 320 ～ 440 V 之间。

3. 乳化液冷却强度

乳化液冷却强度是指乳化液对轧件的冷却效果，包括乳化液进口温度和流量两项内容。冷却强度大，轧件降温幅度较大，铝杆的抗拉强度高，伸长率低；冷却强度小，轧件降温幅度较小，则抗拉强度低、伸长率高。一般在乳化液管路上安装有数字温度表，显示乳化液进口瞬时温度，操作人员可根据工艺要求，操控乳化液系统的电动阀门适时调节，满足工艺要求。

上述三项工艺参数是相互关联而又相互影响，在主电机轧制电压不变的前提下，主电机轧制电流的选择范围见表 4 – 24。表中的也

可以用一个综合坐标图表达(图4-34),可根据不同铝杆产品型号的
质量要求,选择最佳的工艺参数。

表4-24   不同铝杆型号的轧制工艺参数选择表

序号	产品型号	状态	抗拉强度/MPa	伸长率/% (不小于)	进轧温度/℃	乳液进口温度/℃	主电机轧制电流/A
1	B	0	35~65	35	≥530	30~40	320~350
2	B2	H14	60~90	15	≥530	30~40	320~350
3	A、RE-A	0	60~90	25	≥530	30~40	320~350
4	A2、RE-A2	H12	80~110	13	520~540	25~35	350~380
5	A4、RE-A4	H13	95~115	11	510~530	25~35	370~400
6	A6、RE-A6	H14	110~130	9	490~520	20~35	390~420
7	A8、RE-A8	H16	120~150	6	470~510	20~35	410~440
8	C、D	T4	160~200	10	460~500	20~35	420~450

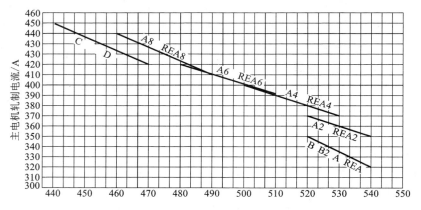

图4-34   铝杆轧制工艺参数选择图

29　铝合金线(杆)材轧制工艺综合自动控制原理及方法?

1. 自动控制的原理

在铝杆连轧生产中,要求生产工艺满足产品的质量要求,保持稳定的工艺参数。但在实际生产过程中,影响工艺参数的因素很多,比如,开车生产初期锭坯进轧温度为 420℃,一个小时后,由于连铸机冷却水温度升高,锭坯进轧温度可能会提高到 440℃,轧件温度升高,其变形抗力降低,如果不及时调整轧制工艺参数,将会改变铝杆的力学性能,就可能会出现前段是"A6"杆,后段是"A4"杆。在同一捆铝杆中出现两种型号的产品,无法确定产品型号。

当轧机轧制速度不变(即主电机给定电压不变),其表现形式是随轧件温度的升高主电机轧制电流下降,轧件温度降低,轧制电流升高。所以随机跟踪控制主电机的轧制电流,控制其稳定在所要求的一定范围内,就可以达到使铝杆质量稳定的目的。

在生产实践中,虽然通过随机控制轧制速度也能达到控制主电机轧制电流的目的,但频繁调整轧制速度会使铸锭工艺紊乱,将影响铸锭质量,故此法不可采用。

从生产经验得知,随机跟踪调节轧制冷却乳化液流量的大小,可适时稳定轧件的轧制温度,使其变形抗力维持在一定范围内,就可以达到控制主电机轧制电流的目的,继而实现控制产品质量。其具体措施是在乳化液管路系统中,安装电动阀门,遥控乳化液流量的大小。

实现自动跟踪随机控制轧制电流的原理如下:根据工艺的需要,把主电机的电流数值设定若干分段,例如,生产 A6 型号铝杆当轧制电压不变时,主电机电流的最佳范围为 395 ~ 415 A 之间,设定为一个控制区段,以 410 ± 5 A 为控制目标;设上下限两个捕捉点,当主电机电流≤395 A 时,电气系统发出指令信号,相关继电器动作,启动乳化液系统的电动阀门运转,增大阀门开启程度,乳化液流量加大,使轧制温度降低,轧件变形抗力增加,轧制力增大,主电机电流随之增大。当捕捉到主电机电流≥415 A时，电气系统发出另一个指令信号，减小乳化液系统阀门开启程度，乳化液流量减少，轧件温度升高，变形抗力降低，轧制力减小，主电机轧制电流也随之减小。

2.自动控制方法

在实际运行中，根据轧制工艺要求，分几个区段设定主电机电流值的控制范围，采用 PID 控制方法，自动调节乳化液电动阀门开启的大小，控制乳化液流量，实现工艺综合自动控制的目的。工艺参数区段控制主电机电流数值的大小和设定，应考虑当时的生产环境、季节、乳化液系统的性能等因素。适时调整设定值满足工艺要求。乳化液电动阀门也可通过手动（点动）的方法，调节乳化液流量，达到工艺控制的目的。

30　电工用铝合金线（杆）材电阻率的检验规则及方法？

1.试样的取样规则

（1）每盘（捆）铝杆的外观在目测时，应无明显的错圆、褶边、褶皱、夹渣、鱼鳞状起皮等宏观缺陷。

（2）铝杆连铸连轧生产线开轧（包括中途停轧后重新开轧）5～10 min，待生产工艺转为稳定状态后方可剪取试样，在每次正常停轧前3～5 min 内的产品均不能取样，也不允许进入合格成品包装内。

（3）在正常生产中，应在每一盘（捆）铝杆的末端（即相邻盘的首端）取样。

（4）每件试样的长度为1.8～2 m（力学性能和电阻率测试采用同一件试样，测电阻试样长度1.3 m）。

（5）每件试样必须标明生产日期、生产序号、生产班组。

（6）试样不允许有划伤、扭曲变形、随意弯折等缺陷。

2.试样的制备

（1）试样应在专用矫直机上矫直，直线度误差小于1.5：1000，若采用手工矫直，只允许用木锤或橡皮锤在质地较软的木板或塑料板上轻轻敲打，不允许在试样上留下凹痕、擦伤等缺陷。

(2)试样外圆表面不允许用机加工或人工打磨的手段修整,应保持试样原有的粗糙度,保证试样的原有截面积不受影响。

3. 测试原理

从物理学得知:电阻率是表示导体材料在有电流通过时,单位长度、单位横截面积的导体材料在20℃时的电阻值。电阻率的测试原理是根据基尔霍夫定则:在电路里,任意一个接点的电流之和都为零。

4. 测试设备和仪器

(1)精密直流稳压器:6 V,可调。

(2)计量精度为0.1 g的架式天平。

(3)单双臂两用电桥:QJ19或QJ19A、B型(可用新型仪器)。

(4)0.001 Ω标准电阻一只(必须经过校核,准确可靠)。

(5)100 Ω滑动可调电阻器一只。

(6)高精度(指示温度0.1℃)室内温度计一只。

(7)恒温油槽一台,导体夹具一套,换向开关一只。

(8)恒温储存箱(高度≥1.5 m)一台。

5. 测试条件及要求

(1)测试室内应安装空调设施,门窗密封性能好,安装两道门。

(2)备测的试样应在恒温箱内至少放置8 h,或者在恒温油槽内放置1 h以上。

(3)试样和测试仪器设备必须在同一室内,室内温度控制在20 ± 0.5℃。

(4)双臂电桥的R_1、R_2转换开关指示在10^3处。

(5)直流稳压电源调整至5~6 V,电流2~5 A。

(6)双臂电桥测量量程10^{-5}~10^2测量段的电阻接线(图4-44)。

6. 测试操作

(1)将试样夹持在导体夹具上,先拧紧内侧电压夹具;再拧紧外侧的电流夹具。注意试样不可歪斜,保证有效测量距离1000 mm。

(2)打开检流计开关,将分流器扳到直流挡位置上,调节调节器

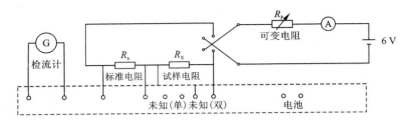

图 4 - 44　双臂电桥测试电阻接线示意图

的旋扭,使光标指示在零点上。

(3)闭合换向开关,调节滑动电阻器,使电流值在 2 ~ 5 A 之间。

(4)接通检流计,"粗调"按钮,调节电桥上电阻 R,使检流计光标指示在零位;然后再接通"细调"按钮,精调电桥上电阻 R,使检流计光标再次准确指示在零位,记下电桥上的 R 值。

(5)切换换向开关(即倒换电源的正负极),重复上述操作,记下电桥上的 R 值。

(6)取正、负两次测试的 R 平均值作为测试结果,记录在册。

7. 电阻率的计算

(1)试样电阻值 R_X 按下式计算:

$$R_X = \frac{R}{R_1} \times R_n \quad 或 \quad R_X = \frac{R}{R_2} \times R_n \qquad (4-51)$$

式中:R 为电桥盘面时圆窗内的电阻值;R_1、R_2 为比例臂电阻值,1000Ω;R_n 为标准电阻值,0.001Ω。

(2)试样电阻率按下式计算:

$$\rho = \frac{R_X \cdot S_0}{1 + \alpha(t - 20℃)}, \quad \Omega \cdot mm^2/m \qquad (4-52)$$

式中:ρ 为被测试样20℃时的电阻率,$\Omega \cdot mm^2/$米;R_X 为被测试样的电阻,Ω;S_0 为被测试样的横截面积,mm^2;α 为硬铝单线的温度系数:0.00403/℃;t 为测试当时的室温,℃。

为了快速计算结果,常用的 $1 + \alpha$ 值列入表 4 - 25。

(3)试样电阻率的值应按每盘铝合金杆、线材的首尾试样测试计算结果的平均值填写测试报告单。

　　(4)测试结果若不合格,允许再次在包装中部取样复查,连测三次不合格,则判定为不合格产品。

表4-25 常用的$(1+\alpha)℃ \times (t-20℃)$系数值

测试温度/℃	系数值	测试温度/℃	系数值	测试温度/℃	系数值
10.0	0.95970	17.5	0.98992	25.0	1.07055
10.5	0.96172	18.0	0.99194	25.5	1.01217
11.0	0.96373	18.5	0.99395	26.0	1.02418
11.5	0.96674	19.0	0.99587	26.5	1.02629
12.0	0.96776	19.5	0.99798	27.0	1.02821
12.5	0.96978	20.0	1.00000	27.5	1.03022
13.0	0.97179	20.5	1.00202	28.0	1.03324
13.5	0.97351	21.0	1.00606	28.5	1.03426
14.0	0.97582	21.5	1.0065	29.0	1.03627
14.5	0.97766	22.0	1.00975	29.5	1.03826
15.0	0.97985	22.5	1.01086	30.0	1.04030
15.5	0.98185	23.0	1.01299	30.5	1.04222
16.0	0.98388	23.5	1.01410	31.0	1.04433
16.5	0.98585	24.0	1.01613	31.5	1.04634
17.0	0.98790	24.5	1.01814	32.0	1.04834

第5章　铝及铝合金管、棒、型、线(杆)材常见缺陷及产生原因

1　气泡定义及产生原因是什么?

制品表面的连续或非连续凸起的泡状空腔(图5－1)。

主要产生原因:

(1)挤压筒或挤压垫片有水分、油等脏物。

(2)空气在挤压时进入金属表面。

图5－1　气泡

(3)润滑剂中有水分。

(4)铸锭有疏松、气孔。

(5)制品中氢含量过高。

(6)挤压筒温度和铸锭温度过高。

2　起皮定义及产生原因是什么?

附在制品表面上的薄层,有局部剥落现象(图5－2)。

主要产生原因:

图5－2　起皮

(1)挤压筒不干净。

(2)挤压筒与挤压垫片配合不当。

(3)模孔上黏有金属或模子工作带过长。

3　划伤、磕碰伤、擦伤的定义及产生原因是什么?

尖锐物品(如设备上的尖锐物、金属屑等)与制品表面接触,在相对滑动时所造成的呈单条状分布的伤痕称为划伤(图 5 - 3)。制品与其他物体碰撞后产生的损伤称为磕碰伤(图 5 - 4)。制品表面成束(或组)分布的伤痕称为擦伤(图 5 - 5)。

图 5 - 3　划伤

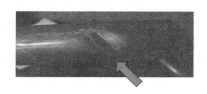

图 5 - 4　磕碰伤

主要产生原因:

(1)工具装配不当。

(2)模子工作带上黏有金属屑或模具工作带损坏。

(3)润滑油不洁净。

(4)运输过程中操作不当。

(5)铸锭温度过高。

(6)制品相互串动。

(7)挤压流速不均。

图 5 - 5　擦伤

4 内表面擦伤定义及产生原因是什么?

制品内表面在生产过程中产生的擦伤(图5-6)。

主要产生原因:

(1)挤压针或模具工作带黏有金属。

(2)挤压针温度低。

(3)挤压针或模具工作带表面质量差。

(4)挤压温度、速度控制不好。

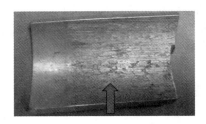

图5-6 内表面擦伤

(5)挤压润滑剂配比不当。

(6)拉拔芯头损坏。

(7)拉拔润滑油有脏物。

5 挤压裂纹、模痕定义及产生原因是什么?

制品表面呈周期性出现的横向开裂(图5-7)。由于模具工作带不光滑,导致制品表面纵向凹凸不平的痕迹(图5-8)。

图5-7 裂纹

图5-8 模痕

主要产生原因:

(1)挤压速度过快。

(2)挤压温度过高。

(3)挤压速度波动太大。

6 扭拧、弯曲、波浪、硬弯的定义及产生原因是什么?

由于模具设计不合理、修模不
当、挤压工艺参数控制不当等原因
导致的制品横截面沿纵轴发生扭转
的现象称为扭拧(图 5 - 9)。制品
沿纵向呈现弧型或刀型不平直的现
象称为弯曲(图 5 - 10)。制品沿纵
向发生的连续起伏称为波浪
(图 5 - 11)。

图 5 - 9 扭拧

由于挤压速度突变等原因在制品上存在局部曲率半径很小的弯
曲(图 5 - 12)。

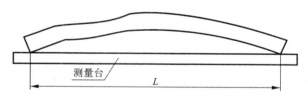

测量台 L

图 5 - 10 弯曲

图 5 - 11 波浪

图 5 - 12 硬弯

7 麻面定义及产生原因是什么?

制品表面呈现连续麻点、
金属豆的现象(图5-13)。

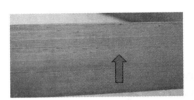

主要产生原因:

(1)模具硬度不够。

(2)挤压温度过高。

(3)挤压速度过快。

图5-13 麻面

(4)模子工作带过长,粗糙或黏有金属。

8 金属和非金属压入定义及产生原因是什么?

制品表面压入金属屑、金属碎片(图5-14)、石墨或其他非金属
异物的现象。异物刮掉后制品表面呈现大小不等的凹陷或凹坑
(图5-15),破坏了制品表面的连续性。

图5-14 金属压入

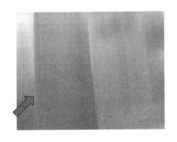

图5-15 压坑

压入制品表面的现象。

主要产生原因:

(1)坯料端头有毛刺。

(2)坯料黏有金属或润滑油内含有金属碎屑等异物。

(3)孔型、芯头上黏金属。

(4)挤压筒不干净,落入石墨及油等。

(5)石墨粒度粗大或结团,含有水分或油搅拌不匀。

　　(6)汽缸油的闪点低。

　　(7)汽缸油与石墨配比不当。

9　表面腐蚀定义及产生原因是什么？

　　制品表面与外界介质发生化学或电化学反应后在表面产生局部破坏的现象。被腐蚀制品表面失去金属光泽，严重时在表面产生灰白色的腐蚀产物(图 5 - 16)。

　　主要产生原因：

　　(1)制品在生产和储运过程中接触水、酸、碱、盐等腐蚀介质。

　　(2)合金成分配比不当。

图 5 - 16　表面腐蚀

　　(3)时效炉的燃料不干净，燃烧后产生二氧化硫。

10　停车痕、咬痕、水痕、跳环定义及产生原因是什么？

　　主要产生原因：

　　异常停车后恢复挤压，在制品表面产生的垂直于挤压方向的带状痕迹称为停车痕(图 5 - 17)。

　　咬痕是制品在挤压过程中产生的垂直于挤压方向的线状或带状痕迹。发生咬痕时会伴随异常响声。水痕是制品表面呈现不规则的水渍。

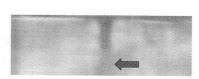

图 5 - 17　停车痕

　　主要产生原因：

　　(1)铸锭加热温度不均匀。

　　(2)模具设计不合理。

　　(3)挤压速度过快。

　　(4)挤压机运行不平稳，有爬行现象。

　　(5)制品表面残留水分。

（6）时效炉的燃料含水，水分在时效后的冷却中凝结在制品表面上。

11　橘皮定义及产生原因是什么？

桔皮是挤压制品表面出现的像桔皮一样的皱褶（图5－18）。

主要产生原因：

（1）铸锭组织不均匀，均匀化处理不充分。

（2）挤压条件不合理造成制品晶粒粗大。

（3）矫直时拉拔量过大。

图5－18　桔皮

12　振纹定义及产生原因是什么？

振纹是制品表面横向的周期性条纹（图5－19）。其特征为制品表面横向连续周期性条纹，条纹曲线与模具工作带形状相吻合，严重时有明显凹凸手感。

主要产生原因：

（1）设备原因造成挤压轴前进抖动，导致金属流出模孔时抖动。

（2）模具原因造成金属流出模孔的抖动。

图5－19　振纹

（3）模具支撑垫不合适，模具刚度不佳，在挤压力波动时产生抖动。

13　制品壁厚不均定义及产生原因是什么？

在制品同一截面上相同壁厚要求的部位出现厚薄不一致的现象（图5－20）。

主要产生原因：

（1）挤压筒与挤压针不在同一中心线，形成偏心。

（2）模具设计不合理。

（3）挤压筒的内衬磨损过大，模具使用不当，形成偏心。

（4）铸锭或坯料本身壁厚不均，在一次和二次挤压后，仍不能消除；毛料挤压后壁厚不均，经压延、拉拔工艺后没有消除。

图 5 – 20　壁厚不均

（5）上润滑油涂抹不均，使金属流动不均。

（6）轧制和拉拔时，芯头位置安装不对；孔型未调整好；拉拔模与芯头配置不当。

14　扩口、并口定义及产生原因是什么?

"八"字、槽形型材两侧板向外或向内偏斜，"工"字形型材上、下平面不平行，超出尺寸公差的范围(图 5 – 21、图 5 – 22)。

主要产生原因：

（1）挤压速度过快。

（2）模具设计不合理，金属流速不均。

图 5 – 21　扩口

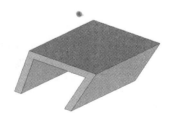

图 5 – 22　并口

15 粗晶环定义及产生原因是什么?

制品固溶热处理后,经低倍
检查发现断面上晶粒大小不一,
截面周边晶粒特别粗大形成环状
或月牙状组织(图5－23)。

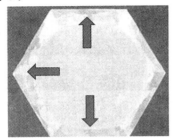

图5－23 粗晶环

主要产生原因:

(1)挤压变形不均匀。

(2)热处理温度高,保温时
间长,使晶粒长大。

(3)合金化学成分不合理。

(4)挤压比过小。

16 成层定义及产生原因是什么?

制品经低倍检查,在截面边缘的不合层现象(图5－24)。

主要产生原因:

(1)铸锭表面有尘垢或不车
皮的铸锭有较大的偏析聚集物、
金属瘤等。

(2)坯料表面有毛刺或黏有
油污、锯屑等脏物,挤压前没清理
干净。

(3)挤压筒、挤压垫片磨损严
重或挤压筒衬套内有脏物清理不
干净,且不及时更换。

图5－24 成层

(4)模孔位置不合理,靠近挤压筒边缘。

(5)两个挤压垫片直径差过大。

17　过烧定义及产生原因是什么?

金属温度过高,使合金中低熔点共晶体熔化的现象。当制品发生严重过烧时,其表面上的颜色发黑或发暗。在其显微组织中,可以观察到在晶界局部加宽现象,在晶粒内部产生复熔球,在晶粒交界处呈现明显的三角形复熔区等特征(图 5 - 25),同时影响制品其他性能。

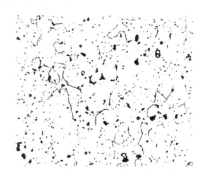

图 5 - 25　过烧

主要产生原因:

(1)加热温度过高,超出了合金过烧温度范围。

(2)加热炉温差过大,仪表失灵。

(3)由于加热不均而引起的局部过烧现象。

18　焊合不良定义及产生原因是什么?

分流模挤压的制品在焊缝处表现的焊缝分层或没有完全焊合的现象(图 5 - 26)。

主要产生原因:

(1)挤压比小,挤压温度低,速度快。

图 5 - 26　焊合不良

(2)挤压坯料或工具不清洁。

(3)舌型模涂油。

(4)模具设计不当。

19　淬火裂纹定义及产生原因是什么?

制品在淬火过程中出现的裂纹(图 5 - 27)。低倍试片上,沿晶界开裂的网状裂纹。

裂纹多出现在拐角部位或壁厚
不均之处。

主要产生原因：

（1）淬火加热温度过高。

（2）加热不均匀。

（3）淬火时水温过低。

（4）成分严重偏析。

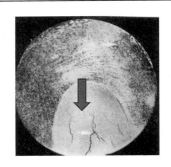

图 5 - 27　淬火裂纹

20　拉拔制品跳环定义及产生原因是什么？

制品表面在拉拔过程中产生的规律性的环状凸起（图 5 - 28）。

主要产生原因：

（1）芯杆过弯过细。

（2）道次加工率不当。

（3）毛料太长。

（4）润滑油黏度太低。

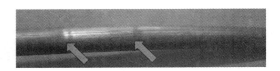

图 5 - 28　跳环

21　油斑定义及产生原因是什么？

残留在制品表面上的油污，经退火后形成的淡黄色、棕色、黄褐色斑痕（图 5 - 29）。

主要产生原因：

（1）在低温或成品退火前未把残留在制品表面的油擦净。

（2）拉拔、轧制用的润滑油质量差。

（3）拉拔油的闪点较高，在退火时不易烧尽。

图 5 - 29 油斑

22 拉拔制品三角口定义及产生原因是什么?

拉拔时，在制品表面形成的单个或断续的三角状缺口（图 5 - 30）。
主要产生原因:
（1）毛坯有严重擦伤，造成粗糙的表面。
（2）在退火、运输过程中，制品受到机械损伤。
（3）拉拔时线卷掉到线落架下或由于二次拉线机的导辊表面质量不好。

图 5 - 30 三角口

23 拉拔制品灰道定义及产生原因是什么?

由于模具损坏、润滑油有砂子等原因造成制品沿纵向表面有灰色条状痕迹的现象（图 5 - 31）。

图 5 - 31   灰道

24   矫直痕定义及产生原因是什么?

制品在辊矫时产生的螺旋状条纹(图 5 - 32)。

主要产生原因:

(1)矫直辊辊面上有棱。

(2)制品的弯曲度过大。

(3)矫直辊辊子角度过大。

(4)矫直压力太大;

(5)制品椭圆度大。

图 5 - 32   矫直痕

25   轧制空心型材内表面波浪定义及产生原因是什么?

轧制时在制品内表面上,沿纵向产生的环形波纹(图 5 - 33)。

主要产生原因:

(1)芯头不适当。

(2)送料量过大。

（3）孔型间隙大。

图5-33　内表面波浪

26　铝杆连续铸锭中断锭和裂纹产生的原因是什么?

（1）结晶轮已产生暗裂纹。

（2）冷却强度小，水温偏高，某一区喷水缝堵塞。

（3）钢带开裂产生裂缝或破损，进水。

（4）化学成分不合格，Fe含量偏低。

（5）浇注温度偏高。

（6）操作者不专心，技能不熟练，有断流现象。

27　铝杆锭坯表面不光滑，有片状冷隔、疤痕或气泡产生的原因是什么?

（1）铝液净化不良，气体含量高。

（2）浇注系统烘干不到位，有潮气。

（3）铸槽和钢带擦拭不干净，有残留水珠。

（4）小浇嘴位置偏高，浇注时铝液翻滚打浪花。

（5）加入铸槽的润滑油含水分偏高。

28　铝杆锭坯组织疏松、气孔、夹渣等缺陷产生的原因是什么?

（1）铝液净化不良，杂质含量超标。

（2）浇注温度偏高或偏低。

（3）冷却强度偏小。

（4）氧化膜进入铸槽。

29　铝杆连铸机结晶轮早期损坏报废的原因是什么？

（1）结晶轮结构设计不合理，例如五边形结构，壁厚太小等。
（2）结晶轮材质不合格，含铜量低于96%，杂质含量超标。
（3）冷却水系统设计不合理，调整不当，高温区段冷却水量偏低。
（4）制作工艺守旧简单，制造质量低劣。
（5）突发停车"糊铝"事故，冷却水中断，结晶轮过烧。

30　铝杆连轧中断轧堆料事故频发产生的原因是什么？

铝杆连轧中频繁发生堆料（图5－34）的原因如下：
（1）锭坯温度偏高，内部组织有缺陷。
（2）某道次孔型变动，轧制张力不合理。
（3）导卫损坏。
（4）某机架主轴变形，轧辊松动或磨损超差，轴承损坏。
（5）乳液润滑不良，个别轧辊黏铝严重。

图5－34　堆料实样

31　铝杆表面有夹渣、裂纹、裂口产生的原因是什么？

铝杆表面的夹渣（图5－35）和裂口（图5－36）其产生原因如下：
（1）铝液净化不良，杂质含量超标。
（2）铸锭过程中氧化膜进入锭坯。
（3）轧制工艺调整不当。
（4）个别轧辊、导卫黏铝严重。

图 5 - 35　铝杆表面的夹渣

图 5 - 36　铝杆表面的裂口

32　铝杆飞边(耳子)、错圆或椭圆产生的原因是什么?

铝杆表面产生飞边(图 5 - 37)和耳子(图 5 - 38)的原因如下:

(1)孔型设计或调整不符合要求。

(2)各道次机架轧制中心调整误差过大。

(3)第十五道次孔型辊缝调整误差过大。

(4)第十五道次前的某道次孔型过大,使第十五机产生过充满。

图 5 - 37　铝杆表面的飞边

图 5 - 38　铝杆表面的耳子

33 铝杆连轧中开倒车时退料困难、尾锭连续把出线管损坏产生的原因是什么？

（1）某个机架导卫设计不合理或轴承损坏。

（2）轧件扭转。

（3）最后进入轧机的锭坯尾部有缺陷，没有及时剪掉。

34 铝杆断面呈明显三角形、几何尺寸不合格产生的原因是什么？

（1）孔型设计或调整不符合要求。

（2）第十五道次前某道次孔型过小。

（3）第十五道次轧辊弧形不合格或过度磨损。

35 铝杆摇头落地式收线装置易堵管产生的原因是什么？

（1）主要是爬坡收线管曲线设计不合理，阻力大，应改用曳物线曲线。

（2）摇头减速机平台高度太高，建议采用地坑式结构，降低高度。

（3）收线管内径不合理（过大或太小），优化选择内径为 ϕ47 mm。

（4）润滑不良，用优质高温油脂（二硫化钼）。

36 铝杆摇头收线后同一捆中质量差异过大产生的原因是什么？

（1）铸锭工艺（浇注温度、冷却强度、铸锭速度等）短时间内多次反复微调。

（2）生产中途倒换静置炉，使铸锭工艺变动。

（3）轧制工艺（乳液温度、流量、轧制速度等）短时间内多次反复微体调。

（4）主电机供电系统（或者外电网）电压不稳定，波动较大，使轧机转速忽快忽慢。

（5）生产车间室温太低，或者在寒冷季节门窗关闭不严，冷风吹入，造成线捆冷却不匀。

37　铝杆力学性能不合格产生的原因是什么?

（1）主要是化学成分不合格，硅铁相对含量比不符合要求。

（2）铝液净化不良，杂质含量超标。

（3）铸锭工艺参数(浇注温度、冷却强度、铸锭速度等)选择不当，结晶晶粒粗大、疏松。

（4）轧制工艺参数(乳液温度、流量、轧制速度等)选择不当，不匹配。

38　铝杆电阻率不合格产生的原因是什么?

（1）主要是化学成分中，（Cr + Mn + V + Ti）> 0.02%，加入适量硼可改善铝杆的电阻率。

（2）化学成分中，Si > 0.11%，硅铁相对含量比不符合要求。

（3）铸锭工艺和轧制工艺参数选择不当。

第6章　铝及铝合金挤压工具和模具

1　铝合金挤压的主要工具有哪些?

　　(1)大型基本挤压工具。这类工具的特点是尺寸较大,重量也较大,通用性强,使用寿命也较长,在挤压过程中承受中等以上的负荷。每台挤压机上根据产品的工艺要求,一般配备3~5套不同规格的基本工具。挤压筒、挤压轴、轴座、轴套、挤压垫片、模支承、支承环、模架、压形嘴、针支承、针座、堵头等都属于这类工具。其中挤压筒是尺寸规格最大、重量最大、受力最严重、工作条件最恶劣、结构设计最复杂、加工最困难、价格最昂贵的大型基本工具。

　　(2)模具。模具包括模子、模垫、针尖等直接参与金属塑性成形的工具。其特点是品种规格多、结构形式多,需要经常更换,工作条件极为恶劣,消耗量很大,因此,应尽量提高模具使用寿命,减少消耗,降低成本。

　　(3)辅助工具。为了实现挤压工艺过程所必须的配套工具,其中较为常用的有导路、牵引爪子、辊道、吊钳、修模工具等,这些工具对提高生产效率和产品质量都有一定的作用。

2　典型铝合金挤压机的工具组装形式有哪些?

　　铝合金液压挤压机上工具装配形式一般可按设备类型、挤压方法和挤压产品的不同分为几种基本形式,图6-1至图6-10为应用最广泛的四种组装形式举例。

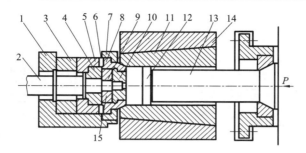

图 6 - 1　卧式挤压机正挤压型、棒材工具装配形式（带压型嘴结构）

1—压型嘴；2—导路；3—后环；4—前环；5—中环；

6、15—键；7—压紧环；8—模支承；9—模垫；10—模子；

11—挤压筒内套；12—挤压垫片；13—挤压轴；14—挤压筒外套

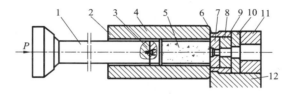

图 6 - 2　卧式挤压机正挤压型、棒材工具装配形式（不带压型嘴结构）

1—挤压轴；2—挤压筒内套；3—连接销；4—挤压垫片；5—铸锭；6—模套；

7—模子；8—模垫；9—定位销；10—前环；11—后环；12—模架

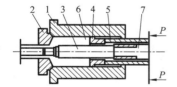

图 6 - 3　用固定的圆锥 - 阶梯针

正挤压管材工具装配图

1—挤压筒内套；2—模子；3—挤压针；

4—挤压垫片；5—挤压轴；

6—铸锭；7—针支承

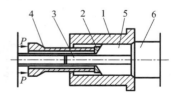

图 6 - 4　带堵头反向挤压管材工具装配图

（挤压轴运动，挤压筒与堵头固定）

1—挤压筒内套；2—模子；3—挤压针；

4—挤压轴；5—铸锭；6—堵头

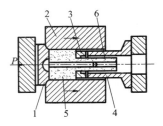

图 6 - 5　带堵头反挤压
管材工具装配图

（堵头与挤压筒同步运动，
挤压轴与挤压模固定）

1—堵头；2—挤压筒；3—挤压模；
4—挤压轴；5—锭坯；6—挤压制品

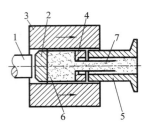

图 6 - 6　用双挤压轴的反向
挤压工具装配图

1—挤压轴；2—挤压垫片；3—挤压筒；
4—挤压模；5—空心挤压轴；
6—锭坯；7—挤压制品

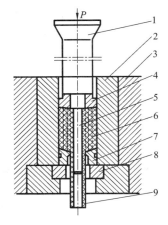

图 6 - 7　立式挤压机挤压无缝管材工具装配图

1—挤压轴；2—挤压筒内套；3—挤压筒外套；4—挤压垫片；5—挤压针；
6—铸锭；7—挤压模；8—剪切模；9—挤出管材

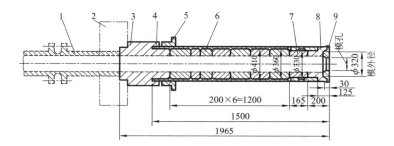

图 6 – 8　卧式挤压机多孔反向挤压棒材时反向轴装配图例

1—配重导路；2—压型嘴；3—底座；4—轴套管；5—压紧环；

6—压挤块；7—模支承双半环；8—模支承；9—模子

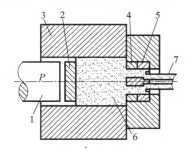

图 6 – 9　焊合管材、空心型材正向挤压的工具装配图

1—挤压轴；2—挤压垫片；3—挤压筒；4—上模；

5—下模；6—锭坯；7—挤压制品

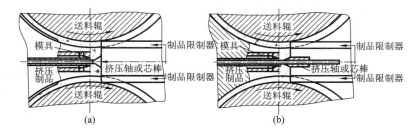

图 6 – 10　Conform 挤压法的工具装配图

（a）挤压包覆型材装配图；（b）挤压管材装配图

3   挤压筒中各层衬套的配合结构是什么？

为了改善受力条件，使挤压筒中的应力分布均匀，增加承载能力，提高其使用寿命，绝大多数挤压筒是将两层以上的衬套，以过盈配合，用热装组合在一起构成的。挤压筒中各层衬套的配合结构如图 6 - 11 所示。挤压筒衬套的层数应根据其工作内套的最大压力来确定。在工作温度条件下，当最大应力不超过挤压筒材料的屈服强度的 40% ~50% 时，挤压筒一般由两层套组成；当应力超过材料屈服强度的 70% 时，应由三层套或四层套组成。随着层数的增加，各层的厚度变薄。由于各层套间的预紧压应力的作用，应力的分布就越趋均匀。

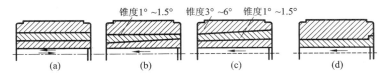

图 6 - 11   挤压筒中各层衬套的配合结构示意图(箭头表示挤压方向)

(a)圆柱面配合；(b)圆锥圆柱面配合；

(c)圆锥面配合；(d)带台阶的圆柱面配合

4   挤压筒的加热方法有哪些？

为了使金属流动均匀和挤压筒免受过于剧烈的热冲击，挤压筒在工作前应进行预加热，在工作时应保温。预加热与保温的温度应基本接近被挤压金属的温度，挤压铝合金为 450℃ ~500℃，加热的方法有：

(1)开始挤压前，把加热好的铸锭放入挤压筒内，或用煤气，或用特制的加热器从筒内加热。

(2)在挤压筒加热炉内加热。

(3)用电阻元件从挤压筒外部加热。

（4）用预先设置在挤压筒中间的加热孔进行电阻加热或感应加热。

目前，一般采用装在挤压筒衬套中的电感应器加热和电阻丝外加热器加热两种方式对挤压筒进行保温加热。近年来，为了更精确控制挤压筒和铸锭温度，研发出了分区控制电阻加热法。

5　挤压筒工作内套的种类有哪些？

（1）按外表面结构可分为圆柱形、圆锥形和台肩圆柱形，如图 6 – 12 所示。

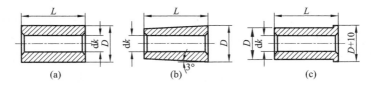

图 6 – 12　工作内套的外表面形状图

（a）圆柱形；（b）圆锥形；（c）台肩圆柱形

（2）按整体性可分为整体内套和组合内套；在组合内套中又分为圆柱形组合、锥形组合、分瓣组合三种，如图 6 – 13 所示。

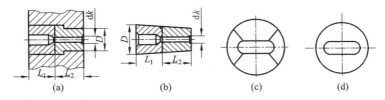

图 6 – 13　工作内套按整体性分类示意图

（a）圆柱形组合式；（b）锥形组合式；（c）分瓣组合式；（d）整体式

（3）按内腔形状分为圆形、扁形和其他形状，如图 6 – 14 所示。

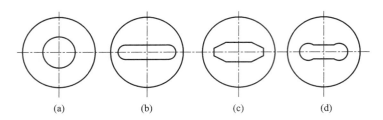

图 6 - 14　挤压筒的内孔形状图

（a）圆形；（b）扁形；（c）多边形；（d）哑铃形

6　挤压筒与模具主要配合方式及优缺点有哪些？

挤压筒的工作内套与模具间的配合方式应根据被挤合金种类、产品品种与形状、挤压方法、工模具结构和挤压筒与横向压紧力大小等因素来设计。在立式挤压机上，一般把模子的一部分或整个模子套入挤压筒内。在卧式挤压机上，一般采用两种配合方式：

（1）平封方式，如图 6 - 15 所示，即挤压筒与模子端面间以平面接触方式密封。其优点是加工容易，操作简单，模具和内衬端面所受

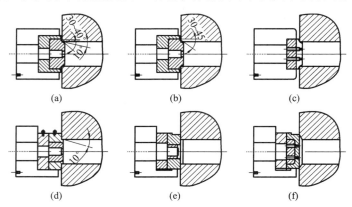

图 6 - 15　卧式挤压机上挤压筒与模具之间的配合结构图

（a）双推面配合；（b）单锥面配合；（c）银模密封；

（d）锥面密封；（e）挤管材时的平面密封；（f）挤棒材时的平面密封

的单位压力都比较小，不易压碎和变形。缺点是，密封性较差，如果靠紧力不够，或接触面不平，变形金属容易从接触面溢出而形成"大帽"。

（2）锥面配合密封，如图 6 – 15 所示，即模子与挤压筒之间依靠锥面或双锥面配合密封。其主要优点是密封性强，金属不易溢出而形成"大帽"，易对准中心，有自动调心作用，可保证管材的壁厚均匀。缺点是接触面较小，工作内套常因高的面压或应力集中产生局部压塌。

7　圆挤压筒内套的设计及常用规格有哪些?

挤压筒工作内套的内孔直径 $D_筒$ 主要根据挤压机的能力及其前梁结构，挤压制品的允许挤压系数 λ，以及被挤压合金变形所需要的单位压力 $P_比$ 来确定。$D_筒$ 最大值应保证作用在挤压垫片上的单位挤压力 $P_比$ 不低于被挤压材料的变形抗力。对一定能力的挤压机来说，$D_筒$ 越大，则 $P_比$ 就越小，因而挤压系数大、形状复杂的高强耐热合金制品就越困难。

在挤压铝合金时，一般要求 $P_比$ 不低于 250 ~ 450 MPa；挤压复杂的薄壁型材、薄壁管材和宽厚比大于 50 壁板型材时，要求 $P_比$ 大于450 ~ 750 MPa；用舌形模或平面组合模挤压形状极复杂的空心型材时，则要求 $P_比$ 高达 500 ~ 1000 MPa。

另外挤压筒的最大内孔直径还受到挤压机前梁空间的限制，如果前梁开口空间较小，则挤压筒的外径就不能过大，因而 $D_筒$ 就会受到限制，否则会影响挤压筒本身的强度。挤压筒的最小直径应保证工具的强度，特别是挤压轴的强度。此外，$D_筒$ 过小，$P_比$ 过大，对挤压筒内套本身和挤压垫片、模子等工具的使用寿命等也有影响。$D_筒$ 的最小值还与挤压机的能力有关，对于小型挤压机来说，由于挤压筒的工作内套和挤压轴等工具的尺寸太小，可选用 3Cr2W8V 等高级材料，故允许承受较高的 $P_比$。

在考虑上述情况下，再根据生产的产品品种、规格等来确定挤压筒工作内套的内孔直径。一台挤压机上一般配备 2 ~ 3 种规格的圆挤压筒，万能性较强的大型卧式挤压机上可配置 4 ~ 5 种规格的圆挤压筒，而专业性强的中小型建筑型材用卧式挤压机上有时只配备 1 ~ 2种规格的圆挤压筒。表 6 – 1 列出了常用圆挤压筒的规格。

表 6-1　各种挤压机上配备的圆挤压筒的规格

挤压机能力/MN	挤压筒内孔直径/mm	挤压筒内孔长度/mm	比压/MPa	挤压机能力/MN	挤压筒内孔直径/MN	挤压筒内孔长度/mm	比压/MPa
3.5	64~100	340	1088~446	25	200~260	650	796~471
4	85~100	340	1199~509	31.5	220~350	1000	829~328
5	90~125	500	786~407.7	35	250~380	1000	713~309
6	95~135	500	846~419	50	300~420	1250	708~361
6.3	95~135	450	889~440	60	300~500	1500	849~306
7.5	105~145	560	866~454	72	330~520	1500	842~339
8	10~160	700	924~398	80	360~580	1600	786~303
12	125~185	750	978~477	90	400~600	1700	717~318
12.5	125~200	800	1019~38	96	420~630	1800	693~308
15	150~210	815	849~433	120	500~700	2000	611~312
16	155~220	815	848~421	125	420~800	2000	903~249
16.3	150~230	750	923~392	200	650~1200	2100	603~176
20	170~230	815	882~482				

8　扁挤压筒内套的设计及常用规格有哪些?

扁挤压筒的工作内套具有小边为圆弧面的矩形内腔。以 $A_扁$ 表示扁挤压筒的长轴尺寸,$B_扁$ 表示其短轴尺寸,则 $A_扁/B_扁$ 之比一般可在 2.5 ~ 3.5 变化。扁挤压筒内孔尺寸与产品宽度、挤压系数、被挤压合金的性能、挤压机前梁出口尺寸等因素有关。内孔的长轴尺寸与挤压筒外径之比值最好为 0.4 ~ 0.45,当超过此比值时,扁挤压筒的强度就很难保证。另外,$A_扁$ 增大,相应地要求增大前梁出口尺寸,在特殊的情况下,可设计制造宽前梁开口的挤压机。扁筒内孔短轴尺寸决定于挤压强度最高、宽度最宽、宽厚比大的薄壁壁板型材所需的单位挤压力 $P_比$。当 $\lambda = 15 \sim 50$ 时,扁挤压垫片上的单位挤压力 $P_比$ 不应小于 450 ~ 600 MPa,在某些情况下,要求为 600 ~ 1200 MPa。但是,$B_扁$ 也不能太小,否则,扁挤压轴的强度和稳定性得不到保证,扁挤压筒本身的强度也会受到影响。一般情况下,扁筒的单位挤压力 $P_比$ 设计为 450 ~ 800 MPa。目前,大多数重型挤压机上都配置有 1 ~ 2 种规格的扁挤压筒的规格(表 6 - 2)。

表 6 - 2　各种挤压机扁挤压筒的规格

挤压机能力 /MN	扁挤压筒规格 /mm × mm	扁挤压筒长度 /mm	比压 /MPa
20	230 × 90	820	1150
20	355 × 100	760	603
50	575 × 200	1250	525
	570 × 50		619
50	570 × 170	1250	551
	570 × 190		531
50	550 × 155	1250	574
72	675 × 230	1200	738
80	900 × 240	1300	539
80	815 × 200	1300	500

续表 6 - 2

挤压机能力 /MN	扁挤压筒规格 /mm×mm	扁挤压筒长度 /mm	比压 /MPa
80	900×240	1300	450
93	850×240	1500	485
96	760×40	1500	589
	815×350	2000	450
120	850×320		450
120	1200×230	2000	450
120	900×240	2000	590
	850×240		626
125	850×250	2000	630
	850×320		500
200	1200×450	2100	403

9　如何设计挤压筒的长度？

挤压筒长度 $L_筒$ 与 $D_筒$ 大小、被挤压合金的性能、挤压力的大小、挤压机的结构、挤压轴的强度等因素有关，挤压筒越长，可以采用较长的铸锭，因而提高生产率和成品率，但同时也增大了挤压力，而且由于挤压轴的细长比增大，削弱了挤压工具的强度。特别是对于高比压的小挤压筒和扁挤压筒来说，如果 $L_筒$ 过大，会降低挤压轴的稳定性，即使在正常挤压情况下，挤压轴也容易变弯。

在一般情况下，$L_筒$ 可用以下公式确定：

$$L_筒 = (L_{max} + l) + t + s \qquad (6-1)$$

式中，L_{max} 为铸锭的最大长度，对型棒材（实心铸锭），L_{max} 为 $(3 \sim 4)$ $D_筒$；对管材（空心锭），L_{max} 取 $(2 \sim 3)$ $D_筒$；对于扁挤压筒，L_{max} 一般为 $(3 \sim 4)B$（$B_扁$为扁筒的短轴尺寸）。l 为铸锭穿孔时金属向后倒流所增加的长度；t 为模子进入挤压筒的深度；s 为挤压垫片的厚度，一般取 $(0.4 \sim 0.6)D_筒$，小挤压机取上限，大挤压机取下限。在实际生产中，挤压筒长度与直径之比 $L_筒/D_筒$ 一般不超过 $3 \sim 4$。

10　如何设计挤压筒各层衬套的厚度?

挤压筒衬套的层数越多，各层厚度比值越合理，则应力就越小。挤压筒外径应为内径的 3~5 倍，每层壁厚则根据内部受压的空心圆筒各层内衬套直径比值相等时的强度最大原则来确定。如取挤压筒外径和内径的比值为 4 时，则对两层挤压筒为 $D_2/D_1 = D_1 D_0 = 2$，对三层挤压筒为化 $D_1/D_0 = D_2 D_1 = 1.58$。

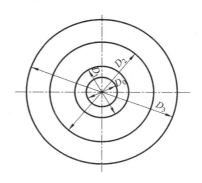

图 6-16　挤压筒衬套尺寸示意图

在生产实践中，考虑外层套里有加热孔以及键槽等而引起的强度降低，各层直径比应保持为 $D_1/D_0 < D_2/D_1 < D_3 D_2$ 的关系(图 6-16)。表 6-3 为俄罗斯使用的部分挤压筒的各层厚度比。

表 6-3　俄罗斯部分挤压筒的各层厚度比

图示	比压/MPa	D_1/mm	D_2/mm
	三层挤压筒		
	1000	$1.6D_0$	$1.8D_1$
	800	$1.6D_0$	$1.6D_1$
	630	$1.6D_0$	$1.5D_1$
	两层挤压筒		
	500	$2.0D_0$	—
	400	$1.8D_0$	—
	350	$1.6D_0$	—
	250	$1.4D_0$	—

11 挤压筒各层套之间的合理直径比是什么?

多层挤压筒的各层厚度之间存在一个"经济比"或者称为"直径最佳比",以 K 表示,则

$$K = D_{bi}/D_{hi}$$

式中:D_{bi} 表示第 i 层内径,mm;D_{hi} 表示第 i 层外径,mm。

直径最佳比表示各层厚度的合理性。

K 值不仅与层数有关,还与各层所受的拉应力和材料的许用应力有关。

一般情况下,K 值可取 $0.2 \sim 0.5$,在确定各层衬套厚度时也可按表 6-4 中的经验公式计算,而后进行强度校核修正。

表 6-4 挤压筒各层套之间合理直径比值表

挤压筒结构	挤压筒简图	各层套间的直径比
两层		$\dfrac{d_3}{d_1} = 2.5 \sim 4$ $\dfrac{d_2}{d_1} = 0.2 \dfrac{d_3}{d_1} + 1 = 1.4 \sim 1.8$
三层		$\dfrac{d_4}{d_1} = 4 \sim 5$ $\dfrac{d_2}{d_1} = 0.07 \dfrac{d_4}{d_1} = +1.15$ $\dfrac{d_3}{d_2} = 0.1 \dfrac{d_4}{d_1} + 1.2$

续表 6 – 4

挤压筒结构	挤压筒简图	各层套间的直径比
四层		$\dfrac{d_2}{d_1} = 1.38$ $\dfrac{d_3}{d_2} = 1.34$ $\dfrac{d_4}{d_3} = 1.34 \sim 1.38$ $\dfrac{d_5}{d_4} = 1.74 \sim 1.36$

12　常用两层挤压筒结构尺寸有哪些?

常用双层挤压筒的结构尺寸可参见表 6 – 5。

表 6 – 5　两层结构挤压筒尺寸

挤压机能力/MN	各衬套尺寸/mm			各层直径比		比压/MPa	筒长/mm	备注
	d_1	d_2	d_3	d_2/d_1	d_3/d_2			
50	360	550	1350	1.53	1.45	491	1200	水压
35	280	635	1250	2.7	1.97	568	1000	水压
20	200	380	920	1.9	2.42	636	815	水压
20	170	400	810	2.35	2.03	883	810	油压
16.3	170	200	710	1.70	2.45	769	735	油压
12.5	130	300	710	2.31	2.37	942	680	油压
21	115	300	750	2.61	2.50	1155	715	水压
7.5	85	300	750	3.53	2.50	1325	555	水压
6	100	215	545	2.15	2.53	760	400	水压

13　常用多层挤压筒结构尺寸有哪些?

常用多层挤压筒的结构尺寸可参见表 6 – 6。

表 6-6　多层结构挤压筒尺寸

挤压机能力/MN	挤压筒内控尺寸/mm	各层衬套尺寸/mm					各层套直径之比						备注
		d_1	d_2	d_3	d_4	d_5	d_2/d_1	d_3/d_2	d_4/d_3	d_5/d_4	d_4/d_1	d_5/d_1	
20	230×90	230×90	324	540	920	—	1.43	1.66	1.71	—	4.0	—	三层套扁筒
125	420	420	800	1500	1810	2100	1.90	1.88	1.21	1.16	4.31	5.0	四层套圆筒
125	650	650	1130	1810	2100	—	1.74	1.60	1.16	—	3.23	—	三层套圆筒
125	800	800	1130	1810	2100	—	1.41	1.60	1.16	—	2.63	—	三层套圆筒
125	850×320	850×320	1130	1500	1810	2100	1.33	1.33	1.21	1.16	2.13	2.47	四层套扁筒

14　常见挤压筒最佳过盈配合有哪些?

几种常见挤压筒的最佳过盈配合量见表 6 - 7。

表 6 - 7　几种挤压筒的最佳过盈量表

挤压筒结构	配合直径/mm	公盈值/mm
双层套	200 ~ 300	0.45 ~ 0.55
	310 ~ 500	0.55 ~ 0.65
	510 ~ 700	0.70 ~ 1.0
三层套	800 ~ 1130	1.05 ~ 1.35
	1600 ~ 1810	1.4 ~ 2.35
四层套	1130	1.65 ~ 2.2
	1500	1.05 ~ 2.3
	1810	2.5 ~ 3.0

15　挤压轴的分类有哪些?

挤压轴的结构形式与挤压机主体设备的结构、挤压筒的形状和规格、挤压方法、挤压产品种类以及挤压过程的力学状态等诸因素有关，一般可分为以下几类:

(1)按挤压机的结构类型可分为无独立穿孔系统挤压机用实心挤压轴(图 6 - 17)和带独立穿孔系统挤压机用空心挤压轴(图 6 - 18)。

(2)按挤压筒内孔形状可分为圆挤压轴、扁挤压轴、异型挤压轴和阶梯形挤压轴(图 6 - 19)。

(3)按挤压轴的组装结构可分为整体挤压轴、装配式圆柱形挤压轴、扁挤压轴、阶梯形挤压轴(图 6 - 20)。

(4)按挤压方法可分为正挤压轴和反挤压轴(图 6 - 21)。

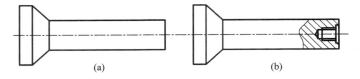

图 6 – 17　卧式棒形挤压机用实心挤压轴

（a）挤压实心产品用；（b）挤压空心产品用

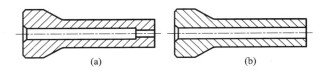

图 6 – 18　卧式管形挤压机用空心挤压轴

（a）台肩式；（b）通孔式

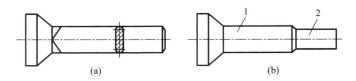

图 6 – 19　异型挤压轴

（a）扁挤压轴；（b）阶梯形挤压轴

1—轴座；2—轴杆

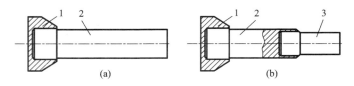

图 6 – 20　装配式挤压轴

（a）圆柱形挤压轴；（b）阶梯形挤压轴

1—轴座；2—轴杆；3—中间轴

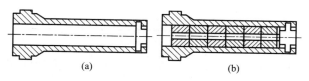

图 6 – 21　反向挤压轴

（a）整体空心反向挤压轴；（b）组合装配反向挤压轴

16　如何确定挤压轴长度及常用的挤压轴尺寸？

挤压轴的总长度 $L = L_1 + L_2$，式中 L_1 为轴座的长度，根据轴支承的相应部分的长度来确定，L_2 为轴杆的长度。为了保证可靠地把压余和挤压垫片从挤压筒内推出，L_2 应比挤压筒的长度大 15～20 mm。为了防止挤压轴端面压推后，挤压轴不便于出入挤压筒，针后端便于出入挤压轴，在挤压轴端部的外径应比轴杆部的直径略小一点，而内径要比轴杆部的内径稍大一点。为了避免应力集中，轴杆与轴座之间的过渡部分做成锥体，且应用 $R \geqslant 100$ mm 的大圆弧进行过渡。此外，挤压轴的端面对轴中心线的不垂直度不得大于 0.1 mm，轴杆与轴座的不同心度不得大于 0.1 mm，工作部分的表面粗糙度 Ra 应达到 3.2～1.6 μm，表 6 – 8、表 6 – 9 分别列出了实心、空心挤压轴的设计尺寸。

表 6 – 8　常用实心挤压轴的主要尺寸

挤压机能力/MN	挤压筒直径/mm	挤压轴尺寸				
		D/mm	d_1/mm	L/mm	L_1/mm	α/(°)
125	420	800	410	2760	40	30
125	500	800	490	2760	40	30
125	650	1000	640	2760	80	30
125	800	1000	790	2760	80	30
125	850 × 250	1000	840 × 240	2760	80	连接斜度
50	300	685	290	1600	40	60
50	360	685	350	1600	40	60
50	420	685	410	1600	40	60

续表 6 - 8

挤压机能力/MN	挤压筒直径/mm	挤压轴尺寸				
		D/mm	d_1/mm	L/mm	L_1/mm	α/(°)
50	500	685	590	1600	40	60
50	570 × 170	685	560 × 162	1600	40	60
20	200	300	195	1020	50	90
20	170	300	165	1020	50	90
20	150	300	145	1020	50	90
20	230 × 90	328	223 × 85	1020	50	90
12.5	130	295	126	875	10	45
12.5	115	295	110	875	10	45
8	95	295	93	780	25	30
7.5	95	230	93	715	10	45
6.3	85	129.5	83	522	40	30
6.3	100	129.5	96	522	40	30
6.3	120	203	116	500	5	25

表 6 - 9　常用空心挤压轴的主要尺寸

挤压机能力/MN	挤压轴直径/mm	挤压轴尺寸							
		D/mm	d_1/mm	d_2/mm	d_3/mm	L/mm	L_1/mm	L_2/mm	α/(°)
125	420	800	410	230	230	2760	40	—	30
	500	800	490	310	310	2760	40	—	30
	650	1000	640	385	335	2760	80	—	30
	800	1000	790	530	530	2760	80	—	30
35	280	660	274	165	102.0	1615	185	150	30
	320	660	314	185	132.0	1615	166	150	30
	370	660	364	205	162.0	1615	166	150	30

续表6－9

挤压机能力/MN	挤压轴直径/mm	挤压轴尺寸							
		D/mm	d_1/mm	d_2/mm	d_3/mm	L/mm	L_1/mm	L_2/mm	α/(°)
25	200	440	194	100	82.5	1260	35.0	150	25
	230	440	224	120	102.5	1260	35.0	150	25
	280	440	224	150	132.5	1260	35.0	150	25
	180	440	174	100	82.5	1260	35.0	150	25

17 穿孔系统的结构是什么？

卧式挤压机的典型穿孔系统如图6－22所示。由图可知，穿孔系统主要包括针前端、针后端、针支承、支承座、穿孔压杆、压杆套以及套筒、背帽等。立式挤压机上可配备独立的穿孔系统，也可以把穿孔针固定在挤压轴上。

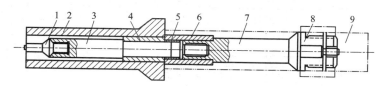

图6－22 典型穿孔系统构成图

1—针前端；2—挤压轴；3—针后端；4—套筒；5—背帽；
6—导套；7—针支承；8—压杆背帽；9—穿孔系统（接穿孔柱塞）

18 穿孔针的结构是怎样的？

铝合金挤压穿孔针的主要结构如图6－23所示。

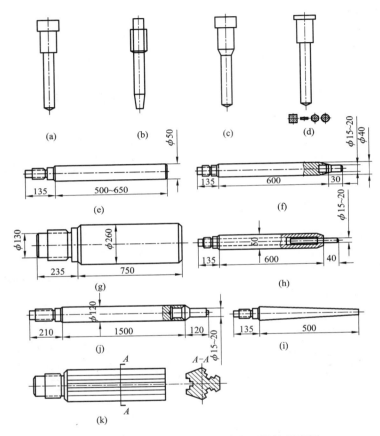

图 6 – 23   铝合金挤压穿孔针的主要结构示意图

(a)固定在挤压轴上的圆柱形针；(b)浮动针(不固定在挤压轴上)；

(c)、(e)固定在独立穿孔装置上的圆柱形针；(d)异型针；

(f)、(i)瓶状针(整体的或组合式的)；(g)大径单一针；(h)小浮动针(空心)；

(j)锥形针(变断面)；(k)表面带有型孔的特殊针

19   常见挤压机的挤压针如何选配？

为了保证挤压机工具的系列化，将针后端的直径进行规整。一般，每种挤压筒规格上配备 2～3 种规格的针后端，表 6－10～表 6－12分别列出了 125 MN 和 35 MN 卧式挤压机上的配针规格表。图 6－24 所示为穿孔针尺寸示意图。

表 6－10　125 MN 卧式挤压机的配针表

挤压筒直径/mm	针后端直径/mm	针前端直径/mm
800	510	490～415
	430	410～345
650	360	335～280
	300	270～230
	250	225～185
500	300	285～230
	250	220～160
	210	180～110
420	210	180～135
	150	130～85

表 6－11　35 MN 挤压针上配件规格

挤压筒直径/mm	针后端直径/mm	针规格/mm	$M1$	$M2$	L_1/mm	L_2/mm	d_3/mm	d_4/mm
280	$d_1 100$	$d_2 13～49$(间隙1)	$M100$	$13/8''$	1585	220	56	57
	$d_1 100$	$d_2 50～78$(间隙1)	$M110$	$M52×3$	1585	240	79	80
	$d_1 125$	$d_2 79～125$(间隙1)	$M130$	$M130$	1585	300	119	120

表 6－12　35 MN 挤压机单一针的结构尺寸

筒直径 D/mm	d/mm	d_1/mm	M
370	200	135	$M130$
	125	135	$M130$
280	125	104.6	$M130$

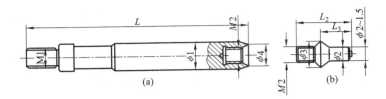

图 6 – 24　穿孔针尺寸设计示意图

（a）针后端；（b）针前端

20　铝合金挤压垫片的主要结构是怎样的？

在挤压铝合金时，为了减少挤压垫片与金属之间的黏接摩擦，一般采用带凸缘（工作带）的垫片。图 6 – 25 示出了一般挤压机上常用的实心垫片和空心垫片结构示意图。

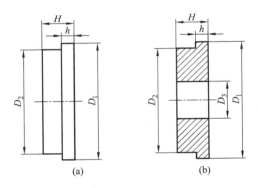

图 6 – 25　挤压垫片结构示意图

（a）实心垫片；（b）空心垫片

图 6 – 26 则示出了某些特殊挤压方法用的挤压垫片结构图。近年来，为了简化工艺，提高生产效率和减少残料，提高成品率，研制成功了一种先进的固定垫生产方法，如图 6 – 27 所示。目前，90% 以上的单动挤压机均采用固定挤压垫片挤压。

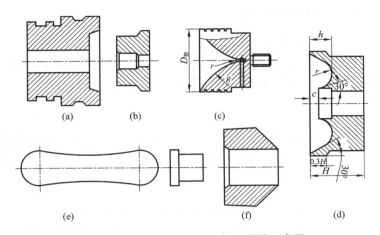

图 6 - 26　特殊挤压方法用挤压垫片示意图

（a）反向挤压用；（b）穿孔挤压用；（c）无残料连续挤压实心产品用；
（d）无残料连续挤压空心产品用；（e）扁挤压用；（f）立式挤压管材用

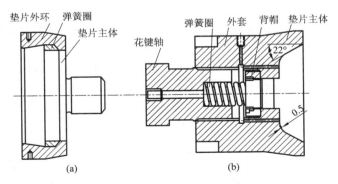

图 6 - 27　固定式挤压垫片结构示意图

（a）弹簧式；（b）锥塞式

21 挤压模具如何分类?

挤压模具可以按以下方法分类:

(1)按模孔压缩区断面形状可分为:平模、锥形模、平锥模、流线形模和双锥模等,如图6-28所示。

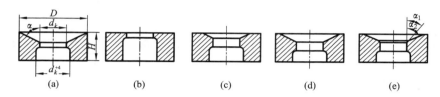

图6-28 挤压模的模孔压缩区断面形状图

(a)锥形模;(b)平模;(c)平锥模;(d)流线形模;(e)双锥模

(2)按被挤压的产品品种可分为棒材模、普通实心模、壁板模、变断面型材和管材模、空心型材模等。

(3)按模孔数目可分为单孔模和多孔模。

(4)按挤压方法和工艺特点可分为热挤压模、冷挤压模、静液挤压模、反挤压模、连续挤压模、水冷模、宽展模、卧式挤压机用模和立式挤压机用模等。

(5)按模具结构可分为整体模、分瓣模、可卸模、活动模、舌型组合模、平面分流组合模、镶嵌模、叉架模、前置模和保护模。

(6)按模具外形结构可分为带倒锥体的锥模、带凸台的圆柱模、带正锥体的锥模、带倒锥体的锥形-中间锥体压环模、带倒锥体的圆模和加强式模具等。

上述分类方法是相对的,往往是一种模具同时具有上述分类中的几种特点。此外,一种模具形式又可根据具体的工艺特点、产品形状等因素分成几个小分类,如棒模又可分为圆棒模、方棒模、六角棒模和异型棒模等,组合模又可分成如图6-29所示的多种类型。

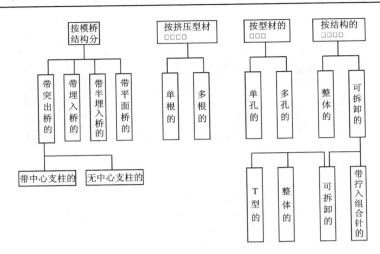

图 6 – 29　组合模的分类

22　挤压模具的组装方式有哪些?

模具组件一般包括模子、模垫以及固定它们的模支承或模架(在挤压空心制品时,模具组件还包括针尖,针后端,芯头等)。根据挤压机的机构和模座形式(纵动式,横动式和滚动式等)的不同,模具的组装式也不一样。在带压型嘴的挤压机上,在模具支承内或直接在压型嘴内固定模具,主要有三种方式:

(1)将模具装配在带倒锥体的模支承内,锥体母线的倾斜角为 $3° \sim 10°$,图 6 – 30(a)这种固定方法能保证模子模垫的牢固结合,增大模具端部的支承面,可简化模具装卸的工作量。模子和模垫用销子固定,并用制动销将模具固定在模支承上。

(2)将模具装配在带环形槽的模支承内。直径大于挤压筒工作内套内孔直径的模具宜用这种方法固定[图 6 – 30(b)]。

(3)将模具装配在带正锥体的模支承内,如图 6 – 30(c)所示,采用此种方法固定需制造专用工具。因此,只有在挤压大批量断面形状复杂的型材时,才使用这种组装方式。

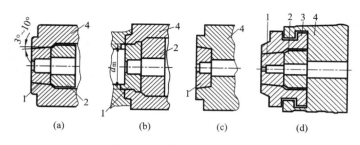

图 6 - 30 挤压模具组装图

(a)装配在倒锥体的模支承内;(b)装配在圆柱形的模支承内;
(c)装配在带正锥体的模支承内;(d)不带压型嘴挤压机上的模具组装方式图
1—模子;2—模垫;3—压环;4—模支承

在不带压型嘴的挤压机上安装矩形或方形断面的压环,将模子和模垫装入压环内,再将压环安装在横向移动模架或旋转架中。模具在模架中的固定方式如图 6 - 31 和图 6 - 32 所示。

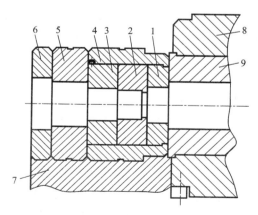

图 6 - 31 模具在模架中的组装方式(1)

1—导流模;2—模子;3—模垫;4—模套;5—前支承环;
6—后支承环;7—模架;8—挤压筒外套;9—挤压筒内套

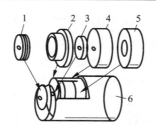

图 6 – 32　模具在模架中的组装方式（2）

1—模子；2—模座；3—膜垫；4—前支承环；5—后支承环；6—模架

23　模角的定义及作用是什么？

　　模角 α 是挤压模设计中的最基本的参数，它是指模子的轴线与其工作端面之间所构成的夹角，如图 6 – 33 所示。模角对挤压制品的表面品质与挤压力都有很大影响。平模的模角 α 等于 90°其特点是在挤压时形成较大的死区，

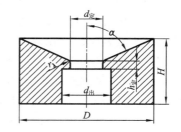

图 6 – 33　挤压模的结构要素设计图示

可阻止铸锭表面的杂质、缺陷、氧化皮等流到制品的表面上，以获得良好制品表面。采用平模挤压时，消耗的挤压力较大，模具容易产生变形，使模孔变小或者将模具压坏。从减少挤压力、提高模具使用寿命的角度来看，应使用锥形模。根据模角 α 与挤压力的关系，当 $\alpha = 45° \sim 60°$ 时，挤压力出现最小值，但当 $\alpha = 45° \sim 50°$ 时，由于死区变小，铸锭表面的杂质和脏物可能被挤出模孔而恶化制品的表面品质。

　　为了兼顾平面模和锥形模的优点，出现平锥模和双锥模，如图 6 – 38（c）、图 6 – 38（e）所示。双锥模的模角为 $\alpha_1 = 60° \sim 65°$，$\alpha_2 = 10° \sim 45°$。在挤压铝合金管、材时，为提高挤压速度，最好取 $\alpha_2 = 10° \sim 13°$。

24　模具工作带的定义及设计原则是什么？

　　定径带又称工作带，是模子中垂直模子工作端面并用以保证挤

压制品的形状、尺寸和表面质量的区段。定径带直径 $d_定$ 是模子设计中的一个重要基本参数。设计 $d_定$ 大小的基本原则是：在保证挤压出的制品冷却状态下不超出图纸规定的制品公差范围的条件下，尽量延长模具的使用寿命。影响制品尺寸的因素很多，如温度、模具材料和被挤压金属的材料，制品的形状和尺寸，拉伸矫直量以及模具变形情况等，在确定模具定径带直径时一般应根据具体情况着重考虑其中的一个或几个影响因素。定径带长度 $h_定$ 应根据挤压机的结构形式（立式或卧式）、被挤压的金属材料、产品的形状和尺寸等因素来确定。

25 模具入口圆角的定义及确定方法是什么？

模子的入口圆角 $r_入$ 是指被挤压金属进入定径带的部分，即模子工作端面与定径带形成的端面角。制作入口圆角 $r_入$ 可防止低塑性合金在挤压时产生表面裂纹和减少金属在流入定径带时的非接触变形，同时也减少在高温下挤压时模子棱角的压塌变形。但是，圆角增大了接触摩擦面积，可能引起挤压力增高。

模子入口圆角 $r_入$ 值的选取与金属的强度、挤压温度和制品尺寸、模子结构等有关。挤压铝及铝合金时，端面入口角应取锐角，但近来也有些厂家，在平面模入口处做成 $r_入 = 0.2 \sim 0.75$ mm 的入口角；在平面分流组合模的入口处做成 $r_入 = 0.5 \sim 5$ mm 的入口角。

26 模具外形尺寸的确定原则是什么？

模具的外形尺寸是指模子的外接圆直径 $D_模$ 和模具厚度 $H_模$ 以及外形锥角。模具外形尺寸主要由模具的强度确定，同时，还应考虑系列化和标准化，以便管理和使用。

（1）模具外接圆直径。

为了保证模具所必须的强度，通常用以下的公式来确定模具的外接圆直径：

$$D_模 \approx (0.8 \sim 1.5)D_筒$$

（2）模具厚度。

模具的 $H_模$ 取决于制品的形状、尺寸和挤压力，挤压筒的直径以及模具和模架的结构等。在保证模具组件(模子 + 模垫 + 垫环)有足够的强度的条件下,模具的厚度应尽量薄,规格应尽量少,以便于管理和使用。一般情况下,对中、小型挤压机 $H_{模}$ 可取 25～80 mm,对于 80 MN 以上的大型挤压机,$H_{模}$ 可取 80～150 mm。

(3)模具外形锥度。

模子的外形锥度有正锥的和倒锥的两种,带正锥的模子在装模时顺着挤压方向放入模支承里。为便于装卸,锥度不能太小,但锥度过大,则模架靠紧挤压筒时,模子容易从模支承中掉出来,因此一般取为 1°30′～4°。带倒锥体模子在操作时,逆着挤压方向装到模支承中,其外圆锥度为 3°～15°,一般情况下可取 6°～10°,为了便于加工,在锥体的尾部一般加工出 10 mm 左右的止口部分。

27　常用的模具外形及特点是什么?

根据挤压机的结构形式、吨位、模架结构、制品的种类和形状不同,目前广泛采用的有以下几种不同外形结构的挤压模。

(1)带倒锥体的锥形模。它与模垫一起安装在模支承内[图 6 - 34(a)],广泛应用在 7.5～20 MN 卧式挤压机上挤压各种断面形状的型材,其优点是具有足够的强度,可节省模具的材料。

(2)带凸台圆柱形模具。它直接安装在压型嘴内而不需使用模垫[图 6 - 34(b)]。主要用于挤压横断面形状不太复杂的型材。虽然在制造时消耗的钢材略有增加,但使用寿命可大大延长。

(3)带正锥体的锥形模。它直接安装在压型嘴内而不需要使用模垫[图 6 - 34(c)]主要用于挤压横断面上带有凸出部分的型材。为了增大支承面,需要制造专用的异型压型嘴。其主要缺点是模具在压型嘴内装配时,需要带有自锁锥体(约 4°的锥度),这会使得模孔的修理和挤压后由压型嘴内取出模子的操作变得复杂化。

(4)带倒锥体的锥形 - 中间压环锥体模[图 6 - 34(d)]主要用于挤压横断面积相当大的简单型材。因为不带模垫,模具直接安装在普通的非异型压型嘴内,增大了模子的弯曲和压缩应力,可能导致模子的损坏。这种结构的模具应用范围较窄。

(5)带倒锥的圆柱－锥形模具。模子与模垫做成一个整体［图6－34(e)］，主要用来挤压断面带有悬臂部分(悬臂的高宽比由3:1到6:1)的型材。由于悬臂较长，型材断面的外接圆应超过挤压筒直径的0.6倍。在7.5~20 MN吨卧式挤压机上，这种结构的模子与专用的异型压型嘴配套使用。

(6)按模支承的外形尺寸制造的加强式整体模具［图6－34(f)］主要用来挤压带有长悬臂部分的型材，与异型压型嘴或专用垫、环配合使用。因为加工复杂，成本较高，只有在特殊情况下才使用。

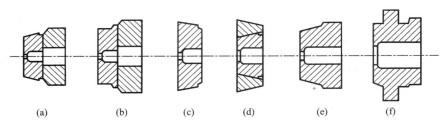

图6－34 挤压模的外形结构图

(a)带倒锥体的锥形模；(b)带凸台的圆柱形模；(c)带正锥体的锥形模；
(d)带倒锥体的锥形－中间压环锥形模；(e)带倒锥体的圆柱－锥形模；(f)外形加强模

28 外形尺寸的标准化的意义及可参考的外形标准化尺寸有哪些？

实际生产中，在每台挤压机上归整为几种规格的模具，即挤压模具实现了标准化和系列化。外形尺寸的标准化、系列化有以下必要性：

(1)减少模具设计与制造的工作量，降低产品成本，缩短生产周期，提高生产效率。

(2)通用性大，互换性强，只需配备几种规格的模支承或模架，可节省模具钢，容易备料，便于维修和管理。

(3)标准化有利于提高产品的尺寸精度。

确定模具系列的基本原则为：

（1）便于装卸、大批量生产，能满足大生产的要求。

（2）能满足该挤压机上允许生产的所有规格产品品种模具的强度要求。

（3）能满足制造工艺的要求。

一般情况下，每台挤压机均采用 2 ~ 4 种规格的外圆直径 $D_模$ 和厚度 $H_模$ 的标准模子，如表 6 - 13 所示。

表 6 – 13　模具外形标准尺寸

挤压机能力/MN	挤压筒直径/mm	外径 $D_模$ /mm	厚度 $H_模$ /mm	外锥度 $\alpha/(°)$
7.5	105,115,130	135,150,180	20,35,50	3
12 – 15	115,130,150	150,180,210,250	35,50,70	3
20 – 25	170,200,230	210,250,360,420	50,70,90	3
30 – 36	270,320,370	250,360,420,560	50,70,90	3
50 ~ 60	300,320,420,500	360,420,560,670	60,80,90	6
80 – 95	420,500,580	500,600,700,900,1100	70,120,150	10
120 – 125	500,600,800	570,670,900,1300	80,120,150,180	10
200	650,800,1100	570,670,900,1300,1500	120,150,200,260	10,15

29　挤压模具设计时要考虑哪些工艺因素？

挤压模具设计是介于机械加工与压力加工之间的一种工艺设计，除了应参考机械设计所需遵循的原则以外，还应该考虑以下因素的影响：

（1）巧由模子设计者确定的因素。挤压机的结构，压型嘴或模架的选择或设计，模子的结构和外形尺寸，模子材料，模孔数和挤压系数，制品的形状、尺寸及允许的公差，模孔的形状、方位和尺寸，模孔的收缩量、变形挠度，定径带与阻碍系统的确定，以及挤压时的应力、应变状态等。

（2）由模子制造者确定的因素。模子尺寸和形状的精度，定径带和阻碍系统的加工精度，表面粗糙度，热处理硬度，表面渗碳、脱碳及表面硬度变化情况，端面平行度等。

（3）由挤压生产者确定的因素。模具的装配及支承情况，铸锭、模具和挤压筒的加热温度，挤压速度，工艺润滑情况，产品品种及批量，合金及铸锭品质，牵引情况，拉矫力及拉伸量，被挤压合金铸锭规格，产品出模口的冷却情况，工模具的对中性，挤压机的控制与调整，导路的设置，输出工作台及矫直机的长度，挤压机的能力和挤压筒的比压，挤压残料长度等。

30　模孔布置的原则是什么？

所谓合理的布置就是将单个或多个模孔，合理地分布在模子平面上，使之在保证模子强度的前提下获得最佳金属流动均匀性。单孔的棒材、管材和对称良好的型材模，均应将模孔的理论重心置于模子中心上。各部分壁厚相差悬殊和对称性很差的产品，应尽量保证模子平面 X 轴和 Y 轴的上下左右的金属量大致相等，但也应考虑金属在挤压筒中流动特点，使薄壁部分或难成形部分尽可能接近中心。多孔模的布置主要应考虑模孔数目、模子强度（孔间距及模孔与模子边缘的距离等）、制品的表面品质、金属流动的均匀性等问题。一般来说，多孔模应尽量布置在同心圆周上，尽量增大布置的对称性（相对于挤压筒的 X，Y 轴），在保证模子强度的条件（孔间距应大于 $20 \sim 50 \text{ mm}$，模孔距模子边缘应大于 $20 \sim 50 \text{ mm}$），模孔间应尽量紧凑和尽量靠近挤压筒中心（离挤压筒边缘大于 $10 \sim 40 \text{ mm}$）。

31　模孔尺寸如何计算？

模孔尺寸的计算应综合考虑被挤压合金的化学成分、产品的形状和公称尺寸及其允许公差，挤压温度及在此温度下模具材料与被挤压合金的热胀系数，产品断面上的几何形状的特点及其在挤压和拉伸矫直时的变化，挤压力的大小及模具的弹塑性变形情况等因素。对于型材来说，一般用以下公式进行计算：

$$A = A_0 + M + (K_Y + K_P + K_T) A_0 \qquad (6-30)$$

式中：A_0 为型材的公称尺寸；M 为型材公称尺寸的允许偏差；K_Y 为对于边缘较长的丁字形、槽形等型材，考虑由于拉力作用而使型材部分尺寸减少的系数；K_P 为考虑到拉伸矫直时尺寸缩减的系数；K_T 为管材的热收缩量，由下式计算：

$$K_T = t\alpha - t_1\alpha_1 \qquad\qquad (6-31)$$

式中：t 和 t_1 分别为坯料和模具的加热温度；α 和 α_1 分别为坯料和模具的线胀系数。

　　对于壁厚差很大的型材，其难于成形的薄壁部分及边缘尖角区应适当加大尺寸。对于宽厚比大的扁宽薄壁型材及壁板型材的模孔，桁条部分的尺寸可按一般型材设计；而腹板厚度的尺寸，除考虑式(6-30)所列的因素外，尚需考虑模具的弹性变形与塑性变形及整体弯曲，以及距离挤压筒中心远近等因素。此外，挤压速度，有无牵引装置等对模孔尺寸也有一定的影响。

32　模具设计调整流速的方法有哪些？

　　合理的流速是指在理想状态下，保证制品断面上每一个质点应以相同的速度流出模孔。为此在设计模具时应尽量采用多孔对称排列，根据型材的形状、各部分壁厚的差异和比周长的不同及距离挤压筒中心的远近，设计长度不等的定径带。一般来说，型材某处的壁厚越薄，比周长越大，形状越复杂，离挤压筒中心越远，则此处的定径带应越短。当用定径带仍难于控制流速时，对于形状特别复杂，或壁厚很薄，或离中心很远的部分可采用促流角或导料锥来加速金属流动。相反，对于那些壁厚大得多的部分或离挤压筒中心很近的地方，就应采用阻碍角进行补充阻碍，以减缓此处的流速。此外，还可以采用工艺平衡孔、工艺余量或者采用前室模、导流模，改变分流孔的数目、大小、形状和位置来调节金属的流速。

33　模具加工品质及使用条件的基本要求有哪些？

　　模具的加工品质及使用条件基本要求主要有：

　　(1)有适中而均匀的硬度，模具经淬火、回火处理后，其硬度值

HRC 为 45~51(根据模具的尺寸而定,尺寸越大,要求的硬度越低)。

(2)有足够高的制造精度,模具的形位公差和尺寸公差符合图纸的要求(一般按负公差制造),配合尺寸具有良好的互换性。

(3)有足够低的表面粗糙度,配合表面粗糙度 Ra 值应达到 3.2~1.6 μm,工作带表面粗糙度 Ra 值达到 1.6~0.4 μm,表面应进行氮化处理、磷化处理或其他表面热处理,如多元素共渗处理及化学热处理。

(4)有良好的对中性、平行度、直线度和垂直度,配合面的接触率应大于 80%。

(5)模具无内部缺陷,一般应经过超声波探伤和表面品质检查后才能使用。

(6)工作带变化处及模腔分流孔过渡区、焊合腔中的拐接处应圆滑均匀过渡,不得出现棱角。

34 多孔棒材挤压模具设计模孔数原则是什么?

(1)合理的挤压系数 λ。

根据挤压机的挤压力及挤压机受料台和冷却台的长度、挤压筒规格、对制品的力学性能与组织的要求、被挤压合金的变形抗力大小等因素来确定。对于铝合金棒材,λ 可取 8~40,其中软合金取上限,硬合金取下限。

(2)足够的模子强度。

为提高模具使用寿命,模孔离模子外圆的距离和模孔间的距离都应保持一定的数值。对于 50 MN 以下的挤压机,一般取 15~50 mm,小吨位挤压机取下限,大吨位挤压机取上限。对于 80 MN 以上的大型挤压机应加大到 30~80 mm。

(3)良好的制品表面质量。

为了防止铸锭表面上的脏物流入挤压制品中,应使模孔与挤压筒的边缘保持一个最小的距离,一般取为挤压筒直径的 10%~30%(大挤压机取下限,小挤压机取上限)。此外,为了防止制品表面擦伤和扭伤,减少工人的劳动强度和废品量,模孔的数目也不能过多。

（4）金属流动尽可能均匀。

目前有的棒模最多开有 32 个模孔，但一般为 10～12 个，常用 2、3、4、6、8 孔棒模。

35　多孔挤压棒材模具模孔如何平面布置？

采用单孔棒模时，应将模孔的重心置于模子中心上。采用多孔模挤压时，应将多孔模模孔的理论重心均匀分布距模子中心和挤压筒边缘有合适距离的同心圆周上。同心圆直径与挤压筒直径之间的关系由以下经验公式来确定：

$$D_{同} = \frac{D_{筒}}{a - 0.1(n-2)} \qquad (6-32)$$

式中：$D_{同}$ 为多孔模模孔理论重心的同心圆直径；$D_{筒}$ 为挤压筒直径；n 为模孔数（$n \geqslant 2$）；a 为经验系数，铝合金挤压时取 2.5～2.8，n 值大时取下限，$D_{筒}$ 值大时取上限，一般取 2.6。

$D_{同}$ 求出之后，还必须综合考虑模具钢材的节约和工模具规格的系列化和互换性（如模支承、模垫、导路等的通用性等），以及提高生产效率和制品质量等因素，然后对进行必要的调整。

36　棒材模具模孔尺寸的确定方法及常见铝合金圆棒的模孔尺寸有哪些？

棒材模孔尺寸可由下式求出：

$$A = A_0 + KA_0 \qquad (6-33)$$

式中：A_0 为棒材的公称尺寸，圆棒为直径，方棒为边长，六方棒为内切圆直径；K 为经验系数，它是考虑了上述各种影响模孔尺寸因素后的一个综合系数；对于铝及铝合金来说，一般取 0.007～0.01，其中纯铝、Al－Mg、Al－Mn、Al－Mg－Si 系合金取上限，而硬铝合金取下限；在挤压高精度（9 级以上）棒材时，该值应取上限；KA_0 为尺寸增量，即模孔设计尺寸与棒材公称尺寸之差。

常见的铝合金圆棒与六角棒挤压模的模孔尺寸分别如表 6－14 和表 6－15 所示。

表6-14 铝合金圆棒模孔尺寸

棒材直径 d_0/mm	挤压筒直径 $D_筒$/mm	挤压孔数 /个	挤压系数 λ	同心圆直径/mm 计算值	同心圆直径/mm 采用值	尺寸增量 KA_0/mm	模外圆直径 $D_外$/mm	工作带长度 $h_定$/mm
3.5~4	85	12	37~49	57	70	0.05	148	2
4.5~5.5	95	10	30~44	56	80	0.05	148	3
6.5~7.0	115	10	37~31	68	80	0.05	148	3
6~9	130	8	26~31	69	80	0.05~0.07	148	3
9.5~11.5	130	6	21~31	63	68	0.08	148	3
10~13	170	10	17~31	100	110	0.06~0.08	200	3
14	170	8	18.5	90	100	0.10	200	3
15~17	170	6	16~21	81	80	0.15	200	3
18	170	5	18	78	80	0.15	200	3
19~25	170	4	16~20	74	70	0.20	200	3
26~28	200	3	17~19	83	65	0.30	200	3
29~37	200	2	14~20	68	60	0.25~0.30	200	3
39~43	170	1	15~20	—	—	0.30	200	4
44~60	200	1	14~20	—	—	0.3~0.4	200	4

续表 6-14

棒材直径 d_0/mm	挤压筒直径 $D_筒$/mm	挤压孔数 /个	挤压系数 λ	同心圆直径/mm 计算值	采用值	尺寸增量 KA_0/mm	模外圆直径 $D_外$/mm	工作带长度 $h_定$/mm
50~68	300	2	10~12	120	130	0.50	265	5
70~81	360	2	9.8~13	130	130	0.60	265	5
82~95	300	1	10~13	—	—	0.80	265	5
100~125	360	1	8~13	—	—	0.90~1.20	265	5
130~160	420	1	7~13	—	—	1.30~1.60	265	6
170~280	500	1	3~8.5	—	—	1.70~2.80	265	6~8
250~300	500	1	4~3.75	—	—	1.75~2.10	300	6~8
300~350	650	1	4.69~3.45	—	—	2.10~2.45	420	6~8
350~400	800	1	5.22~5.22	—	—	2.45~2.80	640	8~10
400~500	800	1	4.00~2.56	—	—	2.80~3.50	800	8~10
500~600	940	1	3.53~2.45	—	—	3.50~4.20	900	8~10
600~670	1100	1	3.36~2.70	—	—	4.20~4.69	1000	10~12

表 6-15　铝合金六角棒挤压模模孔尺寸

棒材直径 d_0/mm	挤压筒直径 $D_筒$/mm	挤压孔数 /个	挤压系数 λ	同心圆直径/mm 计算值	采用值	尺寸增量 KA_0/mm	模外圆直径 $D_外$/mm	工作带长度 $h_定$/mm
5~6	95	6	38~54	45	80	0.05	148	3
15~17	170	6	15~17	81	80	0.2	200	3
18~24	170~200	4	14~20	74-87	70	0.2	200	3
35~55	170~200	1	11~20	—	—	0.3~04	200	4
75~80	360	2	9~10	130	130	0.75~0.8	265	6
80~90	420	1	8~12	—	—	0.9~1.5	360	8
90~140	500	1	12~30	—	—	1.5~1.9	420	8
150~180	650	4	13~20	—	—	1.7~1.9	640	8
180~200	800	1	16~24	—	—	1.9~2.0	800	10
200	800-1100	1	15~30	—	—	2.0~2.2	880	12

37 无缝管挤压模具的特点是什么?

无缝圆管材挤压模具主要是指借助于穿孔针用空心铸锭或实心铸锭挤压管材的模子和针尖。在挤压管材时,由于穿孔针必须置于挤压机的中心线上,所以只能进行单孔模挤压。此时,模孔的理论重心也应置于挤压机的中心线上。

38 管材模具的尺寸设计及常用模具的尺寸如何搭配?

铝合金管材主要采用模角 $\alpha = 60° \sim 70°$的锥形模进行挤压,圆管模的结构比较简单,而且多已标准系列化了的。图 6 – 35 所示为卧式和立式挤压机上用管材模简图。

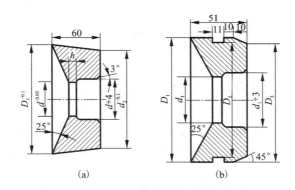

(a)　　　　　　(b)

图 6 – 35　管材模具简图

(a)卧式挤压机上用;(b)立式挤压机上用

管材挤压模子的定径带直径的设计比棒材模的要复杂一些,因为管模孔尺寸不仅与管材的精度等级、尺寸偏差、冷却时的收缩量、模具的热膨胀、拉伸矫直时的断面缩减量等有关,而且还要考虑管材的偏心度和壁厚差。管材的壁厚越大,则管材壁厚的收缩量越大,从而管材的直径收缩率也越大,以至趋近于棒材的收缩率。例如,按有关标准规定,管材直径的允许偏差约为公称直径的 ±1% ,壁厚允许偏差约为其公称壁厚的 ±10% 。当管材模孔的直径和壁厚均按正偏差考虑时，挤出的管材的直径虽然合格，但壁厚可能超出正偏差。而且，当管材出现偏心时，其直径的正偏差越大，则穿孔针允许的偏移量就越小。由此可见，在确定管材直径的偏差时，必须同时考虑壁厚尺寸和它的偏心。管材公称直径和公称厚度的比值越大，直径的正偏差就越要加以控制，以防壁厚超出正偏差。根据我国某些工厂的生产经验，提出下式确定管材挤压模定径带直径：

$$d_{定} = Kd_0 + 4\% t_0 \tag{6-34}$$

式中：$d_{定}$ 为管材挤压模定径带直径；d_0、t_0 分别为管材的公称直径和公称厚度；K 为考虑各种因素对模孔直径影响的综合经验系数，对纯铝、防锈铝，K 取 0.01 ~ 0.012；对超硬铝、锻铝合金，K 取 0.007 ~ 0.01。

　　对于某些对壁厚和偏心要求不严的铝合金管材，其模孔的定径带直径也可以用下式来确定：

$$d_{定} = d_0 + 正偏差 + Kd_0 \tag{6-35}$$

式中，K 的取值范围与式(6-35)相同。

　　管材模子定径带长度对管材的尺寸精度、表面质量等均有重要的影响，应根据挤压机的挤压力、产品的规格、被挤压合金的性质来确定合理的定径带长度。一般来说，圆管模的工作带长度应短于同外径的棒材模，但为了不致使管材产生椭圆度，保持尺寸稳定和保证模子有足够的寿命，工作带也不能取得过短，对中、小规格的管材，一般 2 ~ 6，对于大规格的管材，一般取 5 ~ 10。表 6-16、表 6-17分别列出了卧式挤压机和立式挤压机上常用管材模的设计尺寸。

表 6-16　卧式挤压机用锥形模的结构尺寸

挤压机吨位/MN	挤压筒直径 $D_{同}$/mm	模孔尺寸 d/mm	D_1/mm	D_2/mm	$h_{定}$/mm
35	220	30 ~ 90	160	158	3
	280	41 ~ 145	230	228	4
	370	143 ~ 250	330	328	5 ~ 6
25	200 ~ 260	30 ~ 150	250	248	3 ~ 4
16.3	140 ~ 200	15 ~ 100	150	148	2 ~ 3

表 6 - 17　立式挤压机用锥形模的结构尺寸(mm)

挤压筒直径 $D_筒$	模子尺寸				$h_定$
	d_1	$D_2 \geqslant D_筒 - 10$	$D_3 \geqslant D_筒 - 4$	D_4	
85	29 ~ 46	75	81	34.6 ~ 84.75 $D_筒 - 99.75(0.25 ~ 0.4)$	2
100	23 ~ 54	90	96	99.6 ~ 99.75 $D_筒 - (0.25 ~ 0.4)$	2
120	28 - 78	110	116	119.4 ~ 119.75 $D_筒 - (0.25 ~ 0.6)$	3
135	30 - 83	124	131	134.4 ~ 134.75 $D_筒 - (0.25 ~ 0.4)$	3

39　实心型材模具设计的要点有哪些?

实心型材主要用单孔或多孔的平面模来进行挤压。在挤压断面比较复杂、不对称性很强或型材各处的壁厚尺寸差别很大的型材时,往往由于金属流出模孔时的速度不均匀而造成型材的扭拧、波浪、弯曲及裂纹等废品。因此,为了提高挤压制品的品质,在设计型材模具时,除了要选择有足够强度的模具结构以外,还需要考虑模孔的配置、模孔制造尺寸的确定和选择保证型材断面各个部位的流动速度均匀的方法。

40　单孔挤压型材时的模孔如何配置?

型材的横断面形状和尺寸是合理配置模孔的重要因素之一。根据对于坐标轴的对称程度可将型材分成三类:即横断面对称于两个坐标轴的型材,此种型材对称性最好;断面对称于一个坐标轴的型材,此种型材的对称次之;横断面不对称的型材,此种型材对称性差。

在挤压横断面尺寸对于一个坐标轴相对称的型材时,如果其缘板的厚度相等或彼此相差不大时,那么模孔的配置应使型材的对称轴通过模子的一个坐标轴,而使型材断面的重心位于另一个坐标轴上(图 6 - 36)。

　　对于各部分壁厚不等的型材和不对称型材,必须将型材的重心相对于模子的中心做一定距离的移动,应尽可能地使难于流动的壁厚较薄的部位靠近模子中心,尽量使金属在变形时单位静压力相等(图 6 - 37)。

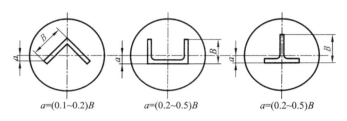

图 6 - 36　对称于一个坐标轴而缘板的厚度比不大的型材模模孔的位置示意图

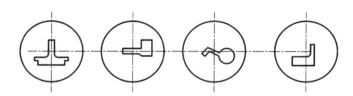

图 6 - 37　不对称和缘板的厚度比大的型材模模孔的配置图

　　对于缘板厚度比虽然不大,但截面形状十分复杂的型材应将型材外接圆的中心布置在模子中心线上[图 6 - 38(a)]。对于挤压系数很大,挤压有困难或流动很不均匀的某些型材可采用平衡模孔[在适当位置增加一个辅助模孔的方法,如图 6 - 38(b)所示]或增加工艺余料的方法[图 6 - 38(c)]或采用合理调整金属流速的其他措施来改善挤压条件,保证薄壁缘板部分的拉力最小,改善金属流动的均匀性,以减少型材横向和纵向几何形状产生弯曲、扭曲、波浪及撕裂等现象。为了防止型材由于自重而产生扭拧和弯曲,应将型材大面朝下,增加型材的稳定性[图 6 - 38(d)]。

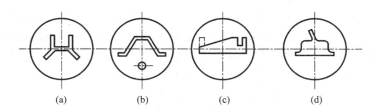

图 6 – 38　复杂不对称单孔型材模模孔的配置图
（a）对称型材；（b）增加工艺孔；（c）增加工艺余料；（d）增加型材稳定性

41　多孔挤压型材时的模孔如何配置？

　　多孔型材模模孔数目的选择原则主要应考虑挤压系数，保证模子强度、金属流动的均匀性和制品的表面品质。在选择多孔型材模模孔数目时应注意：

　　（1）应保证有足够大的挤压系数。为了保证制品的力学性能，挤压型材时挤压系数应大于 12。

　　（2）型材的形状比棒材复杂得多，而且壁厚较薄且不均匀，所以金属流动的均匀性比棒材差得多，很容易产生挤出长度不齐、波浪、扭曲等缺陷，所以模孔数目不宜过多，一般取 2、3、4、6 个模孔。在特殊情况下，或采取了特殊的工艺措施之后也可多至 12 个孔。

　　（3）型材的形状较复杂，模孔的尖角部分容易引起应力集中，因此在选择模孔数目时要注意模子强度，避免模孔间距和模孔边缘间距过小。

　　为了保证制品的品质，配置多孔模模孔时还必须考虑模孔边缘与挤压筒壁之间的距离。当这个距离太小时，制品边缘会出现成层等缺陷。表 6 – 18 列出了模孔与挤压筒壁间的最小允许距离。

表 6 – 18　模孔与挤压筒间的最小距离

挤压筒直径 ϕ/mm	85 ~ 95	115 ~ 130	150 ~ 200	200 ~ 280	300 ~ 500	> 500
模孔边缘与挤压筒壁间最小距离/mm	10 ~ 15	15 ~ 20	20 ~ 25	30 ~ 40	40 ~ 50	50 ~ 60

型材模孔尺寸主要与被挤压合金型材的形状、尺寸及其横断面尺寸公差等因素有关，此外还必须考虑型材断面的各个部位几何形状的特点及其在挤压和拉伸矫直过程中的变化。在生产中一般按式（3－12）选取，即：

$$A = A_0 + M + (K_Y + K_P + K_T)A_0 \qquad (6-41)$$

对于铝及其合金来说，式（6－41）中的系数可按表6－19选取。

式（6－41）中的其他参数如公差、线膨胀系数等可在有关的手册中查取。

在设计铝合金普通型材的模孔尺寸时，有时分别计算型材模孔的外形尺寸（指型材的宽和高）和壁厚尺寸。

表6－19　式（6－41）中的系数尺 K_Y、K_P 值

型材断面尺寸/mm	K_Y	K_P
1~3	0.04~0.03	0.03~0.02
4~20	0.02~0.01	0.02~0.01
21~40	0.006~0.007	0.007~0.008
41~60	0.005~0.006	0.065~0.0075
61~80	0.004~0.005	0.006~0.007
81~120	0.003~0.004	0.005~0.006
121~200	0.002~0.003	0.0035~0.0045
〉200	0.001~0.0015	0.002~0.003

型材模孔的外形尺寸为：

$$A = A_0 + (1 + K)A_0 \qquad (6-42)$$

式中：A 为型材外形模孔尺寸；A_0 为型材外形的公称尺寸；K 为综合经验系数，铝合金取 0.007~0.01。

型材壁厚的模孔尺寸为：

$$\delta = \delta_0 + M_1 \qquad (6-43)$$

式中：δ 为型材壁厚的模孔尺寸；δ_0 为型材壁厚的公称尺寸；M_1 为型材壁厚的正偏差。

为了获得负偏差型材，可将式（6 - 41）改写为

$$A = A_0 + M + (K_Y + K_P + K_T) A_0$$

由于目前尚缺乏生产负偏差范围内型材的生产经验，所以挤压生产中应对模孔的加工尺寸进行修改，直至合格为止。

42　如何确定型材模孔工作带？

对于外形尺寸较小、对称性较好、各部分壁厚相等或近似相等的简单型材来说，模孔各部分的工作带可取相等或基本相等的长度。依金属种类、型材品种和形状不同，一般可取 2 ~ 8 mm。对于断面形状复杂、壁厚差大、外形轮廓大的型材，在设计模孔时，要借助于不同的工作带长度来调节金属的流速。

计算型材模孔工作带长度的方法有多种，根据补充应力法可得出如下公式：

$$h_{F2} = \frac{h_{F_1} f_{F_2} n_{F_1}}{n_{F_2} f_{F_1}} \qquad (6 - 44)$$

或
$$\frac{f_{F_1}}{f_{F_2}} = \frac{h_{F_1}}{h_{F_2}} = \frac{n_{F_2}}{n_{F_1}} \qquad (6 - 45)$$

式中：h_{F_1}、h_{F_2} 分别为型材某断面 F_1F_2 处的模孔工作带长度，mm；f_{F_1}、f_{F_2} 分别为型材某断面 F_1F_2 处的型材断面积，mm²；n_{F_1}、n_{F_2} 分别为型材某断面 F_1F_2 处的型材周长，mm。

用上述方法计算型材各区段的模孔工作带长度时，应先给定一个区段上工作带长度值作为计算的参考值（一般给定型材壁厚最小处工作带长度）。可根据型材的规格和挤压机能力来确定工作带最小长度（表 6 - 20）。工作带最大长度按挤压时金属与模孔工作带之间的最大有效接触长度来确定，一般来说，型材模子工作带的长度为 3 ~ 15 mm，最大不超过 25 mm。

表 6 - 20　模孔工作带最小长度值

挤压机能力/MN	125	50	35	16 ~ 20	6 ~ 12
模孔工作带最小长度/mm	5 ~ 10	4 ~ 8	3 ~ 6	2.5 ~ 5	1.5 ~ 3
模孔空刀尺寸/mm	3	2.5	2	1.5 ~ 2	0.5 ~ 1.5

43   阻碍角对金属流速的影响有哪些?

模孔的入口锥角与挤压力的大小有关,如图6-39所示。根据这一规律,在平面模模孔处制作小于15°的入口锥角就能起到阻碍金属流动的作用。这个入口锥角就称为阻碍角。

根据补充应力法,可用下式确定阻碍角:

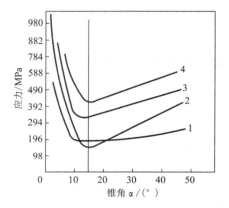

$$\tan\alpha = \frac{3\sqrt{3\sigma_{m补} - 2\mu_b\sigma_{st}}}{6\sigma_{st}}$$

$$(6-46)$$

图6-39   膜孔入口锥角与单位挤压力之间的关系曲线

1—纯铝;2—镁合金,$\lambda = 2$;
3—2A11,$\lambda = 2$;4—5A05,$\lambda = 2$

式中:α 为阻碍角,(°);$\sigma_{m补}$ 为补充应力,MPa;μ_b 为金属与模空工作带之间的摩擦系数;σ_{st} 为在挤压温度下,金属质点流经模空工作带的真实变形抗力,MPa。

用平面模挤压实心型材时,阻碍角一般不大于15°,而3°~10°最为有效。

44   分流组合模的结构及特点是什么?

分流组合模是挤压机上生产各种管材和空心型材的主要模具形式,其特点是将针(模芯)放在模孔中,与模孔组合成一个整体,针在模子中犹如舌头一样。图6-40所示为桥式舌形模,由支承(柱)1、模桥(分流器)2、组合针(舌头)3、模子内套4、模子外套5组成。为保证模子强度,在实际生产中还需配做一个模子垫,以支持模子不被退出模子套外。

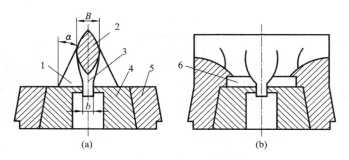

图 6 – 40　桥式舌形模结构图。

(a)正视图；(b)侧视图

1—支承柱；2—模桥(分流器)；3 —组合针(舌头)；

4—模子内套；5—模子外套；6—焊合室

45　分流组合模如何分类?

　　按桥的结构不同，分流组合模可以分为如图 6 – 41 所示的各种类型。带突出桥的模子(桥式舌形模)如图 6 – 41 所示，加工比较简单，所需挤压力较小，型材各部分的金属流动速度较均匀，可以采用较高的挤压速度，主要用来挤压硬铝合金异型空心型材。用这种形式的模子可挤压一根型材，也可以同时挤压几根型材。带突出桥的模子的主要缺点是挤压残料较长，模桥和支承柱的强度不如其他结构的模子，需要仔细调整工具部件与挤压筒的中心。

　　带叉架式的模子[图 6 – 41(b)]，可以分开加工，损坏时只需更换损坏的部分；可同时加工多根型材，但装卸比较困难，因此其使用范围受到限制。

　　平面分流组合模[图 6 – 41(c)]是在桥式舌形模基础上发展起来的，实质是桥式舌形模的一个变种，即把突桥改成为平面桥，所以又称为平刀式舌形模。近年来平面分流组合模获得了迅速的发展，并广泛用于不带独立穿孔系统的挤压机上生产各种规格和形状的管材和空心型材，特别是 6063 合金民用建筑型材及纯铝和软铝合金型材和管材。

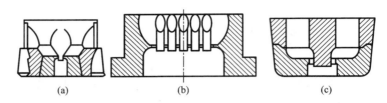

图 6 - 41　分流组合模的结构形式示意图

(a)桥式;(b)叉架式;(c)平面式

46　平面分流组合模的优缺点有哪些?

(1)分流组合模的主要优点如下:

①既可以挤压双孔或多孔的内腔十分复杂的空心型材或管材,也可以同时生产多根空心制品,所以生产效率高,这一点是桥式舌形模很难实现甚至无法实现的。

②以挤压悬臂梁很大、用平面模很难生产的半空心型材。

③可拆换,易加工,成本较低。

④易于分离残料,操作简单,辅助时间短,可在普通的型棒挤压机上用普通的工具完成挤压周期,同时残料短,成品率高。

⑤可实现连续挤压,根据需要截取任意长度的制品。

⑥可以改变分流孔的数目、大小和形状,使断面形状比较复杂、壁厚差较大,以及难以用工作带、阻碍角等调节流速的空心型材很好成形。

⑦可以用带锥度的分流孔,实现小挤压机上挤压外形较大的空心制品,而且能保证有足够的变形量。

(2)分流组合模的主要缺点如下:

①焊缝较多,可能会影响制品的组织和力学性能。

②要求模子的加工精度较高,特别是对于多孔空心型材,上下模要求严格对中。

③与平面模和桥式舌形模相比,变形阻力较大,所以挤压力一般

比平面模高 30% ~ 40%，比桥式舌形模高 15% ~ 20%。因此，目前只限于生产一些纯铝、铝锰系、铝－镁－硅系等软合金。为了用平面分流组合模挤压强度较高的铝合金，可在阳模上加一个保护模，以减少模桥的承压力。

④残料分离不干净，有时会影响产品质量，而且不便于修模。总的来说，平面分流组合模的应用范围要比舌形模广得多。舌形模主要用来生产组织和性能要求较高的军工产品和挤压力较高的硬铝合金产品。由于平面分流模和舌形模的工作原理相同，结构基本相似，所以下面主要讨论平面分流组合模的设计技术。

47　平面分流组合模的主要结构是什么？

平面分流组合模一般是由阳模（上模）、阴模（下模）、定位销、连接螺钉 4 部分组成，如图 6 - 42 所示。上下模组装后装入模支承中。为了保证模具的强度，减少或消除模子变形，有时还要配备专用的模垫和环。

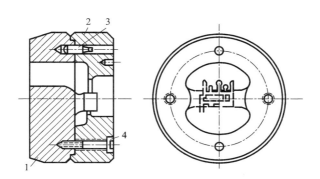

图 6 - 42　平面分流模的结构示意图
1—上模；2—下模；3—定位销；4—连接螺钉

在上模上有分流孔、分流桥和模芯。分流孔是金属通往型孔的通道，分流桥是支承模芯（针）的支架，而模芯（针）用来形成型材内腔的形状和尺寸。下模上有焊合室、模孔型腔、工作带和空刀。焊合室是把分流孔流出来的金属汇集在一起重新焊合起来形成以模芯为中心的整体坯料，由于金属不断聚集，静压力不断增大，直至挤出模孔。模孔型腔的工作带部分确定型材的外部尺寸和形状以及调节金属的流速，而空刀部分是为了减少摩擦，使制品能顺利通过，免遭划伤，以不保证产品表面品质。

定位销用来进行上下模的装配定位，而连接螺钉是把上下模牢固地连接在一起，使平面分流组合模形成一个整体，便于操作，并可增大强度。

48　平面分流模分流比、孔形状、断面尺寸、数目如何分布?

分流比 K 的大小直接影响到挤压阻力的大小、制品成形和焊合品质。K 值越大，越有利于金属流动与焊合，也可减少挤压力。因此，在模具强度允许的范围内，应尽可能选取较大的 K 值。在一般情况下，对于生产空心型材时，取 $K = 10 \sim 30$；对于管材，$K = 5 \sim 15$。

分流孔断面形状有圆形、腰子形、扇形和异型等。分流孔数目、大小、排列如图 6 – 43 所示。为了减少压力，提高焊缝品质或者当制品的外形尺寸较大，扩大分流比受到模子强度限制时，分流孔可做成内斜度为 $1° \sim 3°$、外锥度为 $3° \sim 6°$ 的斜形孔。

分流孔在模子平面上的合理布置，对于平衡金属流速、减少挤压力、促进金属的流动与焊合，提高模具寿命等都有一定影响。对于对称性较好的空心制品，各分流孔的中心圆直径应大于或等于 $0.7D_筒$。对非对称空心型材或异型管材，应尽量保证各部分的分流比基本相等，或型材断面积稍大部分的 $K_分$ 值略低于其他部分的 $K_分$ 值。此外，分流孔的布置应尽量与制品保持几何相似性。为了保证模具强度和产品品质，分流孔不能布置得过于靠近挤压筒或模具边缘，但为了保证金属的合理流动及模具寿命，分流孔也不宜布置得过于靠近挤压筒中心。

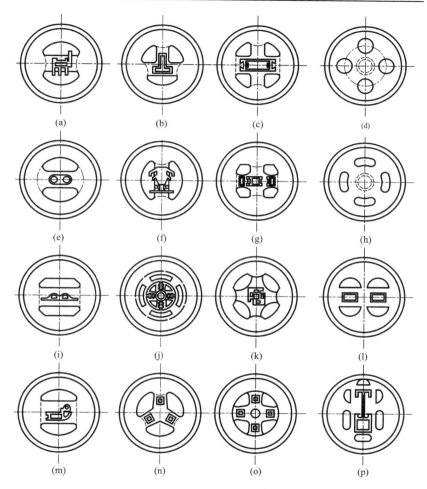

图 6 – 43　分流孔的数目、大小、形状与分布方案举例

（1 孔、2 孔…表示模孔数；1 分、2 分…表示分流孔数；1 芯、2 芯…表示模芯数）
（a）1 孔 2 分 1 芯；（b）1 孔 3 分 1 芯；（c）1 孔 4 分 1 芯；（d）1 孔 4 分 1 芯；（e）1 孔 2
分 2 芯；（f）1 孔 2 分 2 芯；（g）1 孔 4 分 2 芯；（h）1 孔 4 分 1 芯；（i）1 孔 2 分 2 芯；
（j）1 孔 4 分 5 芯；（k）孔 4 分 5 芯；（l）2 孔 4 分 2 芯；（m）1 孔 2 分 3 芯；（n）3 孔 3
分 3 芯；（o）孔 5 分 4 芯；（p）1 孔 6 分 1 芯

49 阶段变断面型材模设计特点有哪些?

用两套分瓣模分步挤压基本型材部分和大头部分的方法是挤压阶段变断面型材的最常用的方法。这种挤压用模具的特点是,型材和过渡区设计成一套模子,而大头部分设计成另一套模子。

用两套可拆开的模子挤压阶段变断面型材时,要求其模具的拆开与装配应十分方便。同时,在挤压过程中要保持一定的完整性和稳定性,即在挤压时尺寸不发生任何变化,因此,模具的外形结构和尺寸与一般型材模具不同,而应适合于阶段变断面型材挤压的特点。阶段变断面型材模具的外形结构和尺寸如图 6 – 44 和表 6 – 21 所示。

表 6 – 21 阶段变断面型材模具的外形尺寸

挤压机 挤压力/MPa	挤压筒 直径/mm	模子种类	模子尺寸/mm					
			d_1	d_2	d_3	d_4	H	h
20	200	型材模	225	200	216	—	125	93
		尾端模	225	—	216	205.5	105	93
20	170	型材模	195	170	187	—	125	93
		尾端模	195	—	187	—	105	93
12.5	130	型材模	195	130	187	175.3	110	82
		尾端模	195	—	187	133.4	95	82

为了方便更换模具,可拆开的型材模的厚度应比尾端"大头"模厚 15 ~ 20 mm。为使模具在拆换过程中的操作方便,在每瓣型材模块的背面均钻有一个 $D20 ~ 30$ mm 的孔。

为了保持模具在挤压过程中的完整性,采用前后锥角同时配合的方法,其前锥角为 10°,与挤压筒套衬相配合;其后锥角为 10°,与压型嘴(模支承)相配合;并应相应设计一套挤压阶段变断面型材专用的压型嘴和挤压筒内套。

压型嘴(模支承)的出口尺寸与形状与变断面型材大头部分的形状相似,在保持大头能顺利通过的条件下,其尺寸应尽量缩小,以提

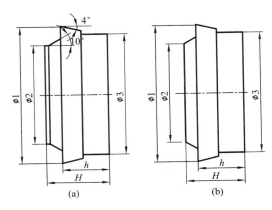

图 6 - 44　阶段变断面型材模具的外形结构图

(a)挤压基本型材部分的型材模；(b)挤压尾端大头部分的尾端模

高模孔尺寸的稳定性。

（1）模子分模面的确定。

型材模分瓣形式和块数根据型材形状来确定。分模面的位置应当是便于拆卸和安装，既保证制品的尺寸，又不损伤型材表面。型材模一般可分成三瓣（对于⊥、∏ 形型材）或四瓣（对于工字形型材）。对于工字形型材来说，为了方便卸模，

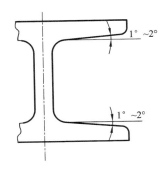

图 6 - 45　工字形型材的拔模角示意图

其上下平面之间应做成 1°~2°的倾角，即如图 6 - 45 所示。

大头（尾端）模的模孔形状应与型材相似，分瓣的形式应便于装卸，不损伤制品表面。一般来说，尾端模可分成左右对称的两瓣，如图 6 - 46 所示。

（2）过渡区的设计。

在型材模上有一段长约的连接大头和基本型材断面的过渡区，

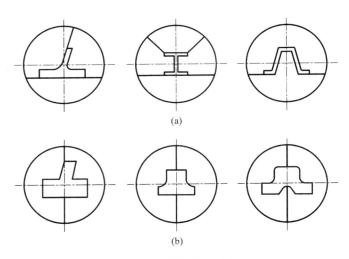

图 6 – 46   分模面示意图

(a)型材模;(b)尾端模

其入口尺寸小于尾端模孔尺寸(沿周边缩小 2 mm),而用均匀圆滑过渡的曲线与基本型材模孔相连,图 6 – 47 所示为带有过渡区的∏形型材的模孔立体剖视图。图 6 – 48 所示为工字形型材模的过渡区,25 mm 为过渡区深度。如过渡区入口与型材模孔之间的连接圆弧的曲率半径 R 较小时,将形成一段死区,如 a—a 剖面 II 侧所示,可能在型材过渡区部位出现粗晶。为了减少这种粗晶的出现,可把过渡区连接圆弧的曲率半径 R 增大,使之近似等于金属的自然流动角,如 b—b 剖面 I 侧所示。

(3)模孔尺寸的确定。

影响阶段变断面型材模和尾端模的模孔尺寸与工作带长短的因素及计算原则与普通型材模基本相同,但是考虑到阶段变断面型材模具的结构特点,其模孔尺寸均应比普通型材模小0.1 ~ 0.2 mm。为了保证大头部分挤压时的金属流动均匀性,以减少其对型材部分根部的影响,尾端模的工作带长度可在很宽(2 ~ 25 mm)的范围内变化。

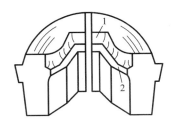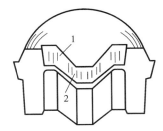

图 6 - 47 阶段变断面型材模立体剖视图

1—过渡区；2—模孔

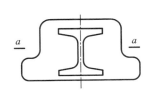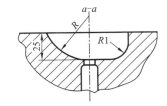

图 6 - 48 阶段变断面型材的过渡区示意图

（R 较大，形成自然流动角；R_1 较小，易形成死区）

模孔尺寸的具体计算可参照以下公式进行，外形轮廓尺寸、高度和宽度 B 的计算方法同一般型材模的计算方法。

$$B_1 = B(1 + \mu) + K \qquad (6-53)$$

$$H_1 = H(1 + \mu) + K \qquad (6-54)$$

式中：B_1、H_1 分别为模孔尺寸；B、H 分别为型材公称尺寸；μ 为综合修正系数，考虑到热收缩量、拉矫变形量、模子本身的弹塑性弯曲等因素的影响，对铝合金来说，取 $0.7\% \sim 1.0\%$；K 为尺寸正公差。

$$b_1 = b + K \qquad (6-55)$$

式中：b_1 为模孔尺寸；b 为型材壁厚尺寸；K 为尺寸正公差。

$$l_1 = l - \frac{1}{2}K \qquad (6-56)$$

式中：l_1 为扩口处模孔尺寸；l 为型材扩口处尺寸；K 为扩口尺寸正公

差。

（4）阶段变断面型材模具设计举例。

图 6 - 49 至图 6 - 51 分别为某飞机上用的 7075 - T6 合金阶段变断面型材的产品图、型材模具图和尾端模具图。

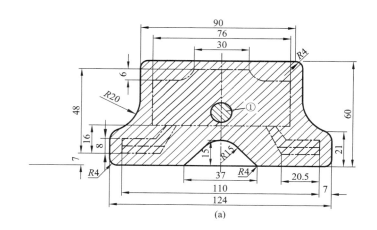

(a)

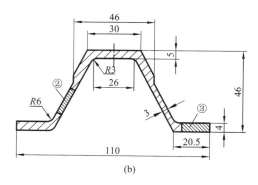

(b)

图 6 - 49　7075 - T6 合金变断面型材图

（a）大头部分；（b）型材部分；

①、②、③分别为大头、型材和过渡区取样处

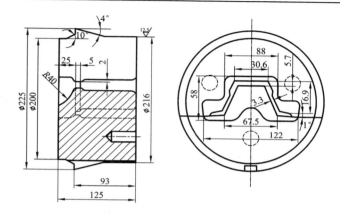

图 6 - 50　变断面型材模具图

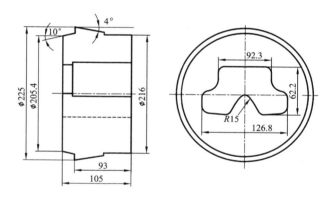

图 6 - 51　变断面型材的尾端(大头部分)模具图

50　如何设计大型扁宽壁板型材挤压模具?

大型扁宽壁板型材挤压模具结构较为常用的有扁模结构系统、圆模结构系统、宽展模结构系统、分流组合模结构系统和带筋管挤压工具结构系统。

(1)扁模结构系统。

扁模挤压的主要优点是可节约大量贵重的高级合金模具钢材,

由于模子的体积减少，质量变轻，在加工制造时比较轻巧。但用这种模子挤压时，壁板的腹板会明显变薄，其中心部位尤为严重。这是作用于模子端面上的摩擦应力（等于塑性变形区的单位流动压力），使模子产生了弯曲变形。

由于单位流动压力的方向与摩擦力的方向相反，模孔端面上受的力，在很大程度上可用模子端面上形成的倾斜度来平衡。模子端面的倾角通常不应大于 7°～10°。

因为在挤压过程中引起模孔收缩的力是不均匀的，因而模孔变形可出现明显的差异，这种差异沿壁板宽度方向可达 3 mm 以上。

（2）圆模结构系统。

与扁模结构系统相比，圆模结构系统具有比扁挤压筒长轴方向上大得多的抗弯矩能力。所以，在大多数情况下，用圆模结构系统来挤压带筋壁板。

图 6－52 所示为用于 50 MN 和 125 MN 挤压机上挤压宽带筋壁板的圆模结构系统及尺寸。圆模结构系统包括圆形模子、模垫、模环及与之相配的模支承。

在挤压过程中，把安装在圆形模支承中的圆模子靠近挤压筒的端面。为了确保接触紧密和防止金属溢出，要尽量减少模子与挤压筒的接触面，增大接触应力。

圆模子的变形比扁模子的变形小得多，尽管如此，圆模子仍然会发生相当大的弹性变形，在很多情况下，挤压时还会发生塑性变形。

（3）宽展模结构系统。

在没有扁挤压筒的挤压机上，为了挤压外接圆直径大于圆筒直径的扁宽型材或壁板，可以在一般的成形模（平面模或者组合模）前边，靠近挤压筒的工作端，增设一个宽展模。宽展模腔具有哑铃形断面，呈喇叭形向前扩展。当圆形铸锭镦粗后通过宽展模时，产生第一次变形，其厚度变薄，宽度逐渐增大到大于圆挤压筒直径，然后通过成形模产生二次变形，这样，宽展模起到了扁挤压筒的作用。

（4）空心壁板挤压模系统。

随着挤压技术的发展和模具结构的改进，出现了用舌形模挤压

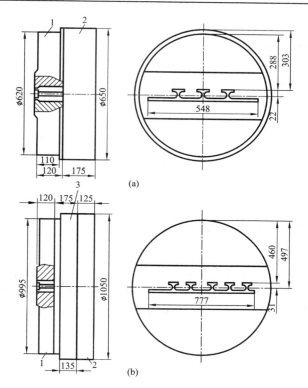

图 6 – 52 用扁挤压筒挤压壁板的圆形模具结构组件图

（a）50 MN 挤压机用；（b）125 MN 挤压机用

法、叉架模挤压法和平面分流模挤压法生产多孔空心壁板的方案。
从扩大产品品种范围、提高生产效率和成品率等方面来看，平面分流
组合挤压法是生产多孔空心壁板最有效的方法。用这种方法可以在
普通型棒挤压机上用实心铸锭通过圆筒法、扁筒法和宽展法获得不
同材料、不同宽度、形状复杂、内外表面光洁的多孔空心壁板。

（5）带筋管挤压工具结构系统。

在圆挤压筒上用挤压圆带筋管并随后剖分、展开、精整的方法可
以生产宽度 2 m 以上的特大型整体带筋壁板。因采用空心铸锭和穿

孔针，故提高了挤压筒的比压，但相应减少了铸锭的体积，从而使壁板的长度受到了限制。

带筋管挤压一般在 501 MN 以上的大型挤压机上进行，为了提高产品品质，减少挤压力，提高生产效率，带筋管的反挤压法获得了广泛的应用。

带筋管挤压工具结构与无缝管挤压的工具结构基本相同，主要包括穿孔针系统和模子组件。如果生产内带筋管，则在穿孔针上应开出筋槽，针的加工和修理十分困难。如果生产外带筋管，则筋槽开在模子上，这与普通型材模生产相似，加工、装配和修理都比较方便，因此，在生产中均采用后一种工具结构。

51　如何设计宽展模具？

宽展模的设计既要考虑金属易流动，能充分填充，尽可能减少挤压力，又要保证有足够的强度，能作为圆挤压筒的延伸部分，在恶劣的条件下进行工作。因此，在设计宽展模时主要应考虑：宽展量 ΔB、宽展变形率 $\delta_B\%$、宽展角 β、宽展模的内腔尺寸、宽展模的外径 D_B 和厚度 H_B。

（1）宽展量 ΔB、宽展变形率 δ_B 和宽展角 β 的确定。

宽展量化是铸锭经宽展变形后的最大宽度与圆挤压筒直径之差，$\Delta B = B_2 - D_H$。

为了发挥宽展挤压的作用，ΔB 应越大越好，但 ΔB 的大小又受金属流动、压力的角度传递损失和模子强度等因素的影响，不宜过大。ΔB 的值可根据挤压筒尺寸和挤压机吨位取 20 ~ 80 mm，10 MN 以下的挤压机取下限，80 MN 以上的挤压机取上限。

宽展变形率

$$\delta_B = \frac{B_2 - B_1}{B_1} \times 100\% \qquad (6-57)$$

式中，B_2、B_1 分别为宽展模入口与出口处的宽度。根据挤压筒的尺寸和比压以及型材宽度，δ_B 可取 15% ~ 35%。

宽展角 β 由宽展量和模子厚度来确定，$\tan\beta = \dfrac{(B_2 - B_1)/2}{H_B}$。为了

便于金属流动，减少挤压力，一般应使 β 与金属的自然流动角相吻合，在 $\lambda = 10 \sim 30$ 的情况下，β 可取 $30°$ 左右。

（2）宽展模尺寸的确定。

①入口宽度 B_1 一般比挤压筒直径小 10 mm 左右，B_1 过大会影响产品品质，B_1 过小则发挥不了宽展挤压的作用。

②出口宽度 & 应根据挤压型材尺寸、宽展量、模子外径和厚度等因素来选择。

③宽展孔的高度 ~ 应根据型材高度、第一次变形量大小（μ_1）和模子强度等来确定。一般应保证 $\mu_1 \leqslant 3 \sim 5$。

④宽展模的厚度 $H_B H$，主要决定于模子强度、宽展角以及挤压力等因素。

（3）强度校核与材料选择。

宽展模是圆挤压筒的延伸部分，其受力状态和工作条件基本上与圆挤压筒相似，而且没有挤压筒的多层预紧力作用，所以应选择优质高强耐热合金钢制造。一般采用 3Cr2W8V 或 4Cr5MoSiV1。保证在 500℃ 的条件下 $[\sigma_b] \geqslant 1000$ MPa，HRC = 44 ~ 52。为了保证宽展模的强度，必须校对宽展模危险断面处的抗压强度，满足 $\sigma_压 \leqslant 0.7[\sigma_b]$。

（4）宽展模设计举例。

图 6 - 53 所示为 LX725 型材的宽展模与型材模孔图，表 6 - 22 所示为其模孔设计尺寸。

表 6 - 22　LX725 型材宽展模模孔设计尺寸

尺寸	L	H	B	b	S	S_1	L_1	L_2
型材名义尺寸/mm	429 +10	43 ±0.6	51 ±0.6	7 ±0.3	13 ±0.4	6.5 ±0.25	$57^{+0.25}_{-0.5}$	116 ±12
模孔设计尺寸/mm	439 +1	43.8	51.8	7.5	13.4	6.9	60	118.5
挤压型材实际尺寸/mm	436	43.5	50.9	6.9	13.1	6.3	59	118

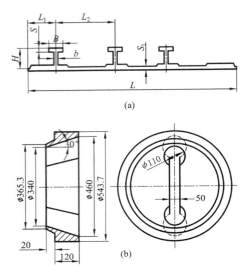

图 6 – 53   LX725 型材宽展模设计图

(a)型材图;(b)宽展模设计图

52   导流模的主要特点及设计原则是什么?

导流模又称前室模,其实质是在型材模前面加放一个型腔,其形状为与型材外形相似的异型或与型材最大外形尺寸相当的矩形(图 6 – 54)。铸锭镦粗后,先通过导流模产生预变形,金属进行第一次分配,形成与型材相似的坯料,然后再进行第二次变形,挤压出各种断面的型材。采用导流模不仅可增大坯料与型材的几何相似性,便于控制金属流动特别是当挤压截面差别很大的型材时能起到调节金属流速的作用,使壁薄、形状复杂、难度大的型材易成形,而且能挤压外接圆尺寸较大的型材(如宽展挤压),减少产品扭拧和弯曲变形,改善模具的受力条件,实现连续挤压,大大提高成品率和模具寿命。特别是对于舌比大于 3 的散热片型材及其他形状异常复杂的型材来说,用普通平面模几乎无法挤压,而采用导流模可使模具寿命提高几十倍。

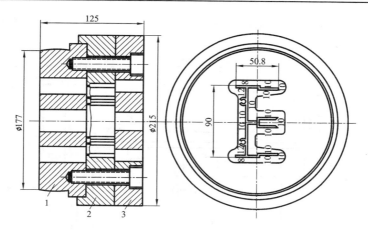

图 6 – 54　导流模结构图

1—导流模；2—型材模；3—模垫

　　这种模具的主要缺点是金属需经二次变形，挤压力高于一般平面模，因此，主要用于挤压纯铝，或软合金型材。除了难以成形的散热片型材以外，6063 民用建筑型材也常用这种形式的模子挤压。导流模与挤压机后部的牵引机构配合，可最大限度地减少型材的弯扭变形，简化工艺流程，节省工艺装备，从而大大提高了型材的生产效率和产品品质。

　　导流模的基本结构形式有两种：一种是将导流模和型材模分开制造，然后组装成一个整体进行使用；另一种是直接将导流模和型材模加工成一个整体。可以根据挤压机的结构、产品特点以及模具装配结构的不同，选择不同的模具结构。

　　导流模的设计原则是有利于金属预分配和金属流速的调整，一般来说，导流模的轮廓尺寸应比型材的外形轮廓尺寸大 6～15 mm；导流孔的深度可取 15～25 mm，导流孔的入口最好做成 3°～15°的导流角；导流模腔的各点应均匀圆滑过渡，表面应光洁，以减少摩擦阻力。

　　当导流模（槽）主要起焊合作用时，导流模（槽）的厚度按表 6 – 23 设计，以保证型材衔接处焊缝具有一定的力学性能，使挤压牵引型材和随后的拉伸矫直时不拉断，而能安全的连续的作业。图 6 – 55 所示为导流模设计的两个实例。图 6 - 56 和图 6 - 57 所示为两种典型导流模设计方案。

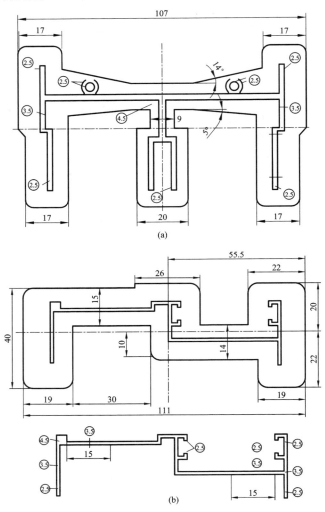

图 6 - 55　导流模设计两个实例

（未注工作带为 0.4 mm）

表 6 – 23　导流模(槽)的厚(深)度 H 表

筒径 ϕ/mm	115	130	170	225	250	≥360
H/mm	10	15	20	25	30	40

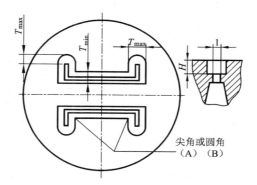

图 6 – 56　双孔等壁型材导流槽的设计原则

$$H = 0.7T_{max}\,;\ T_{min} = H$$

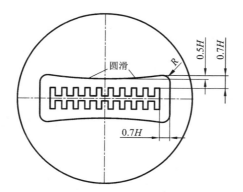

图 6 – 57　对称挤压导流模(槽)的设计原则

H—导流模(槽)厚(深)度

　　导流孔的外形应光滑（图 6 - 58），目前有两种意见，一种是外形不允许保留尖角，另一种是内圆角处可以是尖角。一般来说，导流孔外形不光滑，金属在模面上会发生紊流而产生表面应力，或不能同步导流而出现流线，型材经氧化后出现色差。而内圆角处做成尖角的理由是因为这种形式能更好地控制金属流动，当出现表面品质问题时再修成圆角也很方便，所以很多工厂采用如图 6 - 58(a)所示的形式。

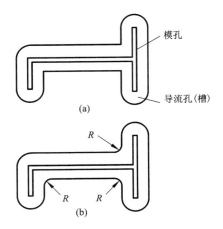

图 6 - 58　导流孔的模腔图

　　导流腔壁一般是垂直模子平面的。切残料时往往把导流腔内的金属拉出，使端面出现洞穴，再挤下一个锭时就把空气封闭在洞穴里，而使型材表面出现气泡，影响表面品质。当出现这种情况时，可将

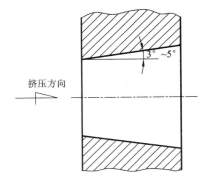

图 6 - 59　锥式入口导流模图

导流孔做成如图 6 - 59 所示的形式。导流孔壁与挤压方向呈 3°~5°。

53　异型穿孔挤压型材模具设计特点有哪些？

　　穿孔挤压就是在带独立穿孔系统的挤压机上，穿孔针在穿孔力的作用下强制穿透实心铸锭，然后把针尖固定在模孔工作带的适当位置，用挤压轴将挤压筒中的金属挤出针尖与模孔间的间隙而形成

空心制品的方法。在 125 MN 挤压机的 ϕ650 mm 挤压筒上用穿孔法挤压 Z8X - 3 的工具装配简图如图 6 - 60 所示。

穿孔挤压法的工具装配和模具结构与普通无缝管材挤压法相似，但穿孔挤压时的金属流动特点和应力应变状态以及变形过程中的挤压力和穿孔力的变化有其独特之处，故其大型工具和模具较之一般空心挤压的工模具也有一些差别。以下以 Z8X - 3 型材为例来说明一下这些差别要点。

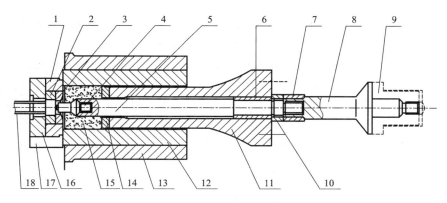

图 6 - 60　穿孔挤压工具装配简图

1—模套；2—模垫；3—模子；4—针前端；5—针后端；6—铜套；7—导套；8—针支承；
9—压杆背帽；10—背帽；11—空心挤压轴；12—筒内套；13—筒外套；
14—挤压垫片；15—侍锭；16—支承环；17—八方套；18—导路

（1）Z8X - 3 是一种直升飞机用的异型空心旋翼大梁型材，其断面积较大（约 140 cm²），定尺长（9.5 ~ 11 m），形状复杂，尺寸多，公差要求高，加之采用无润滑穿孔挤压工艺，要求防止断针和减少偏心，因此给工模具的设计带来了很大困难。

（2）导向铜套与挤压轴内孔间以及挤压垫片与针后端间的间隙较小，以保证对正中心。

（3）应调整各螺纹连接部分的公差，确保在紧固状态下工作，使穿孔系统能承受拉、压应力。

（4）为减缓针后端向针尖的突变，防止针尖变形和断裂，用特制木模在仿形铣床上进行特殊过渡，同时将针尖工作部分由 200 mm 缩短到 80 mm 左右。

（5）为减少穿孔力，减少偏心，改善内表面质量和便于清理残料，对穿孔针、挤压垫片和模子的结构、尺寸进行了适当的修改。

（6）为减少偏心，模具与压型嘴间的间隙公差较一般挤压要小 1 ~ 2 mm。

（7）针尖是控制内孔尺寸、形状和表面质量的关键工具。根据型材内腔尺寸及其公差，考虑到线膨胀系数和拉伸量等，Z8X－3 型材用针尖的形状、结构与工作尺寸等如图 3－67(b) 所示。

（8）模子用来控制型材外形，模腔尺寸应根据型材尺寸、公差、线膨胀系数和拉伸量来确定。为防止扭曲、刀弯等，对其工作带进行了严格的计算，图 6－67(c)。所示为 Z8X－3 型材模子简图。

（9）大型工具用 5CrNiMo 合金钢制造，淬火后硬度 HRC 为 42 ~ 46，针尖和模子用 4Cr5MoSiV1 或 3Cr2W8V 钢制造，淬火后硬度 HRC 为 44 ~ 48。为提高针尖和模子的精度，制作了精度极高的样板；为了提高其表面硬度和降低表面粗糙度，热处理后进行了软氮化处理，氮化层为 0.1 ~ 0.2 mm，表面硬度 HV 为 900 ~ 1200。

（10）模具和工具加热时，为降低穿孔力和挤压力，防止断针，防止表面黏金属和提高内表面质量，针尖应加热到 350℃ ~ 400℃，其他工具加热到 300℃ ~ 350℃，挤压筒温度定为 460℃ ~ 480℃。

工具、模具在热状态下装配时，穿孔系统的螺纹部分要拧紧，以防穿孔时松动或损坏螺扣；用转针机构微调穿孔系统，使针尖与模孔工作带严格对中，以保证型材各部分尺寸协调。

54   变宽度宽展导流模设计特点是什么？

该模的设计特点是在普通的平面模或平面分流组合模的前面加设一个变宽度的有宽展功能的导流模，主要用来挤压薄壁的宽厚比很大的形状复杂的纯铝或软铝合金实心型材或多孔空心型材。下面以图 6－61 所示的宽厚比为 103 的扁宽薄壁型材为例子，简单介绍这类模子的设计方法。

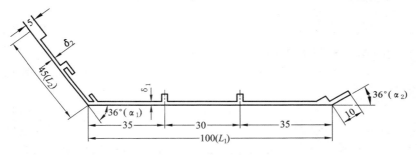

图 6-61　宽厚比大的型材截面积图

（1）确定型材在模子平面上的位置并简化型孔（图 6-62）。

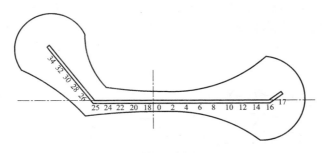

图 6-62　简化后型孔图

（2）将型材模的型孔划分为若干单元，并编出单元序号，然后计算出各单元模型孔的面积 a_i 和各单元中心至挤压筒壁的最短距离 S_i。

（3）选择金属最容易流动处中心部位为基础，并取该基础单元所对应的导流模宽为 12 mm，可算出该处的二次挤压比 $\lambda = 7.5$。

（4）引入公式：

$$\lambda = \frac{\lambda_0}{\alpha_i}\left(\frac{S_0}{S_i}\right)^{0.86}\left(\frac{t_0}{t_i}\right)^{1.13}\left(\frac{L_0}{L_i}\right)^{-1} \qquad (6-58)$$

式中：λ 为第 i 单元的二次挤压比；t_i 为第 i 单元模孔壁厚的等效宽

度，此处设 $t_i = t_0$；L_i 为第 i 单元型孔的工作带长度，此处设 $L_i = L_0$；α_i 为端部系数，端部单元 $\alpha_i = 0.38$，非端部单元 $\alpha_i = 1$。

$$\lambda = \frac{\lambda_0}{\alpha_i}\left(\frac{S_0}{S_i}\right)^{0.86} \qquad (6-59)$$

由式 3 - 33 求出各单元的二次挤压比 λ。

设 A_i 为对应于型材模 i 单元面积 α_i 的导流模腔面积，则根据公式：

$$A_i = \lambda_i \alpha_i \qquad (6-60)$$

计算出导流模腔各单元的面积，然后根据各单元的面积和宽度计算出导流模腔各单元的高度。先假设导流模腔各对应单元的为矩形。连接各单元矩形宽度的中心点，根据经验处理端部后，即可得到导流模腔的初步轮廓如图 6 - 63 所示。

（5）根据生产实际情况，考虑挤压筒直径、模子外径、产品的表面品质、模具的强度以及导流模的宽展功能和便于铣床加工等因素，将导流模腔的形状做适当简化，并适当缩小端部面积，如图 6 - 63 所示。

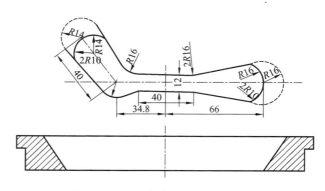

图 6 - 63   变宽度宽展导流模简图

（6）根据公式计算导流模的厚度 H：

$$H = 0.7 T_{max} \qquad (6-61)$$

式中：T_{max} 为导流模腔最大宽度。

　　根据计算结果,可选择邻近的标准模具厚度,然后按宽展模的要求计算出宽展角度、宽展量等参数,最后得出如图 3 - 88 所示的变宽度的导流模。

　　(7)核算修正后的导流模腔各单元的二次挤压比。综合考虑原型材图中被简化的部分,根据有关公式和生产经验,设计出型材模孔各部分的工作带长度(图 6 - 64)。

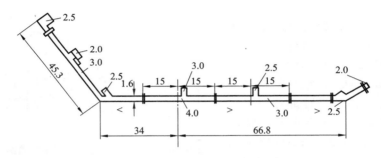

图 6 - 64　型材模孔工作带长度示意图

55　半空心型材模如何设计?

　　型材所包围的面积 A 与型材开口宽度 W 的平方之比 A/W^2 称为舌比 R。当 R 大于如表 6 - 24 所示数值的型材称为半空心型材或大悬臂型材(图 6 - 65)。这类型材在挤压时模子的舌头悬臂面要承受很大的正向压力,当产生塑性变形时会导致舌头断裂而失

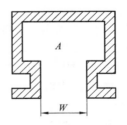

图 6 - 65　大悬臂空心型材示意图

效。因此,这类型材的模具强度很难保证,而且也增大了制造的难度。为了减少作用在悬臂表面的正压力,提高悬臂的承压能力,挤压出合格的产品又能提高模具寿命,各国挤压工作者近年来开发研制了不少新型模具。现将常用的几种结构介绍如下:

表 6-24 舌比 $R = A/W^2$ 的允许值

W	A/W^2	W	A/W^2
1.0 ~ 1.5	2	6.4 ~ 12.6	5
1.6 ~ 3.1	3	12.7 以上	6
3.2 ~ 6.3	4		

（1）保护模或遮蔽式模（图 6 - 66）。这种模子的设计是用分流模的中心部分遮蔽或保护下模模孔的悬臂部分，下模的悬臂部分向上突起，其突起的部分与悬臂内边的空刀量为 a，悬臂突起部分的顶面与上模模面留有

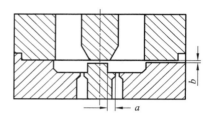

图 6 - 66 遮蔽式模或保护模结构简图

间隙 b，用来消除因上模中心压陷后对悬臂的压力，从而稳定了悬臂支撑边的对边壁厚的偏差，较好地保证了型材的质量。但由于悬臂突出部分相对增大了摩擦面积，悬臂承受的摩擦力增加，仍有一定的压塌。

（2）镶嵌式结构模（图 6 -67）。这种模具结构是将上模舌头的中间部分挖空，而下模悬臂相对的位置向上突起，镶嵌在舌头中空部分里。悬臂突起部分的顶面与上模舌头中空腔部分的顶面有空隙 a，其值与舌头

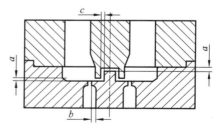

图 6 -67 镶嵌式结构模简图

的表面和下模空腔表面的间隙值相等，这样可消除因上模压陷而造成对下模悬臂的压迫。悬臂突起部分的垂直表面（相对于模面而言）与舌头空腔的垂直表面有"间隙"两表面处于动配合。舌头底端与悬

臂内边的空刀量为 b。这种结构的模具克服了上述遮蔽式分流模具的缺点，悬臂受力状况得到进一步改善，只要合理选取空刀量 b 和 a、c 值，便能获得合格的产品。

（3）替代式结构模具（图6-68）。这种结构完全将下模的悬臂取消，而以上模的舌头取而代之，在原悬臂的根部处，采用舌头与下模空腔表面互相搭接，完成悬臂的完整性，其形式与分流模完全相同。这种结构的模具加工简便，使

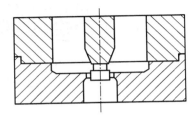

图6-68　代替式结构模示意图

用寿命高，更适合挤压那些"舌比"很大而用以上两种模具难以挤压的型材。

56　铝合金散热器用模具如何设计？

大型散热器上用铝合金挤压型材多为实心，其特点是外接圆尺寸大，断面形状复杂，壁厚相差悬殊，散热齿距小而悬臂大。当同一截面的断面比值和舌比值（悬臂长：齿距＝舌比）及型材外接圆直径超过一定范围时，用平面模挤压很难使金属流动均匀，且极易损坏模具。为了解决上述问题，开发研制了几种典型结构的模具。

（1）宽展导流模。宽展导流模（图6-69）是在25 MN挤压机上用 $\phi260$ 的挤压筒挤压的外接圆直径为 $\phi200\sim340$ mm 的大型梳状散热器型材的特种型材模具。这些型材的平面间隙要求极为严格，舌比较大，而且筋板与齿的壁厚相差悬殊。该种模具采用了宽展结构和导流结构，导流板中心部位比较靠近模孔，而边部呈扇形扩大以调整金属流速。

（2）分流组合模结构。该种结构可挤压如图6-70和图6-71所示的复杂断面的散热型材。这类型材的壁厚差过于悬殊，断面比值超过100以上；放射型齿顶处于挤压筒边缘，中心与边部流速差十分悬殊，难以控制；齿多且为波纹状，增大了表面积，加剧了流速控制

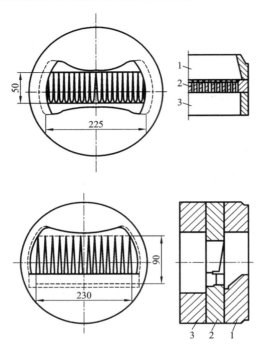

图 6 - 69   两种大型梳状散热型材的宽展导流模结构方案

1—进料板；2—模子；3—模垫

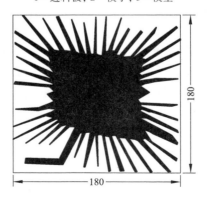

图 6 - 70   放射状散热器型材

和成形难度；舌比大，悬臂长和支承刚度难以保证。按常规的方法设计与加工模具显然难以获得合格的产品。为此，在充分研究了金属流动规律、模具各结构要素的作用及其对流动速度的影响与互相作用关系之后，人们研制出了如图 6 – 72 和图 6 – 73 所示的结构。

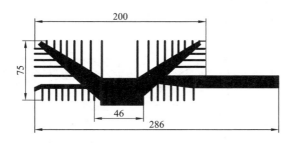

图 6 – 71　大型非对称散热器型材

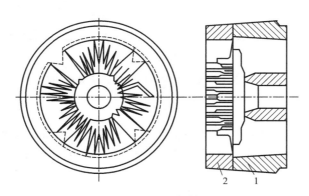

图 6 – 72　放射状散热器型材模具结构图

1—进料板；2—模子

图 6 – 72 所示结构模具主要用于挤压放射形散热型材，其特点是：

（1）按断面形状进行一次金属流量预分配。扩大靠近挤压筒边缘的分流面积，使之呈扇形按一定的范围向中心缩小过渡，以适应中心部分金属重新焊合速度的需要。分流孔边部沿模子直径方向呈一定角度扩展，以加快齿尖的流速，便于在分流空间上为二次填充挤压创造条件。

（2）由于型材中心面积过大，为控制该部分的流速，在设计4个分流孔的基础上，再在中心部位加一个 $\phi40$ mm 并带有螺纹状的分流孔，以适应金属二次焊合的流量需要。

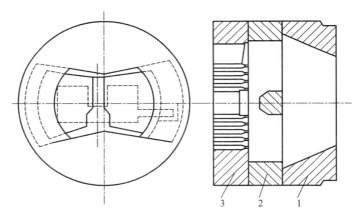

图 6 - 73　大型非对称散热器型材模具结构图
1—1 号进料板；2—2 号进料板；3—模子

图 6 - 73 所示结构模具的主要特点是综合了宽展导流模和平面分流模的功能及优点，采用二次变形（即宽展变形、分流调整变形和挤出成形）的工艺原理设计而成，从而拓宽了挤压工艺范围，提高了模具使用寿命，保证了产品的品质。

57　子母模设计特点有哪些？

子母模就是在一个大尺寸的母体模上，按型材的形状与规格将其划分成若干区域，在每个区域上设计子模系统。母体模相对于子模除完成金属流动功能外，实际起第二模支承作用。子母模主要用在大中型挤压机上挤压小截面型材。图 6 - 74 所示为小截面实心型材用子母模结构图，图 6 - 75、图 6 - 76 和图 6 - 77 分别为大悬臂半空心型材和空心型材用子母模结构图。

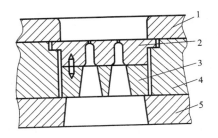

图 6 - 74 小截面
实心型材子母结构图

1—上压垫；2—子模；3—模垫；
4—母模主体；5—母模模垫

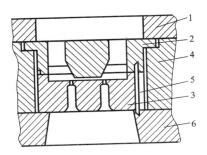

图 6 - 75 大悬臂半空心
型材用子母结构图

1—上压垫；2—子模的上模；3—子模的下模；
4—母模；5—销钉；6—母模垫

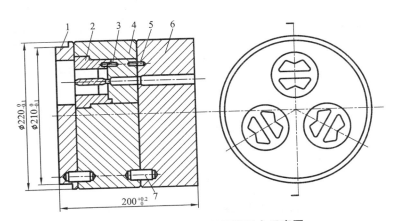

图 6 - 76 空心型材子母模组合示意图

1—上压垫 2—子模上模；3—子模下模；4—母模；
5—子模、母模、模垫圆柱销；6—母模专用垫；7—母模圆柱销

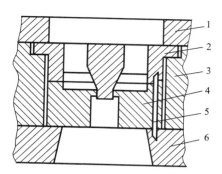

图 6 – 77　空心型材用子模结构图

1—上压垫 2—子模上模；3—子模下模；4—母模体；5—销钉；6—母模模垫

子母模的主要优点为：

（1）能实现高速挤压和连续挤压。

（2）子模的工作部分损坏时便于更换，子模体积小，可节省昂贵的合金钢材，缩短制模时间，减少热处理和表面处理费用，从而大大降低成本。

（3）小体积的子模可用硬质合金、陶瓷材料等新型模具材料制作，从而大大提高模具寿命。

（4）一个母模体可配备多种子模形式。

（5）对小批量产品，可实现几种型材同时组合挤压，以缩短生产周期，提高生产效率和成品率。

58　水冷冷却模的设计特点有哪些？

水冷模是一种特殊结构的模具。水冷模挤压对于提高硬铝合金的挤压速度进而提高挤压生产率是一种行之有效而且较为简便的方法。其原理是在挤压过程中通过水冷却或液氮冷却模具，降低变形区温度，以减少硬铝合金挤压时易出现的表面裂纹，从而达到提高挤压速度的目的。目前，在 6063 合金的高速挤压时，采用液氮冷却模具，可使挤压速度达到 100 ~ 120 m/min。

常用的水冷模结构，如
图 6 - 78 所示。这种模子
的结构特点是将水冷模设
计成环状喷水，逆挤压方向
喷到模子工作带的出口处，
形成一个冷却区域，以达到
降低变形区温度的目的。

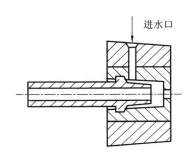

水封式水冷模的工作
原理如图 6 - 79 所示。挤

图 6 -78　水冷模结构示意图(水封式的)

压时随着挤压制品向前移动，喷出的冷却水通过水导管进入水封头
的负压区继而被吸入水封槽沟。在挤压完毕清除残料等辅助工序过
程中，水不会滴到模具表面，因而解决了模具因冷却不均而产生裂纹
的问题。

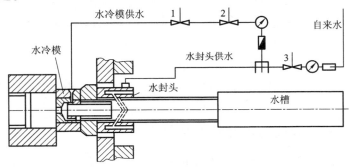

图 6 -79　水封式水冷模的工作原理

通入水冷模孔的冷却水由电磁阀自动控制，其程序是：被挤压的
金属开始流出模孔时，打开电磁阀供水，挤压工序接近完毕时，停止
供水。若发现模具温度显著降低，发生闷车等现象时，可以用手动阀
门关闭水流，待挤压恢复正常时，再开始供水。这种结构的模子，其
水冷效果很好，如在 16. 3 MN 油压机用力 φ170 mm 的挤压筒挤压
2A12 合金 φ20 mm 棒材时，当铸锭加热温度为 400℃ ～450℃ 、冷却
水压为 0. 3 ～0. 4 MPa 时，棒材的挤压速度可从一般挤压的 0. 5 ～

2 m/min提高到3.0～4 m/min，表面不会产生裂纹，从而使生产效率提高一倍以上。

图6－80所示为水冷模的结构形式之一。为了冷却挤压模，用离心泵供给0.3～0.35 MPa的冷却水；为防止挤压初期金属冷却，当挤出制品离开模孔0.5～1.2 m时开始供水。

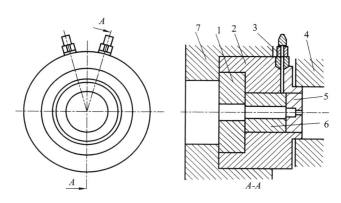

图6－80　水冷模的装配结构图

1—支承垫；2—模套；3—冷却水管；4—挤压筒；5—模子；6—模垫；7—活动头

59　液氮冷却模的设计特点是什么？

液氮冷却模具技术是近几年的新技术，其工作原理如图6－80所示。图6－80（a）为液氮冷却模具装置的管路输送图，图6－80（b）为日本设计制造的LGC（可搬动式超低温容器）装置图。

一般情况下，为简化机加工，氮的进口通道在模垫上加工出来（图6－81），这一系统被证明是很有效的。当然，现在理想的工艺趋向于在模子本体上直接机加工氮的通道，但技术难度大。

在任何情况下，氮的通道布置应尽量保证模具表面上氮冷却介质得到均匀分配，否则型材会产生扭曲变形缺陷，甚至会损坏模具。

必须说明，平模比中空型材模有更好的冷却效果，实际上，后者的模芯（舌头）没有被冷却。一些先进的模具制造厂商，正在进行试

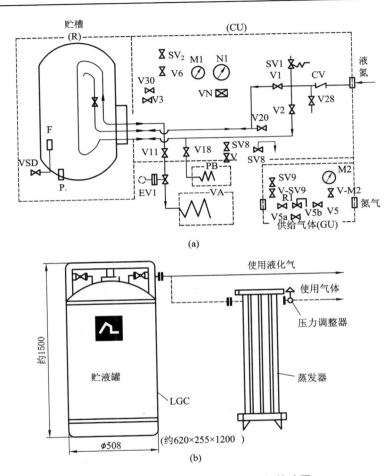

(a)

(b)

图 6 - 80　液氮冷却模具装配图与管路图

(a)管路输送图；(b)LGC 装置装配图

验以冷却挤压筒前端部分或中空型材模的舌头部分，但由于技术相当复杂，至今未见到工业应用上的良好效果。可使用液氮也可用气氮冷却模具，图 6 - 82 所示为挤压车间氮冷却模具布局。出于经济上的考虑，需将液氮集中储存在一个容器中。

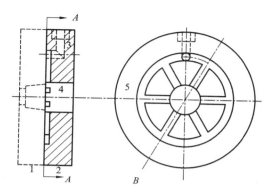

图 6-81　模具上的供氮通道位置示意图

1—平模或中空型材模；2—模垫；3—液氮或气态氮的进口；
4—气态氮的出口；5—氮的分配通道

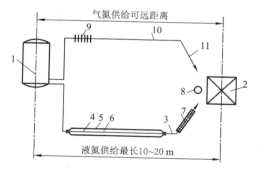

图 6-82　挤压车间模具氮冷却系统的布局示意图

1—液氮容器；2—挤压机；3—液氮管路；4—液氮管(不锈钢)；5—不锈钢套管；
6—真空隔热层；7—把氮送到模具内的铜管，用多孔橡胶隔热；8—开关阀；
9—热交换器；10—气氮传送管(铁)；11—把气氮送到模具内的铜管

附录 铝及铝合金管、棒、型、线材 主要生产技术标准

1. 主要国家和国家军用标准

铝及铝合金管、棒、型、线材主要生产技术的主要国家或国家军用标准见表 1。

表 1 铝及铝合金管、棒、型、线材主要生产技术的主要国家和国家军用标准

GBn 221 - 84	铝及铝合金冷拉管
GBn 222 - 84	铝及铝合金热挤压型材
GB 5237.1 - 2004	铝合金建筑型材 第 1 部分：基体
GB 5237.2 - 2004	铝合金建筑型材 第 2 部分：阳极氧化、着色型材
GB 5237.4 - 2004	铝合金建筑型材 第 4 部分：粉末喷涂型材
GB 5237.5 - 2004	铝合金建筑型材 第 5 部分：氟碳漆喷涂型材
GB/T 14846 - 2008	铝及铝合金挤压型材尺寸偏差
GB/T 26006 - 2010	船用铝合金挤压管、棒、型材
GB/T 26494 - 2011	轨道列车车辆结构用铝合金挤压型材
GB/T 27676 - 2011	铝及铝合金管型形导体
GB/T 3191 - 2010	铝及铝合金挤压棒材
GB/T 3195 - 2008	铝及铝合金拉制圆线材
GB/T 3954 - 2008	电工圆铝杆
GB/T 4436 - 2012	铝及铝合金管材外形尺寸及允许偏差

续表 1

GB/T 4437.1 - 2000	铝及铝合金热挤压管　第 1 部分：无缝圆管
GB/T 4437.2 - 2003	铝及铝合金热挤压管　第 2 部分：有缝管
GB/T 6892 - 2006	一般工业用铝及铝合金挤压型材
GB/T 6893 - 2010	铝及铝合金拉（轧）制无缝管
GJB1137 - 91	LY19 铝合金圆棒规范
GJB1138 - 91	LY20 铝合金焊丝规范
GJB1138A - 99	铝及铝合金焊丝规范
GJB1537 - 92	LC19 铝合金挤压型材规范
GJB1743 - 93	航天用 LY19 铝合金型材规范
GJB1744 - 93	航天用 LD10 铝合金冷拉（轧）管材规范
GJB1745 - 93	航天用 LD10 铝合金热挤压管材规范
GJB1833 - 93	舰用 LF15、LF16 铝合金挤压型材规范
GJB2054 - 94	航空航天用铝合金棒材规范
GJB2055 - 94	铝及铝合金铆钉线材规范
GJB2056 - 94	铝及铝合金变截面型材规范
GJB2379 - 95	航空航天用铝及铝合金拉制（轧制）管材规范
GJB2381 - 95	航空航天用铝合金挤压管材规范
GJB2506 - 95	装甲用铝合金型材规范
GJB2507A - 2008	航空航天用铝合金型材规范
GJB2663 - 96	航空用铝合金大规格型材规范
GJB2920 - 97	2214、2014、2024 及 2017A 铝合金棒材规范
GJB3239 - 98	铝合金四筋管材规范
GJB3539 - 99	锻件用铝合金棒材规范
GJB/Z125 - 99	军用铝合金、镁合金挤压型材截面手册

2. 主要行业标准

铝及铝合金管、棒、型、线材主要生产技术的主要行业标准见表 2。

表 2 铝及铝合金管、棒、型、线材主要生产技术的主要行业标准

YS/T 67 – 2012	变形铝及铝合金圆铸锭
YS/T 86 – 94	船用焊接铝合金型材尺寸和截面特性
YS/T 97 – 2012	凿岩机用铝合金管材
YS/T 243 – 2001	纺织经编机用铝合金线轴
YS/T 439 – 2012	铝及铝合金挤压扁棒及板
YS/T 447.1 – 2011	铝及铝合金晶粒细化用合金线材 第 1 部分：铝 – 钛 – 硼合金线材
YS/T 447.3 – 2011	铝及铝合金晶粒细化用合金线材 第 3 部分：铝 – 钛合金线材
YS/T 493 – 2005	活塞用 4A11、4032 合金挤压棒材
YS/T 589 – 2006	煤矿支柱用铝合金棒材
YS/T 624 – 2007	一般工业用铝及铝合金拉制棒材
YS/T 689 – 2009	衡器用铝合金挤压扁棒
YS/T 773 – 2011	太阳能电池框架用铝合金型材
TS/T 847 – 2012	帐篷用高强度铝合金管

3. 主要国外标准

铝及铝合金管、棒、型、线材主要生产技术的主要国外标准见表 3。

表3 铝及铝合金管、棒、型、线材主要生产技术的主要国外标准

ANSI H35.1 – 2006	铝合金牌号及状态代号
ANSI H35.2 – 1993	铝加工产品的尺寸偏差
ANSI H35.2(M) – 2009	铝加工产品的尺寸偏差
ASTM B221M – 2007	铝及铝合金挤压棒材、线材、型材和管材（米制）
ASTM B491M – 2000	一般用铝及铝合金挤压圆管
ASTM B491/B491M – 2006	一般用铝及铝合金挤压圆管
ASTM B308M – 2000	6061 – T6 铝合金标准结构型材
ASTM B308/B308M – 2010	6061 – T6 铝合金标准结构型材
ASTM B317 – 2000	电工（电导体）用的铝合金挤压棒、杆、管、标准管、结构型材、型材
ASTM B317M – 2007	电工（电导体）用的铝合金挤压棒、杆、管、标准管、结构型材、型材
ASTM B236M – 2007	电工（电导体）用铝棒（公制）

注：如没有特殊约定，推荐使用标准的最新版本。

参考文献

[1] 肖亚庆, 谢水生, 刘静安, 等. 铝加工技术实用手册[M]. 北京: 冶金工业出版社, 2005.
[2] 王祝堂. 变形铝合金热处理工艺[M]. 长沙: 中南大学出版社, 2011.
[3] 刘静安, 阎维刚. 铝合金型材生产技术[M]. 北京: 冶金工业出版社, 2012.
[4] 李建湘, 刘静安, 杨志兵. 铝合金特种管、型材生产技术[M]. 北京: 冶金工业出版社, 2008.
[5] 罗苏, 吴锡坤, 等. 铝型材加工实用技术[M]. 长沙: 中南大学出版社, 2006.
[6] 谢建新, 刘静安. 金属挤压理论与技术[M]. 北京: 冶金工业出版社, 2004.
[7] 魏长传, 付垚, 谢水生, 刘静安. 铝合金管、棒、线材生产技术[M]. 北京: 冶金工业出版社, 2013.
[8] 王祝堂, 田荣璋. 铝合金及其加工手册[M]. 第3版. 长沙: 中南大学出版社, 2005.
[9] 樊刚. 热挤压模具设计与制造基础[M]. 重庆: 重庆大学出版社, 2001.
[10] 李凤铁, 刘玉珍, 刘静安, 孟林. 铝合金生产设备及使用维护技术[M]. 北京: 冶金工业出版社, 2013.
[11] 刘静安, 谢水生. 铝合金材料应用与开发[M]. 北京: 冶金工业出版社, 2011.
[12] 刘静安. 轻合金挤压模具手册[M]. 北京: 化学工业出版社, 2012.
[13] 魏军. 金属挤压机[M]. 北京: 冶金工业出版社, 2004.
[14] 唐剑, 王德满, 刘静安, 苏堪祥. 铝合金熔炼与铸造技术[M]. 北京: 冶金工业出版社, 2009.
[15] 吴小源, 刘志铭, 刘静安. 铝合金型材表面处理技术[M]. 北京: 冶金工业出版社, 2009.
[16] 王祝堂. 铝材及其表面处理手册[M]. 南京: 江苏科学技术出版社, 1992.
[17] 朱祖芳. 铝合金阳极氧化与表面处理技术[M]. 北京: 化学工业出版社, 2004.

[18] 刘静安, 谢水生. 铝合金材料应用与开发[M]. 北京: 冶金工业出版社, 2011.

[19] 刘静安, 单长智, 侯绛, 等. 铝合金材料主要缺陷与质量控制技术[M]. 北京: 冶金工业出版社, 2012.

[20] 唐剑, 王德满, 刘静安, 等. 铝合金熔炼与铸造技术[M]. 北京: 冶金工业出版社, 2009.

[21] 李静媛, 赵艳君, 任学平. 特种金属材料及其加工技术[M]. 北京: 冶金工业出版社, 2010.

[22] 李西铭, 等. 轻合金管、棒、型线材生产[M]. 北京: 中国有色金属工业总公司教材办, 1998.

[23] 刘静安, 谢水生. 铝加工缺陷与对策[M]. 北京: 化学工业出版社, 2012.

[24] 刘静安, 赵云路. 铝材生产关键技术[M]. 重庆: 重庆大学出版社, 1997.

[25] 周家荣. 铝合金熔铸生产技术问答[M]. 北京: 冶金工业出版社, 2008.

[26] Wang Guojun. Micro structural evolution during creep of a hot extruded 2D70 Alloy[J]. Journal of Materials Science. Volume 46, Number 15, 5090 – 5096, DOI: 10. 1007/s10853 – 011 – 5438 – 3.

[27] 刘静安, 谢水生, 等. 铝合金锻压及锻件生产技术[M]. 北京: 冶金工业出版社, 2011.

[28] 李念奎, 凌杲, 聂波, 刘静安. 铝合金材料及其热处理技术[M]. 北京: 冶金工业出版社, 2014.

[29] 蔡乔方. 加热炉[M]. 北京: 冶金工业出版社, 1996.

[30] 李学朝, 等. 铝合金材料组织与金相图谱[M]. 北京: 冶金工业出版社, 2010.

[31] 有色金属及其热处理编写组. 有色金属及其热处理[M]. 北京: 国防工业出版社, 1981.

[32] 刘静安, 黄凯, 谭炽东. 铝合金挤压工模具技术[M]. 北京: 冶金工业出版社, 2010.

[33] 刘静安. 铝型材挤压模具设计、制造、使用及维修[M]. 北京: 冶金工业出版社, 2005.

[34] 曹乃光. 金属塑性加工原理[M]. 北京: 冶金工业出版社, 1983.

[35] 刘静安, 邵莲芬. 铝合金挤压工模具优化设计典型图册[M]. 北京: 化学工业出版社, 2007.

[36] 刘静安, 谢建新. 大型铝合金型材挤压技术与模具优化设计[M]. 北京: 冶金工业出版社, 2005.